# MICRO Ⅱ控制技术与应用

《MICRO Ⅱ控制技术与应用》编写组　编

河南科学技术出版社
·郑州·

## 内容提要

本教材围绕 MICRO Ⅱ控制技术，首先介绍了 MICRO Ⅱ系统的特点、架构以及在烟机设备中的应用场景；然后分章节对 MICRO Ⅱ系统的硬件系统、软件系统、编程语言等进行了详细的介绍；最后列举了大量的实际工程应用，以便读者快速掌握 MICRO Ⅱ控制技术。

本教材为全国烟草行业统编培训教材，可供烟机设备操作人员、电气维修人员的培训使用，也可供相关工程人员和设备管理人员学习参考。

**图书在版编目（CIP）数据**

MICRO II控制技术与应用 / 《MICRO II控制技术与应用》编写组编. -- 郑州 : 河南科学技术出版社, 2024. 7. -- (全国烟草行业统编培训教材). -- ISBN 978-7-5725-1432-6

Ⅰ. TS43

中国国家版本馆CIP数据核字第2024MH7153号

---

出版发行：河南科学技术出版社

地址：郑州市郑东新区祥盛街27号　　邮编：450016

电话：（0371）65788865

网址：www.hnstp.cn

策划编辑：徐素军

责任编辑：徐素军

责任校对：尹凤娟

封面设计：张　伟

责任印制：徐海东

印　　刷：河南省环发印务有限公司

经　　销：全国新华书店

开　　本：787 mm ×1 092 mm　1/16　印张：19　字数：390千字

版　　次：2024年7月第1版　2024年7月第1次印刷

定　　价：51.00元

---

**全国烟草行业统编培训教材**

**《MICRO Ⅱ控制技术与应用》编写组**

主　　编：张可洲

副 主 编：黄春辉　洪　昀　尤伟祥　王锡福

编写人员：（以姓氏笔画排序）

王旭东　王国玺　王锡福　尤伟祥

朱振奋　许平湖　严　斌　张可洲

张旭江　陈永贵　林启宽　胡文键

洪　昀　徐　志　黄春辉

审定人员：（以姓氏笔画排序）

王　金　李　方　何建军　张　旭

张　宝　张明琰　张建新　陆海华

陈　强　邵乐乐　范礼峰　柴永强

高　峰　褚洪国

# 前　言

MICRO Ⅱ控制器是意大利G.D公司专为其所生产的烟草卷接包设备而设计的一种控制系统，因其充分考虑了卷接包设备的特性，具有很强的专业性与适用性，特别是其自诊断能力更是非一般PLC所能及，与传统的PLC相比其优势更加明显。目前，基于MICRO Ⅱ系统的中高速包装机设备在行业占据主流地位，由于MICRO Ⅱ系统的专用性，行业缺少较为完整的技术培训教材，为满足行业技术人员培训需求，补充现有行业培训教材，在国家烟草专卖局人事司领导下，中国烟草总公司职工进修学院组织开发了《MICRO Ⅱ控制技术与应用》培训教材。

本教材的编写以电气维修人员的专业理论知识和技能培训需求为出发点，全书共五章，包括MICRO Ⅱ系统简介、MICRO Ⅱ系统硬件、GdePlus系统软件、GDL系统语言、MICRO Ⅱ工程应用等内容。教材从应用角度出发，对知识点的介绍循序渐进，可读性强，既有理论介绍，也有行业案例分析以及工程应用实践，内容全面、结构合理、实用性强，充分体现理论与实践相结合的特点，既适合作为刚从事电气维修人员的参考培训教材，也适合具有一定电气维修知识和经验的工程人员作为参考性手册使用。

本教材由福建中烟厦门烟草工业有限责任公司专业技术人员共同编写，具体编写分工为：王锡福编写第一章第一节，王锡福、胡文键编写第一章第二节，王锡福、严斌编写第一章第三节，黄春辉、王旭东编写第二章第一节，黄春辉、朱振奋编写第二章第二节，黄春辉、王国玺编写第二章第三节，黄春辉、张旭江编写第二章第四节，尤伟祥、徐志编写第三章，洪昀、林启宽编写第四章第一节，洪昀、陈永贵编写第四章第二节，洪昀、许平湖编写第四章第三节，洪昀、张可洲编写第五章。全书由黄春辉、洪昀统稿，张可洲定稿。

教材的编写和审定，得到了国家烟草专卖局人事司和中国烟草总公司职工进修学院领导的关心和指导，得到了安徽、河北、陕西、山东、湖南、浙江、河南、四川、江西和云南中烟工业有限责任公司等单位有关专家的大力支持和帮助，得到了以张旭为组长的审定专家团队的肯定和认可，在此，向各有关单位的领导、相关专家和人员表示衷心的感谢。同时，在编写过程中参阅了有关专家、学者的著作和文章，对相关作者也一并致谢。

由于编者水平有限，教材中可能存在疏漏和不妥之处，敬请广大读者多提修改意见和建议，以便今后修订完善。

编　者

2024 年 5 月

# 目　录

# 第一章　MICRO Ⅱ系统简介

学习要点

1. MICRO Ⅱ系统发展历史及特点。
2. MICRO Ⅱ系统架构。
3. MICRO Ⅱ系统在卷包设备中的应用。

20 世纪 80 年代末，国内烟厂陆续引进意大利 G.D 公司的包装机，其采用 FZ 逻辑控制系统。随着生产技术的不断提高，FZ 逻辑控制系统已经无法满足复杂的控制要求。同时微型计算机技术得到了发展，并逐步进入工业控制领域，意大利 G.D 公司开始在包装机设备中引入微型计算机系统，并开发出 MICRO Ⅰ系统，经过不断的发展与完善，最终推出 MICRO Ⅱ系统。G.D 公司的 MICRO Ⅱ系统主要应用于其生产的包装机与卷接机上，其中以 X1、X2、X6 等包装机组在国内的使用最为广泛。本章主要对 MICRO Ⅱ系统的发展历史与应用情况进行总体介绍，使读者对 MICRO Ⅱ系统有一个基本的认识。

## 第一节　MICRO Ⅱ系统概述

### 一、系统简介

MICRO Ⅱ系统是以自动控制技术、计算机技术、检测技术、计算机通信与网络技术为基础，利用计算机控制系统强大的数值计算、逻辑判断等功能对信息进行加工处理，从而实现在设备运行过程中的实时控制、监控、诊断、信息处理及数据统计等功能。

MICRO Ⅱ系统的软硬件设计充分考虑了卷包设备的特性，因而与烟机设备结合得较好，具有很强的专业性与适用性，并加入部分传感器和线路的自诊断功能。意大利G.D公司不仅开发了MICRO Ⅱ系统专用的软硬件，还开发了许多与MICRO Ⅱ系统配合使用的外围专用组件，例如：定制的固态继电器、压频转换器、电机驱动器等，从而使整个系统更加协调，保证了设备的可靠性与稳定性。

软硬件的深度结合给程序编写、系统控制带来许多优势，如通过软件设置即可实现输入和输出信号的滤波、延迟、自诊断等功能；便捷的温控系统调用功能，降低了程序编写难度；用于解码的编码器板卡，通过硬件解码轴编码器信号，直接获取机器运行速度和运转相位，相比采用高速计数器的方式，更加专业简便。

目前，国内采用意大利G.D公司MICRO Ⅱ系统的卷包设备主要有X1、X2、X6、X6S、ZB25和ZB45等型号包装机组，其中保有量最大的是X1、X2、ZB25和ZB45。

## 二、系统特点

MICRO Ⅱ系统的主要特点有以下几项。

（1）开放式系统结构。拥有开放式系统结构，可以引入具有特殊功能的控制设备。

（2）高级编程语言。采用高级编程语言进行软件开发，终端用户可以根据自身需求编写新的控制程序。

（3）全集成的电机驱动控制。将控制与伺服驱动集成在同一环境下。

（4）高性能的硬件结构。机器控制性能高，用户操作界面友好，生产数据可在线调整。

（5）自诊断功能。系统大部分装置都具备自诊断功能，包括板卡内部功能的自诊断、输出信号与输入信号的自诊断等。

板卡功能自诊断主要用于检测板卡功能是否正常，如板卡掉电、板卡类型错误等。输出信号自诊断功能通过输出板卡上的板载电路来实现，该电路可以检测线路的电流是否存在，以此方式来判断线路是否完好，因此对于部分高阻抗的执行器件可能会产生误报警。输入信号自诊断功能则需配合检测器使用，该类型检测器会输出自诊断信号，输入板卡可以识别出该自诊断信号并以此来判断检测器是否正常工作，检测器的自诊断信号为方波脉冲，通过改变脉冲的宽度来表示高低电平信号，以带自诊断功能的接近开关（24 V DC）为例，其输出波形如图1–1所示。

MICRO Ⅱ系统采用GDL（GD Language）作为编程语言。GDL是意大利G.D公司为MICRO Ⅱ系统专门定制的一款面向对象的高级编程语言，相对于其他控制系统，如西门子、三菱等主流PLC的梯形图编程语言，GDL的程序结构与变量符号更容易被理解与记忆，其采用模块化编程方式，使得程序的结构更加清晰、可控。传统PLC采用循环扫描的方式来执行程序，而MICRO Ⅱ系统采用事件触发的方式执行程序，其功能只有在相关事件触发时才会被调用与执行，从而节省CPU处理时间并提高响应速度。MICRO Ⅱ系统的运行方式如图1–2所示。

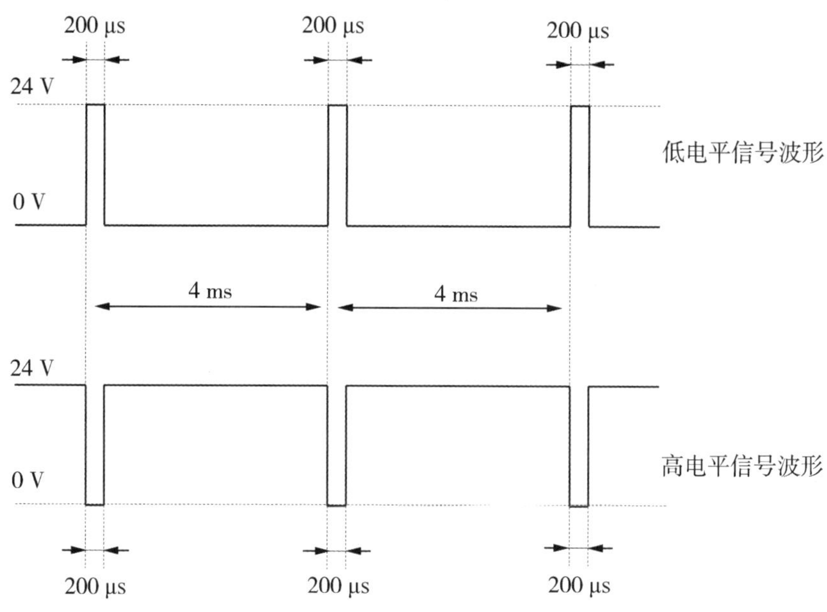


**图 1-1 带自诊断功能的接近开关输出波形**

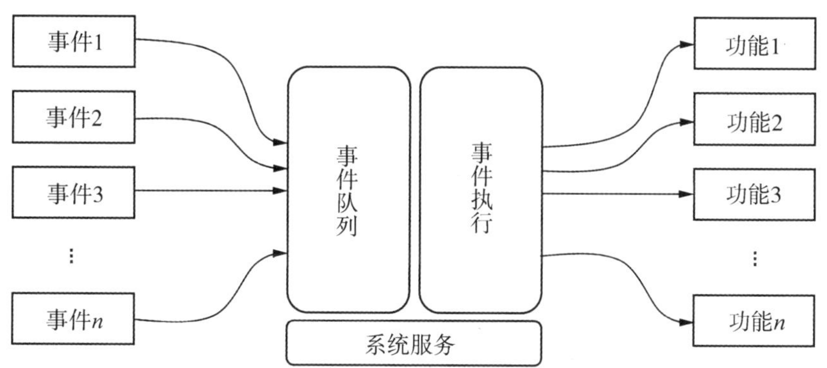


**图 1-2 MICRO Ⅱ系统的运行方式**

## 三、操作控制台

MICRO Ⅱ系统通过操作控制台（OPERATOR CONSOLE，简称 OPC）来与现场操作人员进行人机交互，OPC 通过 GDLAN（G.D 公司基于 ARCNET 同轴网络开发的一种网络总线）与 MICRO Ⅱ系统进行通信。与其他品牌 OPC 所不同的是，大部分产品的人机界面均在上位机开发，而 MICRO Ⅱ系统的 OPC 界面则由下位机（MICRO Ⅱ系统 CPU）生成。MICRO Ⅱ系统在开发程序时必须编写界面元素。当系统启动时，CPU 会通过 GDLAN 向 OPC 传送画面，OPC 在接收到完整的信息后会将整个界面以二维画面显示出来。为了实现与 MICRO Ⅱ系统的通信，OPC 上面必须安装对应的接口程序，用于实现网络通信、界面显示等功能，此外接口程序还提供了其他基础设置功能，如时

间设置、网络节点设置、班次设置等。MICRO Ⅱ系统的 OPC 版本有很多种，常见的 OPC 主要有两大类。

### 1. G. D 官方 OPC

意大利 G.D 公司提供了多款 OPC 产品，早期的 OPC 由彩色监视器和键盘组成，如图 1–3 所示。后来升级为带触摸屏的工业计算机（即 IPC，为便于理解，下文仍然统一称之为 OPC），代表产品为 X6 上面匹配的 IPC–232 操作控制台，如图 1–4 所示。该款 OPC 具有性能稳定、功能全面等优点，配备有 UPS，可以在断电时保证系统正常关机。此外还加入了数据库、牌号管理、用户权限管理、OPC 内部通信、系统参数保存等新功能。IPC–232 操作控制台对界面进行了二次开发，可以支持三维画面显示、动态

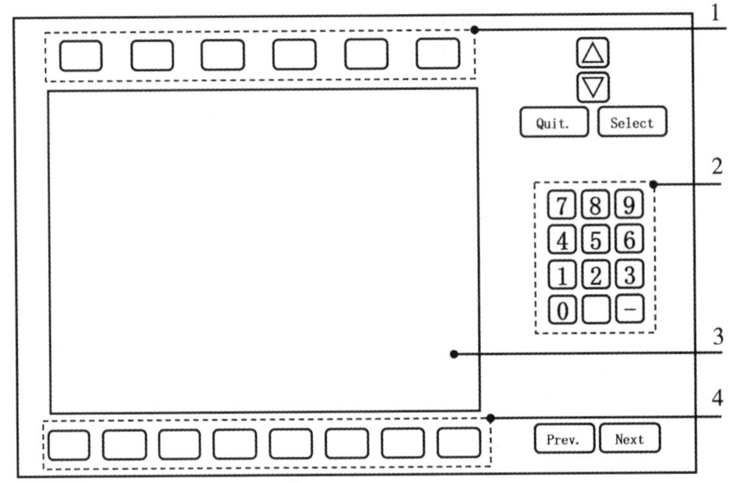


1. 菜单键　2. 数字键　3. 监视器　4. 功能键

图 1–3　G.D 公司早期的 OPC 界面

图 1–4　GD X6 IPC–232 OPC 界面

信息展示等，这些新特性是基于 MICRO Ⅱ系统 CPU 的数据来实现的，设备在运行过程中会实时接收 CPU 传送过来的信息，并在显示时用其上位机软件内置的三维画面进行替换。

2. 国产 OPC

国内厂家研发的 OPC 大多应用于上海烟草机械有限责任公司生产的包装机，经过技术迭代也开发出多个不同版本。如 ZB45 型包装机组早期标配的 OPC V2.01、OPC V2.03 版本，如图 1–5 所示。目前最新版本的 OPC 借鉴了 G.D 公司的 IPC–232 OPC，在实现与其相同功能的同时变得更加轻薄，如图 1–6 所示。

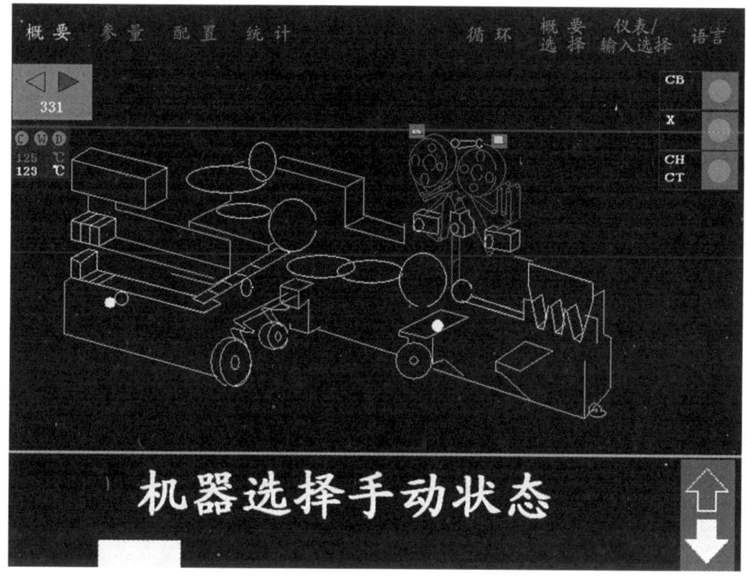


图 1–5　国产 OPC V2.03 界面

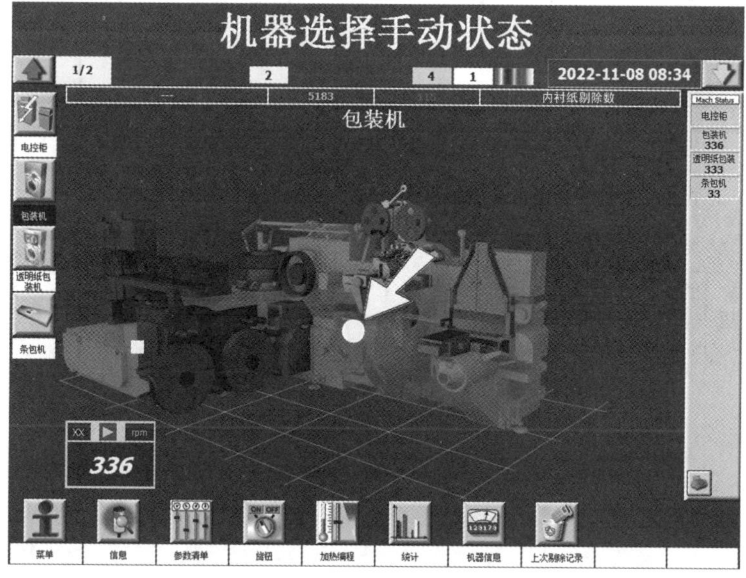


图 1–6　国产 IPC 界面

# 第二节 MICRO Ⅱ系统构成

MICRO Ⅱ系统基于PLC/MP2（PLC/MICRO PROCESSOR Ⅱ）系统架构设计，主要由电源、机架、CPU控制板卡、功能板卡、OPC及GDLAN网络等构成，可以根据实际需求进行自由组态。

## 一、系统架构

PLC/MP2系统的架构特性可以有效管理整个产品线上的多台机器，使用GDLAN作为各子系统内部的专用通信网络，其系统拓扑图如图1-7所示。

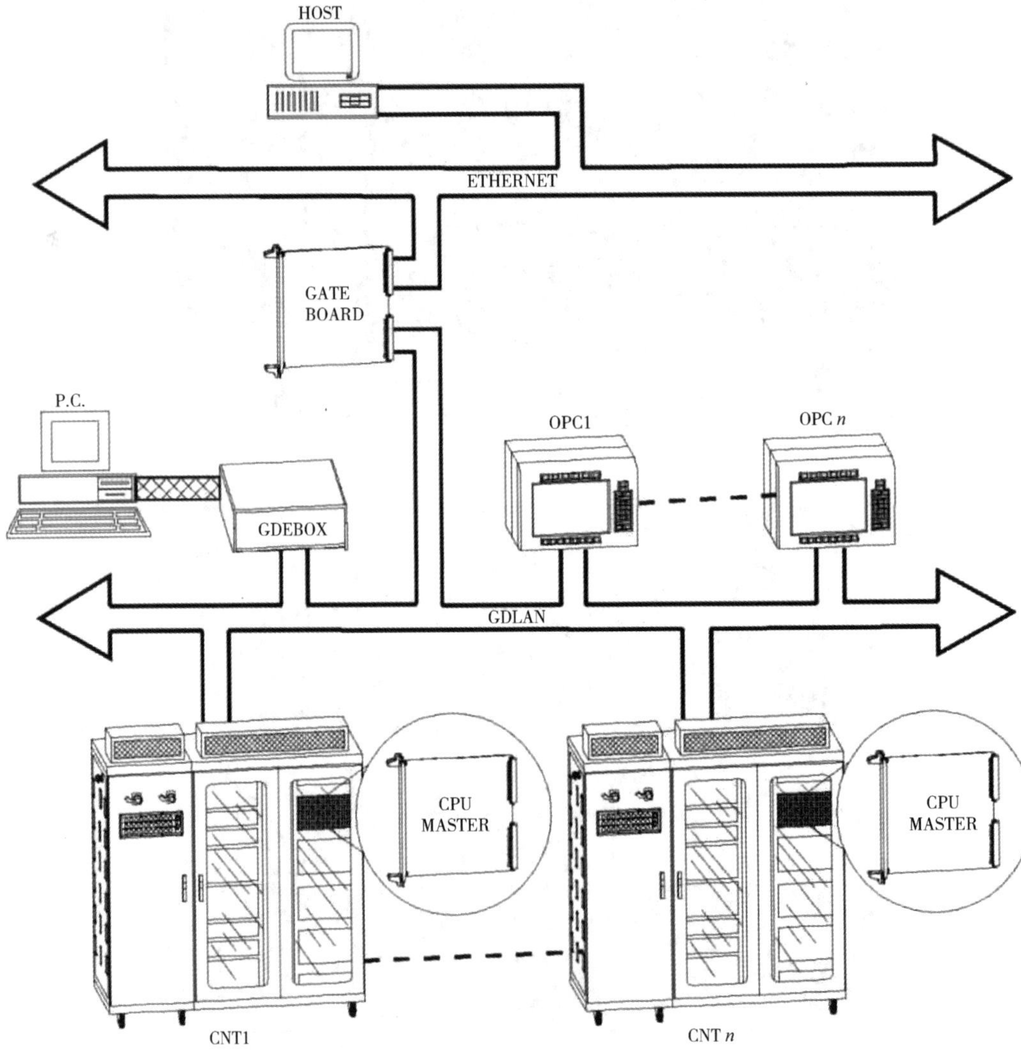

图1-7 PLC/MP2系统拓扑图

整个系统主要由四部分构成。

### 1. 机器控制柜（CNT）

机器控制柜用于控制单台机器或整个产品生产线的运行，并执行所需的功能，整个系统最多可安装 8 个机器控制柜。

### 2. 操作控制台（OPC）

操作员可通过 OPC 向机器控制柜发送命令并接收信息。系统最多可部署 8 台 OPC，通常 OPC 可连接多个机器控制柜，机器控制柜也可连接多台 OPC，新款 OPC（如 IPC-232）两者之间还可进行通信。

### 3.ETHERNET 网络接口

用于与外部计算机连接，该接口需通过网关板卡来转换（此板卡为选配件），网关板卡只能安装一块。对于 PLC/MP2 机柜，该板卡可安装在机架中，对于不同类型的机柜可独立安装。

### 4.GDLAN 适配器

安装了 GDE开发软件的个人计算机可通过适配器连接到 GDLAN 网络。该软件可通过连接 GDLAN 网络上的机器控制柜，进行应用程序下载和调试。GDLAN 适配器有很多种，如 GDEBOX、PCM20E PCMCIA BOARD、PCI BOARD、ISA CARD、AI-SRVR 等，目前常用的适配器为 AI-SRVR 适配器，如图 1-8 所示。

图 1-8　AI-SRVR 适配器

## 二、机器控制柜结构

在 PLC/MP2 机柜中，机器控制柜由一个或多个机架构成。

### 1. 机架组件

机架上面主要配置有 CPU 控制板卡、功能板卡、电机驱动器、供电电源和功能模块等。

（1）CPU 控制板卡。用于存储和执行机器控制程序，每个机器控制柜只能有一个。

（2）功能板卡。用于执行特定的任务并受控于 CPU 控制板卡。功能板卡可用于采集信号、控制执行器、管理电机、建立通信等。通常功能板卡也被称为扩展板卡。

（3）电机驱动器。用于驱动电机运行。

（4）供电电源。用于给各个板卡、驱动器提供电源。

（5）功能模块。用于信号转换或作为电气接口。

### 2. 机架类型

机架有主机架和扩展机架两种类型。主机架安装有 CPU 控制板卡以及最多 15 块功能板卡（CPU 控制板卡必须安装并插在主机架的 1 号插槽中）。扩展机架最多可配置 7 个，其中主机架编号为 0，扩展机架编号为 1~7，每个扩展机架最多可安装 16 块功能板卡。板卡通过插入机架的方式，在两者之间建立物理连接。

### 3. 机架总线

机架内部通过背板总线来实现板卡之间的通信，机架总线为主机架总线和扩展机架总线两种，分别对应主机架和扩展机架。机架之间则通过特定的机架扩展板卡进行通信，机架扩展板分为机架扩展主板和机架扩展从板。机架扩展主板安装在主机架第 17 个插槽位，用于连接第一个扩展机架上面的机架扩展从板，以此类推，第一个机架扩展从板再连接到其他扩展机架上。主机架总线和扩展机架总线一起构成了 PLC/MP2 的机架总线。机架上每个插槽都有一个唯一的地址，该地址根据其在机架中的位置以及其使用的机架号来定义，因此无须使用跳线或开关来给板卡分配地址，而是在程序里面通过软件设定不同槽位所对应的板卡类型。有关 PLC/MP2 的机架总线结构如图 1–9 所示。

主机架总线又分为 8 个插槽和 17 个插槽两种，其中 17 个插槽的主机架总线应用较多，目前 X1、X2、X6、X6S、ZB25、ZB45 等包装机组均采用该版本，如图 1–10 所示，而 G.D 公司生产的滚筒储烟器则采用 8 个插槽的主机架总线。对于这两种主机架总线，CPU 均只能安装在 1 号插槽，而其他板卡则可以安装在 2~8 号插槽（8 插槽总线）或者 2~16 号插槽（17 插槽总线）上面，针对 17 个插槽的总线，其最后一个插槽（17 号插槽）用来配置扩展机架。

通常，X6 包装机组配备有主机架和扩展机架，ZB45 包装机组只配备一个主机架（17 插槽总线）。以 ZB45 包装机组为例，其板卡排列顺序如图 1–11 所示，主机架上安装有 1 块 CPU 控制板卡以及 15 块功能板卡，按从左到右的顺序命名为 N1~N16。其中 N1 为 CPU 控制板卡，N2 为 ANALOG 板卡（模拟量板卡），N3~N5 为 ENCODER 板卡（编码器板卡），N6 为 STEPPER 板卡（步进电机板卡），N7~N12 为 INPUT 板卡（输入板卡），N13 为 OUTPUT 板卡（输出板卡），N14 为 INPUT 板卡，N15~N16 为 OUTPUT 板卡。

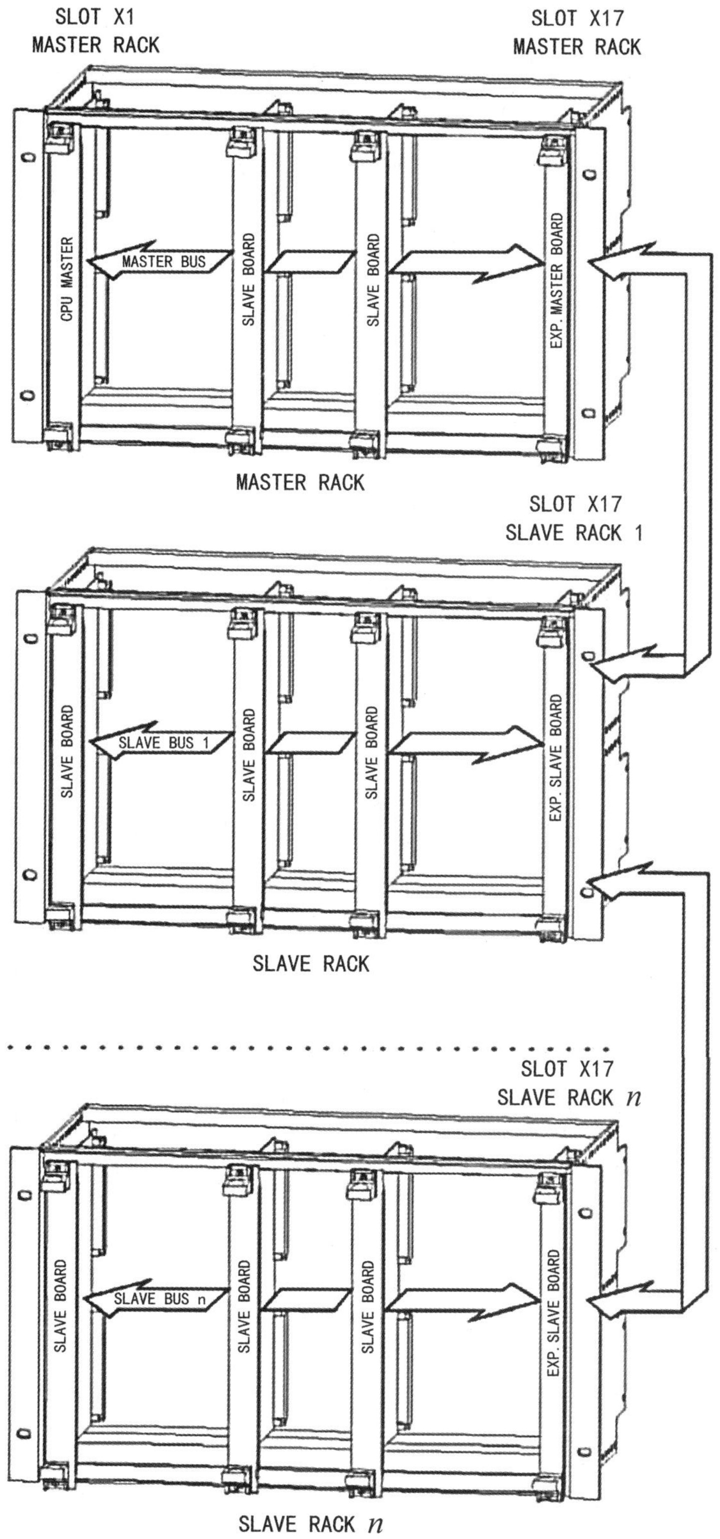


图 1-9　PLC / MP2 的机架总线结构

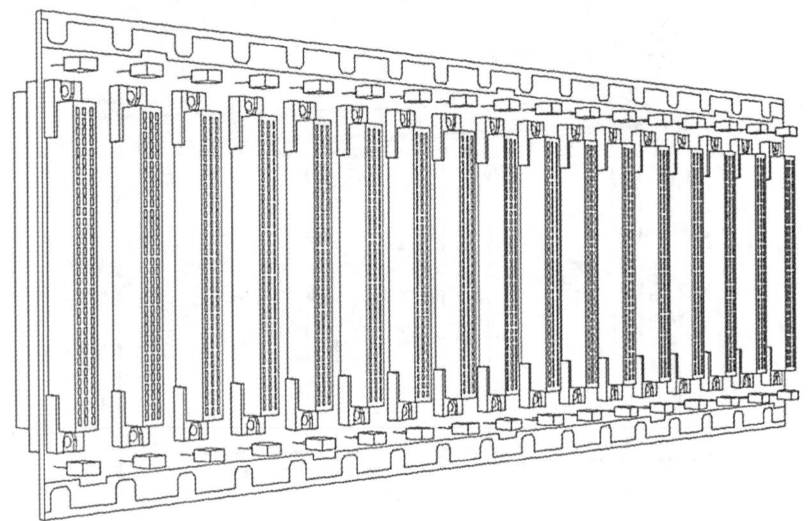

图 1-10　17 个插槽的主机架总线

图 1-11　ZB45 机架板卡排列顺序

## 三、GDLAN 网络

GDLAN 网络是基于 ARCNET 网络发展而来的，其使用同轴电缆作为传输介质，电缆两端需配置 93 Ω 终端电阻。ARCNET 最初由美国 Datapoint 公司于 1977 年研发成功并用于办公局域网中，后来以太网的发展促使 ARCNET 逐渐退出办公局域网，反而在工业控制系统中找到了新的应用途径。ARCNET 是典型的令牌总线网络，1999 年成为美国国家标准 ANSI/ATA—878.1。从 OSI 参考模型来看，ARCNET 定义了 ISO/OSI 七层网络体系模型中的数据链路层和物理层，其开放底层接口，允许用户自行开发嵌入式设备。

与 ARCNET 网络所不同的是，GDLAN 网络的速度设定为 2.5 Mb/s，最多支持 8 个控制节点，CPU 控制板卡的地址为 C0H—C7H，最多可接入的 OPC 节点也是 8 个，地址为 80H—87H。此外还支持调试终端，其地址为 40H—43H。GDLAN 网络的常见组网如图 1-12 所示。

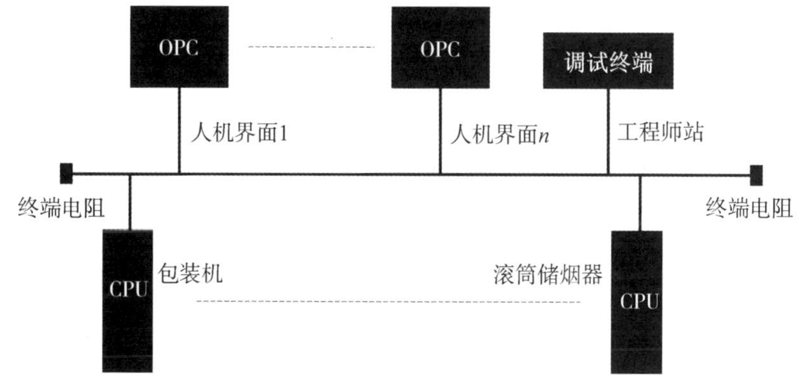


图 1-12 GDLAN 常见组网模式

GDLAN 网络的底层通信协议没有对外开放，要了解 GDLAN 网络的底层数据交互过程，可以对 GDLAN 网络通信数据进行抓包。抓包软件可以使用 G.D 公司提供的“GDLANTrace”工具软件，也可以使用支持 ARCNET 网络协议的抓包软件，如网络协议分析器“Wireshark”软件。使用“Wireshark”软件对 GDLAN 网络的抓包结果如图 1-13 所示。

arcshark.pcap

文件(F) 编辑(E) 视图(V) 跳转(G) 捕获(C) 分析(A) 统计(S) 电话(Y) 无线(W) 工具(T) 帮助(H)

应用显示过滤器 … <Ctrl-/>

| No. | Time | Source | Destination | Protocol | Length | Info |
|---|---|---|---|---|---|---|
| 1 | 0.000000 | 0x80 | 0xc0 | ARCNET | 5 | ARCNET[Malformed Packet] |
| 2 | 0.000000 | 0xc0 | 0x80 | 0x0002 | 8 | ARCNET |
| 3 | 0.000000 | 0x80 | 0xc0 | ARCNET | 6 | ARCNET[Malformed Packet] |
| 4 | 0.937000 | 0xc0 | 0x82 | 0x0064 | 15 | ARCNET |
| 5 | 0.953000 | 0x82 | 0xc0 | ARCNET | 6 | ARCNET[Malformed Packet] |
| 6 | 1.969000 | 0xc0 | 0x82 | 0x0064 | 15 | ARCNET |
| 7 | 1.984000 | 0x82 | 0xc0 | ARCNET | 6 | ARCNET[Malformed Packet] |
| 8 | 2.984000 | 0xc0 | 0x82 | 0x0064 | 15 | ARCNET |
| 9 | 3.000000 | 0x82 | 0xc0 | ARCNET | 6 | ARCNET[Malformed Packet] |
| 10 | 4.016000 | 0xc0 | 0x82 | 0x0064 | 15 | ARCNET |
| 11 | 4.031000 | 0x82 | 0xc0 | ARCNET | 6 | ARCNET[Malformed Packet] |
| 12 | 4.500000 | 0x80 | 0xc4 | ARCNET | 5 | ARCNET[Malformed Packet] |
| 13 | 4.500000 | 0xc4 | 0x80 | 0x0002 | 8 | ARCNET |
| 14 | 4.500000 | 0x80 | 0xc4 | ARCNET | 6 | ARCNET[Malformed Packet] |

> Frame 1: 5 bytes on wire (40 bits), 5 bytes captured (40 bits)
> ARCNET
> [Malformed Packet: ARCNET]

0000 80 c0 01 00 01 .....

图 1-13 GDLAN 网络的数据抓包

# 第三节　MICRO Ⅱ系统应用

## 一、ZB45 包装机组

ZB45 包装机组采用 MICRO Ⅱ系统进行控制，具有 400 包 /min 的生产能力。整机采用模块化结构设计，可通过替换部件和组件的方式来改变配置和生产尺寸，从而减少调试时间。主机 YB45 如图 1–14 所示。

图 1–14　ZB45 包装机组主机 YB45

ZB45 包装机组配备了 MICRO Ⅱ系统，具有一定的自动化能力，如内衬纸卷与框架纸卷全自动供料选件、中控系统通信功能选件等，可满足企业生产过程中的自动化与一体化需求。系统已预置数据采集功能，可直接与企业数采系统通信，实现生产过程中的数据监控与数据采集功能。整机带有自诊断功能，可辅助操作人员判断设备故障。

ZB45 包装机组辅机主要由 YB55（小盒包装膜包装机）、YB65（条盒包装机）、YB95（条盒包装膜包装机）构成，分别用于小盒包装膜包装以及条盒包装，设计生产能力为 400 包 /min，如图 1–15 所示。

ZB45 包装机组通常配备有两个 OPC，通过 GDLAN 网络连接到 MICRO Ⅱ系统 CPU，具体网络拓扑结构如图 1–16 所示。

图 1-15 ZB45 包装机组辅机 YB55

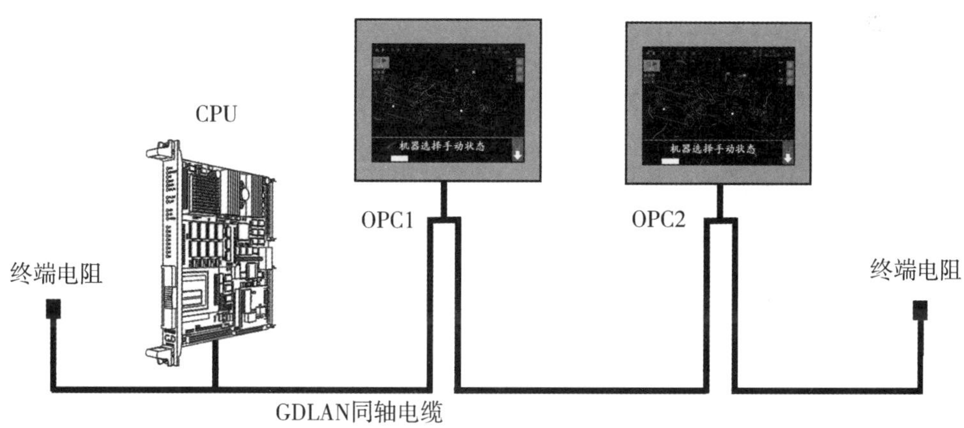


图 1-16 ZB45 包装机组 GDLAN 拓扑结构

## 二、X6 包装机组

GD高速包装机组主要以X6为代表，设计生产能力为600包/min，如图1-17所示。X6包装机组早期版本采用MICRO Ⅱ系统进行控制，并使用PROFIBUS子站进行I/O端子扩展，其OPC采用全新开发的软件，拥有三维图形界面，并使用数据库进行数据存储，支持历史记录查询，还可以通过OPC对MICRO Ⅱ系统参数进行上传与下载。X6包装机组在MICRO Ⅱ系统上的应用更为深入，增加了三轴运动控制板卡、PROFIBUS总线板卡等新功能，特别是三轴运动控制板卡的大量运用，使得设备的运动控制更为精准。PROFIBUS总线的运用，大大减少了信号电缆的部署，扩展了I/O端子数量，使得整机更为简洁。

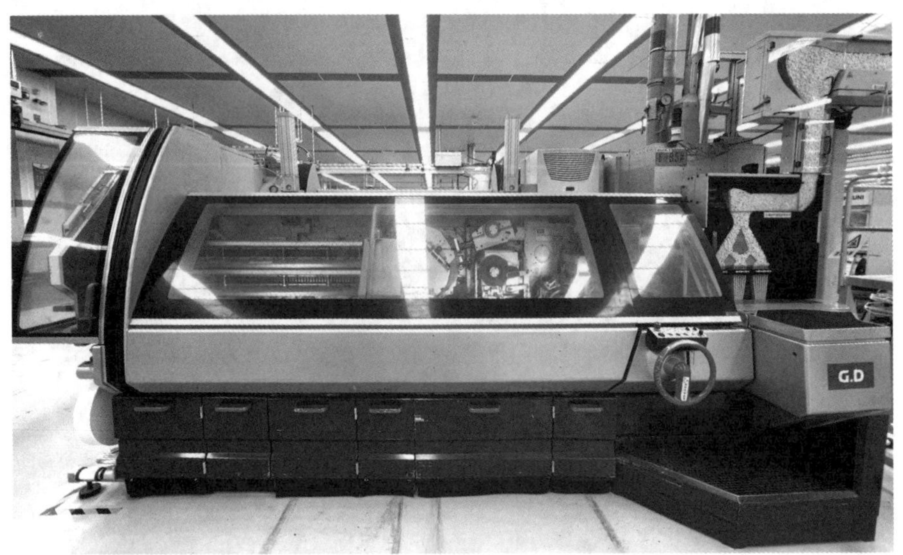


图 1–17　X6 包装机组主机

X6包装机组辅机由 C800、BV 构成，如图 1–18 所示，设计生产能力为 600 包 / min，X6 主机与辅机 C800、BV 分别由两个机柜控制，每个机柜均配备有一个 CPU，两个 CPU 之间通过 GDLAN 进行通信。该机组配备了两台 OPC，其中辅机的 OPC 拓展为双屏显示，以兼顾前后操作的便利性，因此整机具有三个操作界面。两台 OPC 均可通过 GDLAN 同时连接到两个 CPU 上，OPC 之间还可以通过以太网进行数据同步通信，具体网络拓扑结构如图 1–19 所示。

图 1–18　X6 包装机组辅机 C800 与 BV

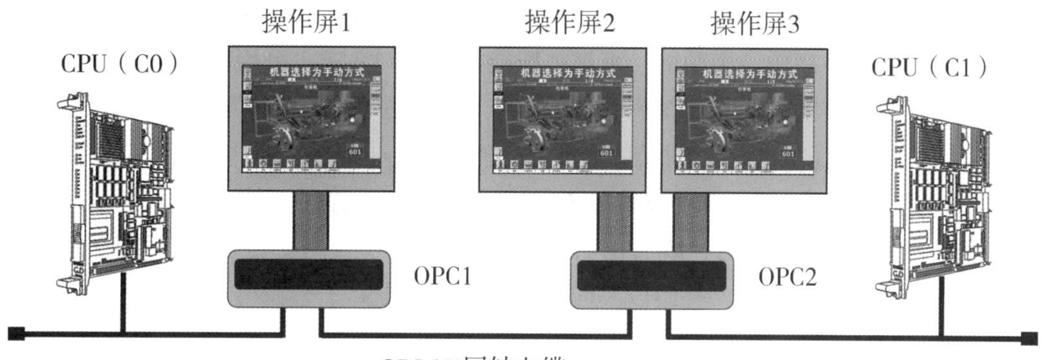


图 1-19 X6 包装机组 GDLAN 拓扑结构

## 三、ZB47 包装机组

ZB47 包装机组由主机 YB47（XC），辅机 YB57（CH）、YB67（CT）、YB97（CV）构成，设计生产能力为 550 包 /min，如图 1-20 和图 1-21 所示。ZB47 包装机组在原有

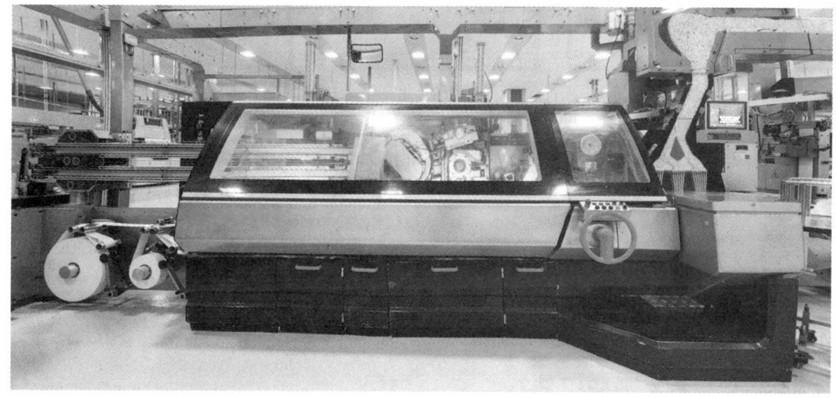

图 1-20 ZB47 包装机组主机 YB47

图 1-21 ZB47 包装机组辅机 YB57

的机械结构上采用了自动化控制技术，使得产品的技术性能、功能和水平都有了显著提升，并能够满足高效、多功能、可靠、智能化的生产需求。采用交流伺服电机、直流伺服电机等新装置替代了传统齿轮传动，从而简化了机械结构。此外，还加入了内衬纸、小盒包装膜自动装载与拼接等自动化功能，进一步降低了操作人员的工作强度。

ZB47 包装机组大量使用伺服与步进电机等独立驱动控制系统，可以为各个原辅材料供给装置单独提供动力，既简化了机械结构，又避免了机械传动磨损引起的误差。该设备支持自诊断、校正、补偿以及间歇运动，从而提高了整机可控性，使整个机组得以高效、均衡运行。ZB47 包装机组采用 MICRO Ⅱ系统进行控制，配备了两个机柜，并结合应用了 PROFIBUS 现场总线技术，其网络拓扑结构如图 1-22 所示。

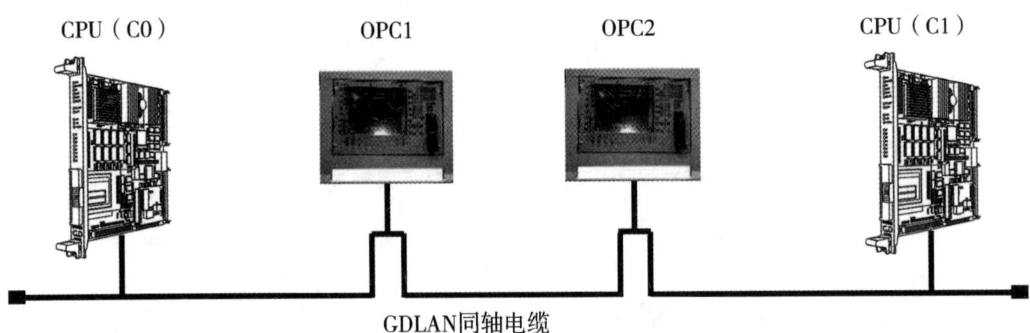


图 1-22　ZB47 包装机组 GDLAN 拓扑结构

本章思考题

1. MICRO Ⅱ系统的特点是什么？
2.系统机柜主要包含哪些组件？
3. 国内采用 MICRO Ⅱ系统的设备主要有哪些？

# 第二章 MICRO Ⅱ系统硬件

学习要点

1. CPU 控制板卡的功能、接口、配置等应用。
2. 数字量输入 / 输出板卡的功能、接口、配置等应用。
3. 编码器板卡、模拟量板卡的功能、接口、配置等应用。
4. 步进电机控制板卡、运动控制板卡的功能、接口、配置等应用。
5. PROFIBUS-DP 通信板卡及 GD 模块的功能、接口、配置等应用。

由 G.D 公司开发的 MICRO Ⅱ控制系统主要应用于 GD 烟用包装机、卷烟机等设备。本章主要介绍 MICRO Ⅱ控制系统常用硬件，包括 CPU 控制板卡、数字量输入 / 输出板卡、编码器板卡、模拟量板卡、PROFIBUS-DP 通信板卡、驱动板器卡、GD 功能模块等。通过对系统硬件的讲解，让读者对 MICRO Ⅱ控制系统有进一步的认识。

## 第一节 CPU 控制板卡

在 MICRO Ⅱ控制系统的发展过程中，根据控制板卡的主处理器不同分为 CPU386 板卡和 CPU486 板卡。两种板卡在功能上基本一致，主要的区别在于：主处理器不同，CPU386 板卡以 INTEL80386 处理器为核心，CPU486 板卡以 INTEL80486 处理器为核心；程序存储方式不一样，CPU386 板卡使用 EEPROM 进行程序存储，采用插接的方式直接插在电路板上，须拔出 CPU 控制板卡并借助专用工具才能进行拆卸，CPU486 板卡使用 FLASH 存储卡进行程序存储，无须拔出 CPU 控制板卡就可直接在 CPU 面板上进行插拔。目前大部分设备都采用 CPU486 板卡，本节以 CPU486 板卡为主进行介绍。

## 一、功能结构

CPU 控制板卡作为 MICRO Ⅱ控制系统的核心，通过运行 FLASH 存储卡中的软件，程序控制系统运行，主要负责系统的数值计算、逻辑判断、数据处理、系统诊断、管理和控制其他板卡，以及与外部设备进行数据通信等工作。按功能主要分为逻辑运算、系统背板总线接口以及通信三部分。

CPU486 控制板卡及其接口板卡的结构如图 2–1 所示。CPU 控制板卡及其接口板卡需配套使用，CPU 接口板卡有两种，分别是带有 GDELOCK 功能的接口板卡与不带 GDELOCK 功能的接口板卡。大部分设备使用的是不带 GDELOCK 功能的接口板卡，本书只介绍不带 GDELOCK 功能的接口板卡。CPU 控制板卡主要包括电源转换电路、逻辑运算电路、状态指示灯等。CPU486 控制板卡通过接口 X1 连接到系统背板总线，与其他板卡进行数据交换，通过接口 X2 连接到接口板卡的接口 X1。CPU 控制板卡对应的接口板卡主要包括 RS232 接口 X2 和 X4、GDLAN 网络接口 X3、连接 CPU 控制板卡的接口 X1，以及供电电源掉电时及时保存数据的检测端子 J1 和 J2。

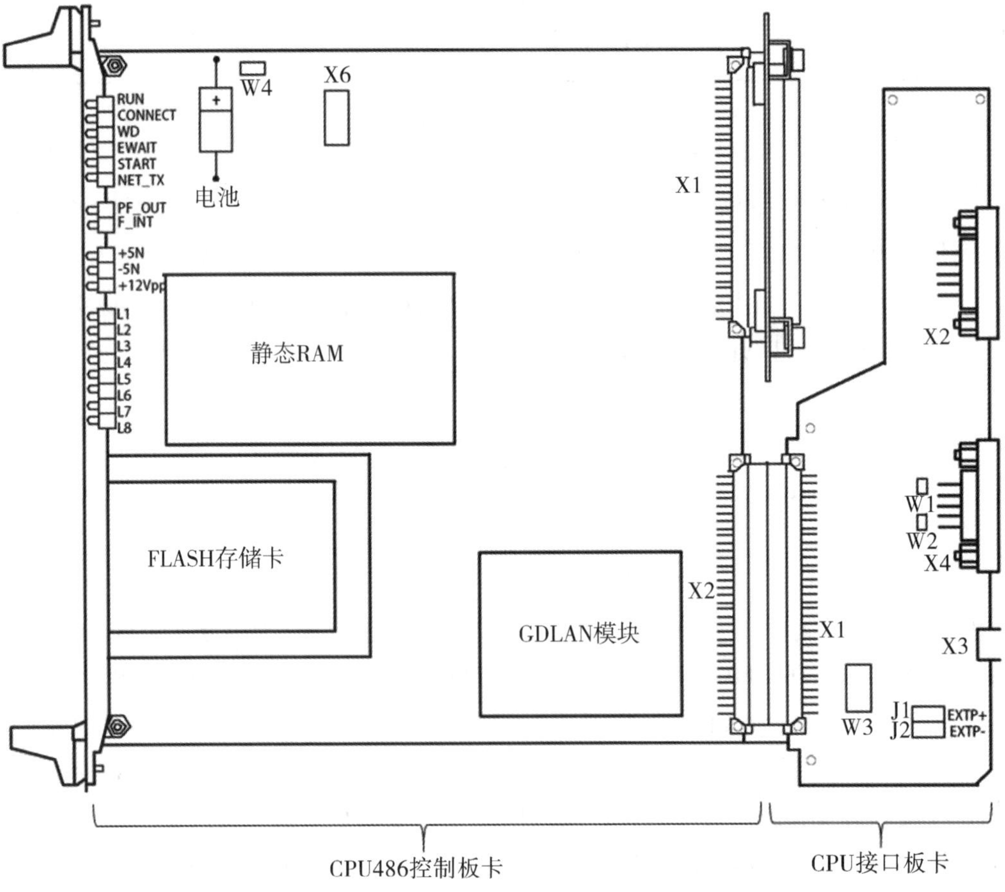

图 2–1　CPU486 控制板卡及其接口板卡结构图

## （一）电源转换电路与逻辑运算电路

电源转换电路把 PLC/MP2 背板总线提供的 6.5~7.5 V DC 电源电压转换为稳定的 5 V DC 电压，为逻辑运算电路、GDLAN、RS232 以及 FLASH 存储卡提供工作电压。CPU 控制板卡的逻辑运算电路主要包括运算控制和存储两部分。

### 1. 运算控制部分

运算控制部分主要包括 INTEL80486处理器、可编程器件、中断控制电路、看门狗电路等。运算控制部分以 INTEL80486 处理器为核心，通过运行 FLASH 存储卡内的软件程序实现数据运算、控制 PLC/MP2 总线、控制通信端口、控制和显示板卡状态、管理板卡诊断等功能。看门狗电路主要作用是监控系统运行、提高系统可靠性。

### 2. 存储部分

存储部分由 FLASH 存储卡、静态 RAM 以及掉电保存 RAM 等组成。FLASH 存储卡负责存储软件程序，CPU 控制板卡在初始化状态下（初始启动）从 FLASH 存储卡读取程序并运行。图 2-2 所示为 FLASH 存储卡。

图 2-2 FLASH 存储卡

静态 RAM 主要用于存储程序运行过程中的随机数据。掉电保存 RAM 主要用于存储设置参数，断电时通过板载电池为其供电，确保板卡供电断开时数据得以保存。新的板卡在投入使用前需要短接板卡上 W4 端子，使得断电时电池向掉电保存 RAM 存储器供电。如果板卡需要闲置存放则应将 W4 端子断开以防止消耗电池电量。W4 的位置如图 2-3 所示。

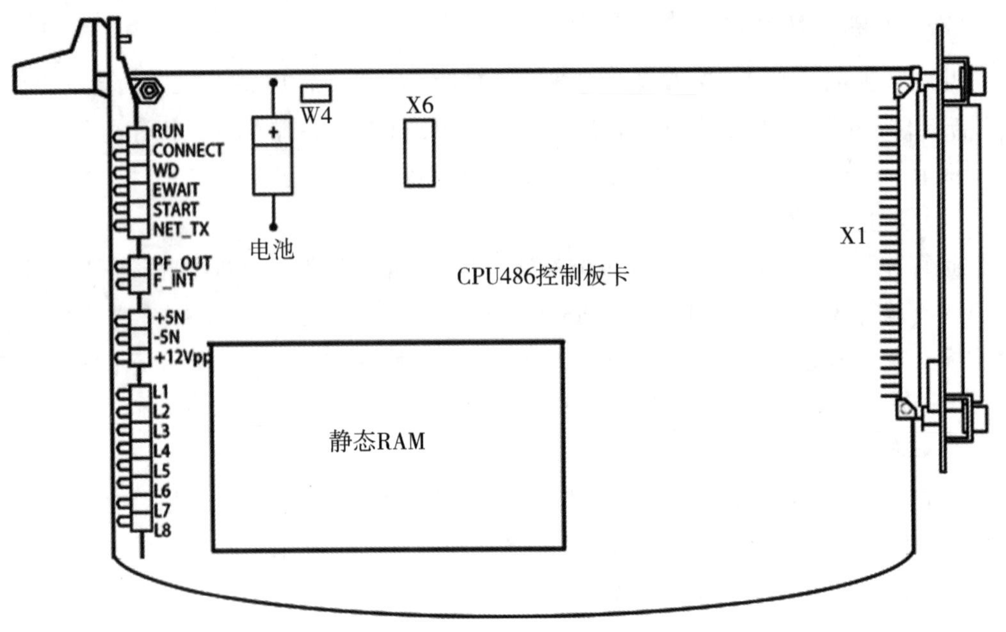


图 2-3　CPU 控制板卡跳线 W4 位置图

CPU 控制板卡通过背板总线提供的电压及锂电池参数如表 2-1 所示。

表 2-1　CPU 控制板卡供电电压及锂电池参数

| 项　目 | 参数值 |
| --- | --- |
| 板卡供电电压 | 6.5~7.5 V DC |
| 板卡最大电流 | 2 A |
| 锂电池电压 | 3.5~3.6 V DC |
| 锂电池最小工作电压 | 2.2 V DC |

（二）系统背板总线接口

CPU 控制板卡的系统背板总线接口，主要功能是完成与系统中各功能板卡的通信以及接收来自各功能板卡的中断请求。总线接口部分还连接有总线终端，用于匹配总线上的信号阻抗。MICRO Ⅱ控制系统包含多个功能板卡，这些板卡带有独立的处理器，各功能板卡通过背板总线以中断的方式与 CPU 控制板卡进行联络与信息交换，共同完成系统控制功能。因此，也可以将 MICRO Ⅱ控制系统视为一个多处理器系统。

（三）通信部分

CPU 控制板卡与外部设备进行通信接口包括 2 个 RS232 接口和 1 个 GDLAN 总线接口，用于与外设进行通信及数据交换。

1. RS232 接口

CPU 接口板卡上 RS232 接口 X2 针脚可以与远程设备进行通信连接。RS232 接口

X2 针脚定义如表 2-2 所示。

表 2-2 CPU 接口板卡 RS232 接口 X2 针脚定义

| 针脚 | 定义 |
| --- | --- |
| 1 | NC |
| 2 | RXD |
| 3 | TXD |
| 4 | NC |
| 5 | GND1 |
| 6~9 | NC |

CPU 接口板卡上的 RS232 接口 X4 为预留串口，供内部使用。可通过接口板卡上的 W1 端子、W2 端子配置预留串口的 RS232 信号，出厂默认设置 W1 端子与 W2 端子均使用跳线连接。W1 端子使用跳线连接时将 DSRA 与 DTRA 短接，W2 端子使用跳线连接时将 RTSA 与 CTSA 短接。RS232 接口 X4 针脚定义如表 2-3 所示。

表 2-3 CPU 接口板卡 RS232 接口 X4 针脚定义

| 针脚 | 定义 |
| --- | --- |
| 1 | NC |
| 2 | RXA |
| 3 | TXA |
| 4 | DTRA |
| 5 | GND1 |
| 6 | DSRA |
| 7 | RTSA |
| 8 | CTSA |
| 9 | NC |

## 2. GDLAN 总线接口

GDLAN 总线接口用于 GDLAN 总线的扩展，通过接口板卡上的 W3 跳线定义 CPU 控制板卡的 GDLAN 总线地址。W3 跳线共有 8 排，每排有 2 个针脚，每排代表 1 个位地址，8 个位地址组成 CPU 控制板卡的地址值，可设定的 GDLAN 总线地址范围为 C0H—FFH。表 2-4 所示为跳线 W3 各排对应的位地址。

表 2-4　CPU 接口板卡跳线 W3各排对应的位地址

| 位置 | 对应的位地址 |
|---|---|
| 第 1 排（1、2 针脚） | D0 |
| 第 2 排（3、4 针脚） | D1 |
| 第 3 排（5、6 针脚） | D2 |
| 第 4 排（7、8 针脚） | D3 |
| 第 5 排（9、10 针脚） | D4 |
| 第 6 排（11、12 针脚） | D5 |
| 第 7 排（13、14 针脚） | D6 |
| 第 8 排（15、16 针脚） | D7 |

当跳线 W3 对应的针脚用跳线连接时，对应位地址值为 0；未用跳线连接时，对应位地址值为 1。表 2-5 所示为不同地址对应的位地址值（C 代表对应的两个针脚连接，NC 代表对应的两个针脚未连接）。

表 2-5　不同地址对应的位地址值

| 地址 | 15~16（D7） | 13~14（D6） | 11~12（D5） | 9~10（D4） | 7~8（D3） | 5~6（D2） | 3~4（D1） | 1~2（D0） |
|---|---|---|---|---|---|---|---|---|
| 00H | C | C | C | C | C | C | C | C |
| ⋮ | ⋮ | ⋮ | ⋮ | ⋮ | ⋮ | ⋮ | ⋮ | ⋮ |
| C0H | NC | NC | C | C | C | C | C | C |
| C1H | NC | NC | C | C | C | C | C | NC |
| C2H | NC | NC | C | C | C | C | NC | C |
| C3H | NC | NC | C | C | C | C | NC | NC |
| C4H | NC | NC | C | C | C | NC | C | C |
| C5H | NC | NC | C | C | C | NC | C | NC |
| ⋮ | ⋮ | ⋮ | ⋮ | ⋮ | ⋮ | ⋮ | ⋮ | ⋮ |
| FFH | NC | NC | NC | NC | NC | NC | NC | NC |

MICRO Ⅱ控制系统 CPU 控制板卡的 GDLAN 总线地址只能配置为 C0H—C7H。G.D 公司给出了 CPU 控制板卡对应的 GDLAN 总线地址建议配置表，如表 2-6 所示。

表 2-6　CPU 控制板卡对应的 GDLAN 总线地址建议配置

| 地址 | 建议配置 |
| --- | --- |
| C0H | 包装机 |
| C1H | 预留 |
| C2H | 卷接机 |
| C3H | 预留 |
| C4H | 卷接机预留 |
| C5H | 包装机预留 |
| C6H | 预留 |
| C7H | 预留 |

## 二、状态指示

CPU 控制板卡面板有 11 个状态指示灯，分别为 RUN、CONNECT、WD、EWAIT、START、NET-TX、PF-OUT、F-INT、+5N、-5N 和 +12Vpp；8 个备用指示灯，编号为 L1—L8。CPU 控制板卡面板状态指示灯如图 2-4 所示。

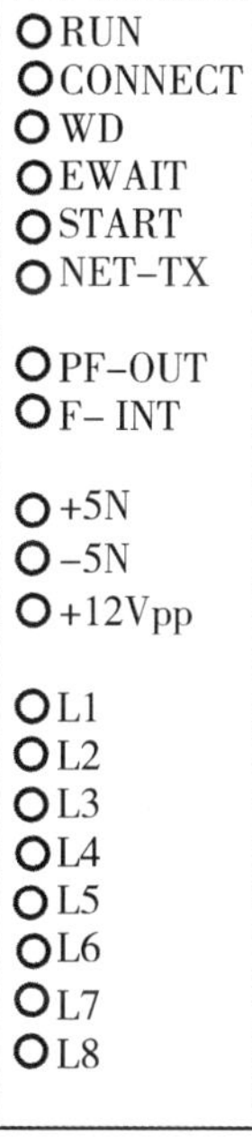


图 2-4　CPU 控制板卡面板状态指示灯

系统正常工作状态下，指示灯的状态和含义如表 2-7 所示。

**表 2-7　系统正常运行时指示灯状态和含义**

| 指示灯 | 颜色 | 状态 | 含义 |
| --- | --- | --- | --- |
| RUN | 绿 | 闪烁 | 处理器正常运行 |
| | | 灭 | 检查 ±5 V DC 电源，重新上电后依然不亮，需更换 CPU 控制板卡 |
| CONNECT | 黄 | 闪烁 | 与 GDLAN 连接正常 |
| | | 灭 | CPU 与网络的连接断开（OPC 连接电缆） |
| WD | 红 | 常灭 | 正常 |
| | | 亮 | 处理器锁定并触发看门狗 |
| EWAIT | 红 | 常灭 | 未处于等待状态 |
| | | 短亮 | 等待来自其他板卡的请求 |
| | | 常亮 | 板卡出错 |
| START | 绿 | 常亮 | 程序启动正常（系统启动约 2 min 后） |
| | | 灭 | 系统程序未运行（可能为非官方程序） |
| NET-TX | 黄 | 常亮 | GDLAN 正常 |
| | | 灭 | GDLAN 出错 |
| PF-OUT | 红 | 常灭 | 电源电压正常 |
| | | 亮 | 电源电压低 |
| F-INT | 红 | 常灭 | 无中断请求 |
| | | 短亮 | 有中断请求 |
| +5N | 绿 | 常亮 | 逻辑处理电路 +5 V 正常 |
| | | 灭 | 逻辑处理电路 +5 V 电源故障 |
| -5N | 绿 | 常亮 | GDLAN 网络供电正常 |
| | | 灭 | GDLAN 网络供电故障 |
| +12Vpp | 黄 | 常灭 | 未向 FLASH EPROM 下载程序 |
| | | 亮 | 正在向 FLASH EPROM 下载程序 |
| L1—L8 | 红 | 有屏蔽红色信息时 L1 亮 | L2—L8 为备用指示灯 |

注意：通常情况下使用者不易观察到 EWAIT 指示灯短亮的状态，因为等待状态通常很短，所以指示灯亮的时间也很短。常亮则说明等待时间过长，表示系统或者通信存在故障。

## 三、板卡指示灯工作逻辑与故障检查方法

在 MICRO Ⅱ控制系统中板卡指示灯的状态遵循着一定的逻辑，可通过指示灯运行逻辑判断并检查系统存在的故障。

### （一）与电源相关指示灯运行逻辑与故障检查方法

CPU 控制板卡上有与电源相关的指示灯，可以判断系统电源的状态。CPU 控制板卡上与电源相关指示灯的运行逻辑与故障检查方法如图 2-5 所示。

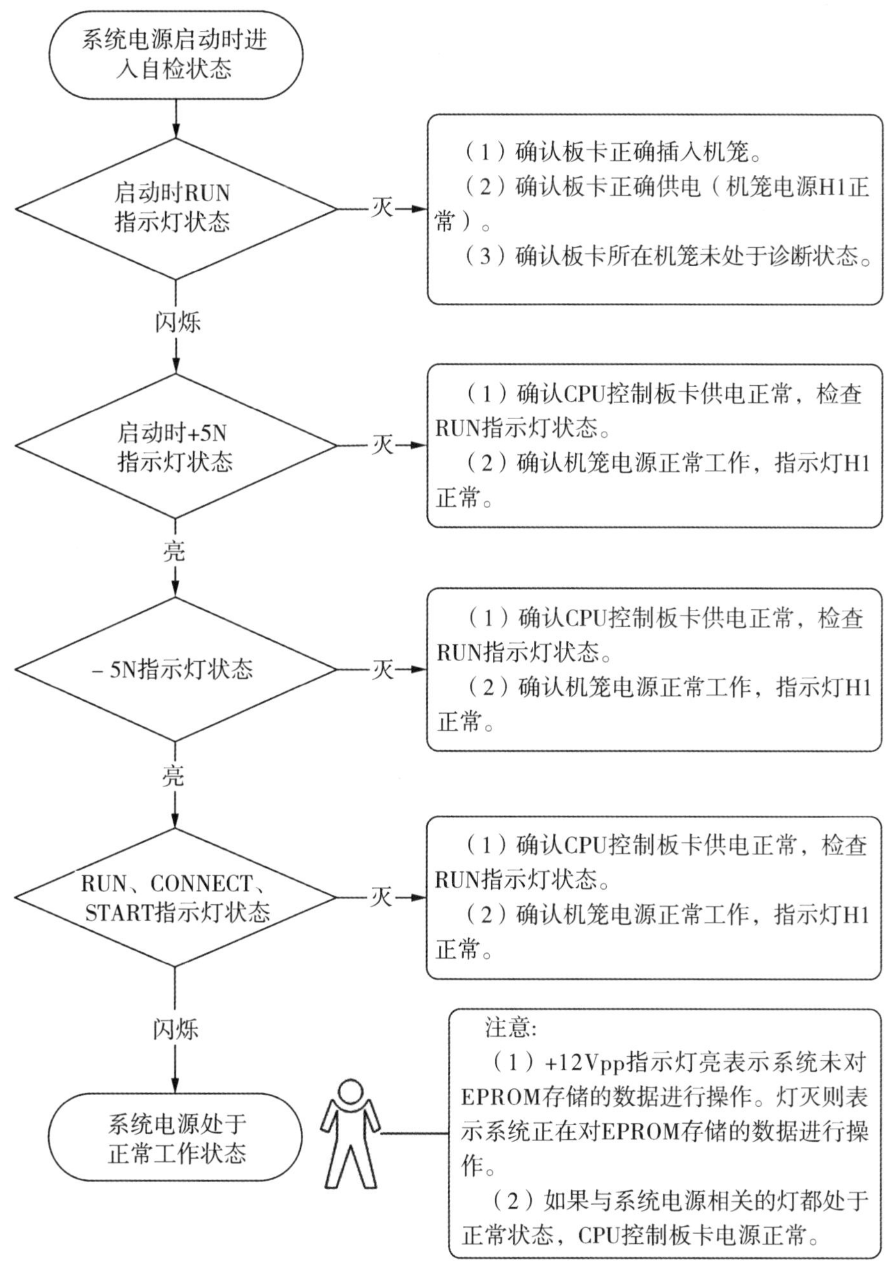


图 2-5 与电源相关指示灯的运行逻辑和故障检查方法

### （二）板卡通用指示灯运行逻辑与故障检查方法

MICRO Ⅱ控制系统的板卡都有 4 个通用指示灯，分别为 RUN、CONNECT、WD、WAIT，如图 2-6 所示。

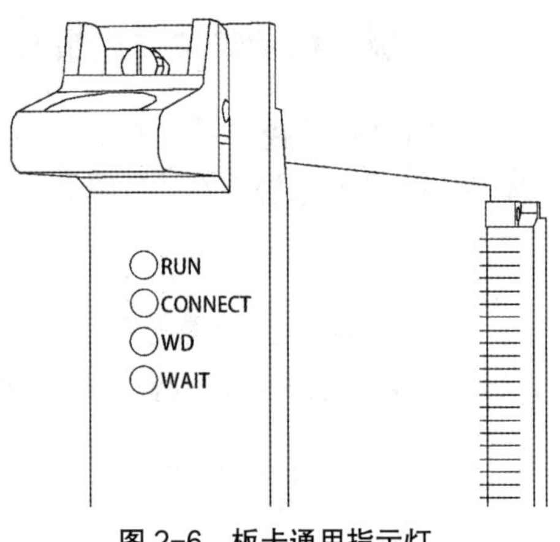


图 2-6　板卡通用指示灯

MICRO Ⅱ控制系统板卡通用指示灯在启动时和正常工作状态下有不同的工作逻辑，正常工作状态下板卡通用指示灯的运行逻辑和故障检查方法如图 2-7 所示。

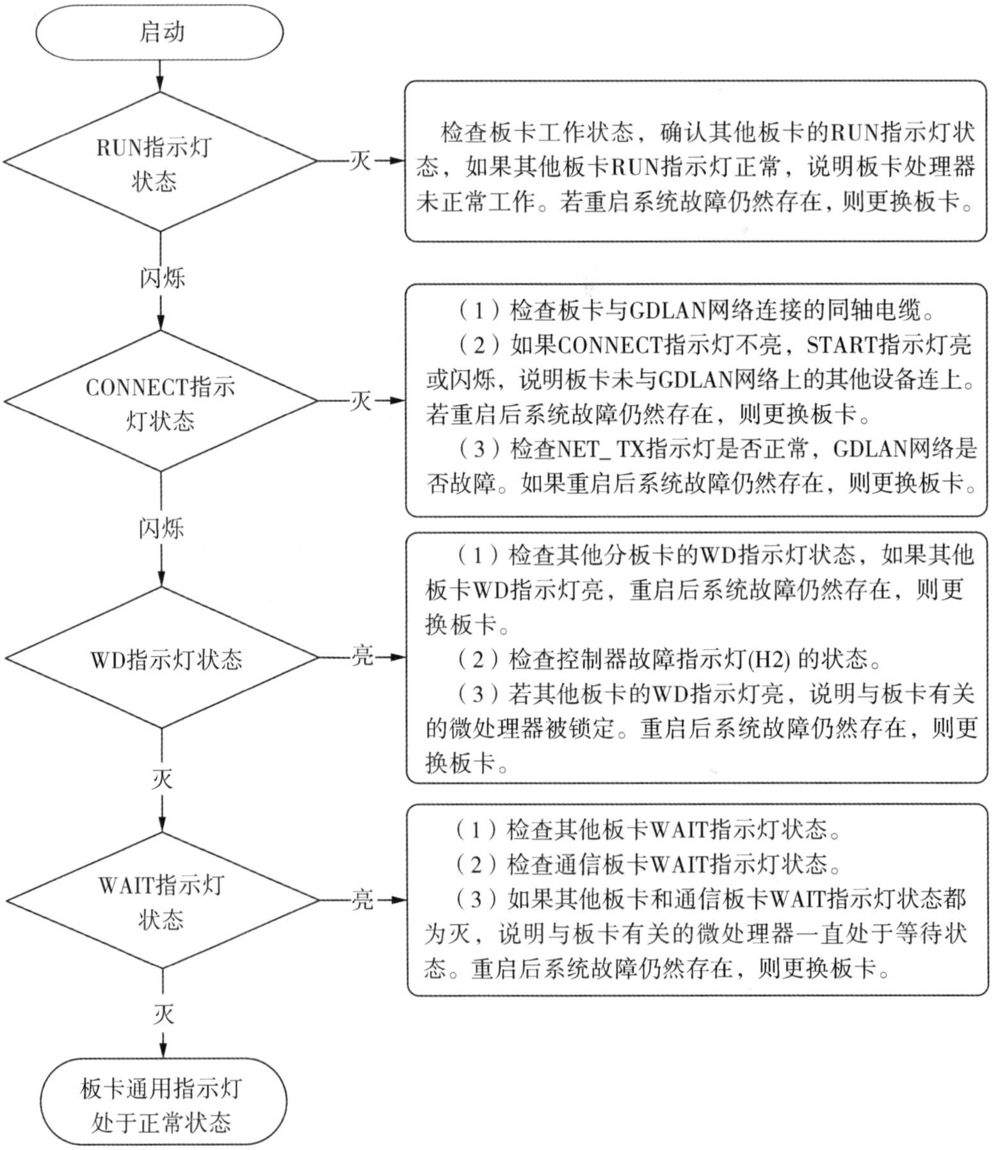

启动

RUN指示灯状态 —灭→ 检查板卡工作状态，确认其他板卡的RUN指示灯状态，如果其他板卡RUN指示灯正常，说明板卡处理器未正常工作。若重启系统故障仍然存在，则更换板卡。

↓ 闪烁

CONNECT指示灯状态 —灭→

（1）检查板卡与GDLAN网络连接的同轴电缆。

（2）如果CONNECT指示灯不亮，START指示灯亮或闪烁，说明板卡未与GDLAN网络上的其他设备连上。若重启后系统故障仍然存在，则更换板卡。

（3）检查NET_ TX指示灯是否正常，GDLAN网络是否故障。如果重启后系统故障仍然存在，则更换板卡。

↓ 闪烁

WD指示灯状态 —亮→

（1）检查其他分板卡的WD指示灯状态，如果其他板卡WD指示灯亮，重启后系统故障仍然存在，则更换板卡。

（2）检查控制器故障指示灯(H2) 的状态。

（3）若其他板卡的WD指示灯亮，说明与板卡有关的微处理器被锁定。重启后系统故障仍然存在，则更换板卡。

↓ 灭

WAIT指示灯状态 —亮→

（1）检查其他板卡WAIT指示灯状态。

（2）检查通信板卡WAIT指示灯状态。

（3）如果其他板卡和通信板卡WAIT指示灯状态都为灭，说明与板卡有关的微处理器一直处于等待状态。重启后系统故障仍然存在，则更换板卡。

↓ 灭

板卡通用指示灯处于正常状态

图 2-7　正常工作状态下板卡通用指示灯的运行逻辑和故障检查方法

### （三）CPU 控制板卡指示灯运行逻辑和故障检查方法

CPU 控制板卡指示灯的运行逻辑和故障检查方法如图 2-8 所示。其中，通用指示灯正常状态的判定需参照图 2-7。

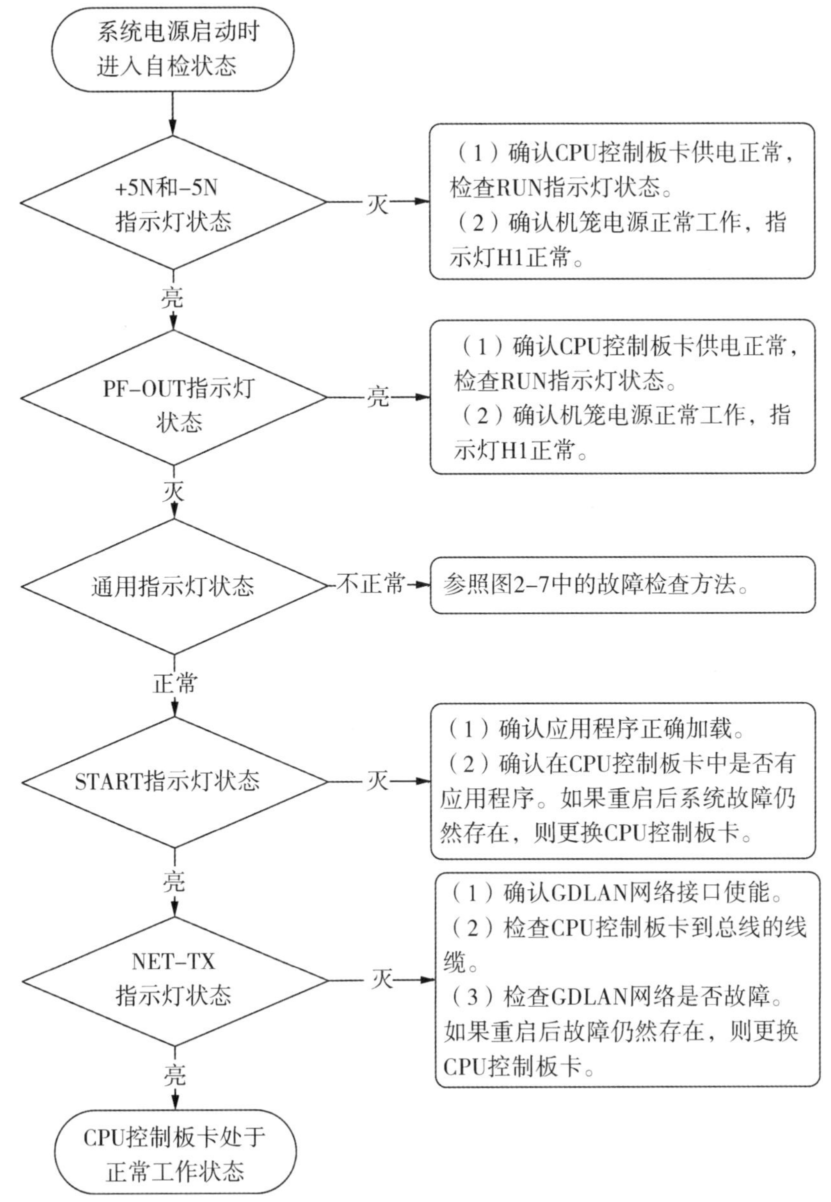


图 2-8　CPU 控制板卡指示灯的运行逻辑和故障检查方法

## 四、针脚定义

CPU控制板卡的 X1 接口连接到背板总线，X2 接口连接到接口板卡的 X1 接口，X6 接口用于连接 PC 对 D29（CPLD）组件进行调试（只在程序设计测试阶段使用），

X8 和 X9 接口用于连接 SRAM，X10接口用于连接 FLASH 存储卡，X12 和 X13 接口用于连接 GDLAN 模块，X14 接口为预留接口。

## （一）CPU 控制板卡 X1 及 X2 接口针脚定义

### 1. CPU 控制板卡 X1 接口针脚定义

CPU控制板卡通过 X1 接口连接到背板总线，X1 接口针脚定义如表 2-8 所示。

表 2-8　CPU 控制板卡 X1 接口针脚定义

<table>
<tr><th>针脚</th><th>定义</th><th>针脚</th><th>定义</th><th>针脚</th><th>定义</th></tr>
<tr><td>A1、A2</td><td>7 V DC</td><td>B1、B2</td><td>7 V DC</td><td>C1、C2</td><td>7 V DC</td></tr>
<tr><td>A3、A4</td><td>GND</td><td>B3、B4</td><td>GND</td><td>C3、C4</td><td>GND</td></tr>
<tr><td>A5</td><td>T/R*</td><td>B5</td><td>NC</td><td>C5</td><td>B</td></tr>
<tr><td>A6</td><td>GND</td><td>B6</td><td>CX3-DW</td><td>C6</td><td>GND</td></tr>
<tr><td>A7~A13</td><td>INT*（8）~INT*（2）</td><td>B7</td><td>CX3-UP</td><td rowspan="4">C7~C13</td><td rowspan="4">BS*（8）~BS*（2）</td></tr>
<tr><td>A14</td><td>INT-E*</td><td>B8</td><td>CX2-DW</td></tr>
<tr><td>A15</td><td>A（19）</td><td>B9</td><td>CX2-UP</td></tr>
<tr><td>A16</td><td>A（17）</td><td>B10</td><td>CX1-DW</td></tr>
<tr><td>A17</td><td>A（15）</td><td>B11</td><td>CX1-UP</td><td>C14</td><td>BS-E*</td></tr>
<tr><td>A18~A25</td><td>D（7）~D（0）</td><td>B12</td><td>CX0-DW</td><td>C15</td><td>A（18）</td></tr>
<tr><td>A26</td><td>GND</td><td>B13</td><td>CX0-UP</td><td>C16</td><td>A（16）</td></tr>
<tr><td>A27</td><td>WAIT*</td><td>B14</td><td>GND</td><td rowspan="5">C17~C31</td><td rowspan="5">A（14）~A（0）</td></tr>
<tr><td>A28</td><td>RESET*</td><td>B15~B22</td><td>INT*（16）~INT*（9）</td></tr>
<tr><td>A29</td><td>GND</td><td>B23</td><td>O</td></tr>
<tr><td>A30</td><td>RD*</td><td rowspan="2">B24~B31</td><td rowspan="2">BS*（16）~ BS*（9）</td></tr>
<tr><td>A31</td><td>WR*</td></tr>
<tr><td>A32</td><td>GND</td><td>B32</td><td>GND</td><td>C32</td><td>GND</td></tr>
</table>

### 2. CPU 控制板卡 X2 接口针脚定义

CPU 控制板卡的 X2 接口（用于连接接口板卡）针脚定义如表 2-9 所示。

表 2-9　CPU 控制板卡 X2 接口针脚定义

| 针脚 | 定义 | 针脚 | 定义 |
|---|---|---|---|
| A1~A4 | GND | C1 | GND1 |
| A5 | N-D0 | C2 | TXA |

续表

| 针脚 | 定义 | 针脚 | 定义 |
|---|---|---|---|
| A6 | N-D1 | C3 | GND1 |
| A7 | N-D2 | C4 | RXA |
| A8 | N-D3 | C5 | GND1 |
| A9 | N-D4 | C6 | RTSA |
| A10 | N-D5 | C7 | DTRA |
| A11 | N-D6 | C8 | CTSA |
| A12 | N-D7 | C9 | DSRA |
| A13~A21 | NC | C10 | GND1 |
| | | C11 | GND1 |
| | | C12 | TXB |
| | | C13 | GND1 |
| | | C14 | RXB |
| | | C15 | GND1 |
| | | C16~C21 | NC |
| A22~A26 | OUTS | C22~C26 | OUTS |
| A27~A32 | NC | C27~C30 | NC |
| | | C31、C32 | EXTP+ |

## （二）CPU 控制板卡 X6 及 X10 接口针脚定义

### 1. CPU 控制板卡 X6 接口针脚定义

CPU 控制板卡 X6 接口用于连接 PC 对 D29（CPLD）组件进行调试，X6 接口针脚定义如表 2-10 所示。

表 2-10 CPU 控制板卡 X6 接口针脚定义

| 针脚 | 定义 |
|---|---|
| 1 | +5 V |
| 2 | TMS |
| 3 | GND |
| 4 | TCK |

续表

| 针脚 | 定义 |
| --- | --- |
| 5 | GND |
| 6 | TDO |
| 7 | GND |
| 8 | TDI-EPLD |
| 9 | VPP-EPLD |
| 10 | ST-VPP |

### 2. CPU 控制板卡 X10 接口针脚定义

CPU 控制板卡 X10 接口为 FLASH 存储卡接口，其针脚定义如表 2-11 所示。

表 2-11 CPU 控制板卡 X10 接口针脚定义

| 针脚 | 定义 | 针脚 | 定义 |
| --- | --- | --- | --- |
| 1 | GND | 35 | GND |
| 2~16 | XD（0）~XD（14） | 36 | WP* |
| | | 37~50 | XD（16）~XD（29） |
| 17 | +5 V | 51 | +5 V |
| 18 | XD（15） | 52 | XD（30） |
| 19 | XXA（2） | 53 | XD（31） |
| 20 | XXA（3） | 54 | XXA（4） |
| 21 | XXA（5） | 55 | XXA（6） |
| 22 | XXA（7） | 56 | XXA（8） |
| 23 | XXA（9） | 57 | XXA（10） |
| 24 | XXA（11） | 58 | XXA（12） |
| 25 | XXA（13） | 59 | XXA（14） |
| 26 | XXA（15） | 60 | XXA（16） |
| 27 | XXA（17） | 61 | XXA（18） |
| 28 | XXA（19） | 62 | XXA（20） |
| 29 | XXA（21） | 63 | XXA（22） |
| 30 | XXA（23） | 64 | XRD* |

续表

| 针脚 | 定义 | 针脚 | 定义 |
|---|---|---|---|
| 31 | XWR* | 65 | FLASH-HI* |
| 32 | FLASH-TYPE0 | 66 | FLASH-LO* |
| 33 | FLASH-TYPE1 | 67 | VPP |
| 34 | GND | 68 | GND |

### （三）CPU 控制板卡 X8 及 X9 接口针脚定义

CPU 控制板卡上的 X8 与 X9 接口为静态 RAM 接口，CPU 控制板卡的 X8 接口针脚定义如表 2-12 所示。

**表 2-12　CPU 控制板卡 X8 接口针脚定义**

| 针脚 | 定义 | 针脚 | 定义 |
|---|---|---|---|
| 1、2 | +5 V | 5~36 | XD（0）~XD（31） |
| 3 | NC | 37、38 | NC |
| 4 | GND | 39、40 | GND |

CPU 控制板卡的 X9 接口针脚定义如表 2-13 所示。

**表 2-13　CPU 控制板卡 X9 接口针脚定义**

| 针脚 | 定义 | 针脚 | 定义 |
|---|---|---|---|
| 1、2 | +5 V | 23、24 | XD（8）、XD（9） |
| 3 | GND | 25、26 | XD（6）、XD（7） |
| 4 | CS-RAM* | 27、28 | XD（4）、XD（5） |
| 5~8 | XBE0*~XBE3* | 29、30 | XD（2）、XD（3） |
| 9、10 | XA（22）、XA（23） | 31 | NC |
| 11、12 | XD（20）、XD（21） | 32 | ERESET* |
| 13、14 | XD（18）、XD（19） | 33 | XRD* |
| 15、16 | XD（16）、XD（17） | 34 | XWR* |
| 17、18 | XD（14）、XD（15） | 35~38 | RAMTYPE0~RAMTYPE3 |
| 19、20 | XD（12）、XD（13） | 39、40 | GND |
| 21、22 | XD（10）、XD（11） | | |

### （四）CPU 控制板卡 X12 及 X13 接口针脚定义

CPU 控制板卡的 X12 与 X13 接口为 GDLAN 网络模块接口，CPU 控制板卡的 X12 接口针脚定义如表 2–14 所示。

表 2–14　CPU 控制板卡 X12 接口针脚定义

| 针脚 | 定义 | 针脚 | 定义 |
|---|---|---|---|
| 1、2 | +5 V | 16 | WR |
| 3~5 | XXA0~XXA2 | 17 | MMRES* |
| 6~13 | LLD（0）~LLD（7） | 18 | I–NET* |
| 14 | CS | 19 | LED–TX* |
| 15 | RD | 20、21 | GND |

CPU 控制板卡的 X13 接口针脚定义如表 2–15 所示。

表 2–15　CPU 控制板卡 X13 接口针脚定义

| 针脚 | 定义 | 针脚 | 定义 |
|---|---|---|---|
| 1 | NC | 9~16 | NC |
| 2 | S–YGND | 17 | KEY |
| 3 | S–YA1 | 18、19 | GND |
| 4 | S–YB1 | 20 | +5 V NET |
| 5 | NC | 21 | –5 V NET |
| 6~8 | OUTS | | |

### （五）CPU 控制板卡 X14 接口针脚定义

CPU 控制板卡的 X14 接口为预留接口，其针脚定义如表 2–16 所示。

表 2–16　CPU 控制板卡 X14 接口针脚定义

| 针脚 | 定义 | 针脚 | 定义 |
|---|---|---|---|
| 1A、2A | GND | 1C、2C | +5 V |
| 3A~22A | XXA（0）~XXA（19） | 3C~18C | XD（0）~XD（15） |
| | | 19C | INTA–SCCM* |
| | | 20C | XRD* |
| | | 21C | XBHE* |
| | | 22C | MEPROM* |

续表

| 针脚 | 定义 | 针脚 | 定义 |
|---|---|---|---|
| 23A | MONITOR* | 23C | NC |
| 24A | +5 V | 24C | +5 V |
| 25A | GND | 25C | GND |
| 26A | LLD（0） | 26C | LLD（1） |
| 27A | LLD（2） | 27C | LLD（3） |
| 28A | LLD（4） | 28C | LLD（5） |
| 29A | LLD（6） | 29C | LLD（7） |
| 30A | CS-SCCM* | 30C | IORD* |
| 31A | LLRESET* | 31C | IOWR* |
| 32A | INT-SCCM* | 32C | GND |

# 第二节　输入输出板卡

## 一、数字量输入板卡

### （一）功能结构

数字量输入板卡用于采集现场数字量传感器的信号，最多可采集 32 路数字量输入信号。信号通过光耦隔离处理以确保信号安全可靠，通过相应跳线配置，数字量输入信号可设置为 NPN 或 PNP 输入方式，通过程序配置输入信号是否带自诊断功能。在 17 槽的主机架中，数字量输入板卡可插在 2~16 槽的任何位置，通过软件程序设定槽位对应的板卡类型。

32 位数字量输入板卡及其接口板卡的结构如图 2-9 所示，数字量输入板卡及其接口板卡需配套使用。数字量输入板卡用于数字量信号的采集、逻辑运算处理、输入状态及运行状态指示；数字量输入板卡通过接口 X1 连接到系统背板总线，与 CPU 控制板卡通信，进行数据传输、状态监测；通过接口 X2 连接到数字量输入接口板卡的接口 X1，用于数字量信号的输入。数字量输入接口板卡通过接线端子连接数字量传感器的信号线，可配置为 NPN 或 PNP 输入方式。

#### 1. 技术参数

为可靠地采集与处理输入信号，数字量输入板卡对逻辑运算处理电路、采集信号电路、输入回路信号有一定的技术要求，具体技术参数如表 2-17 所示。

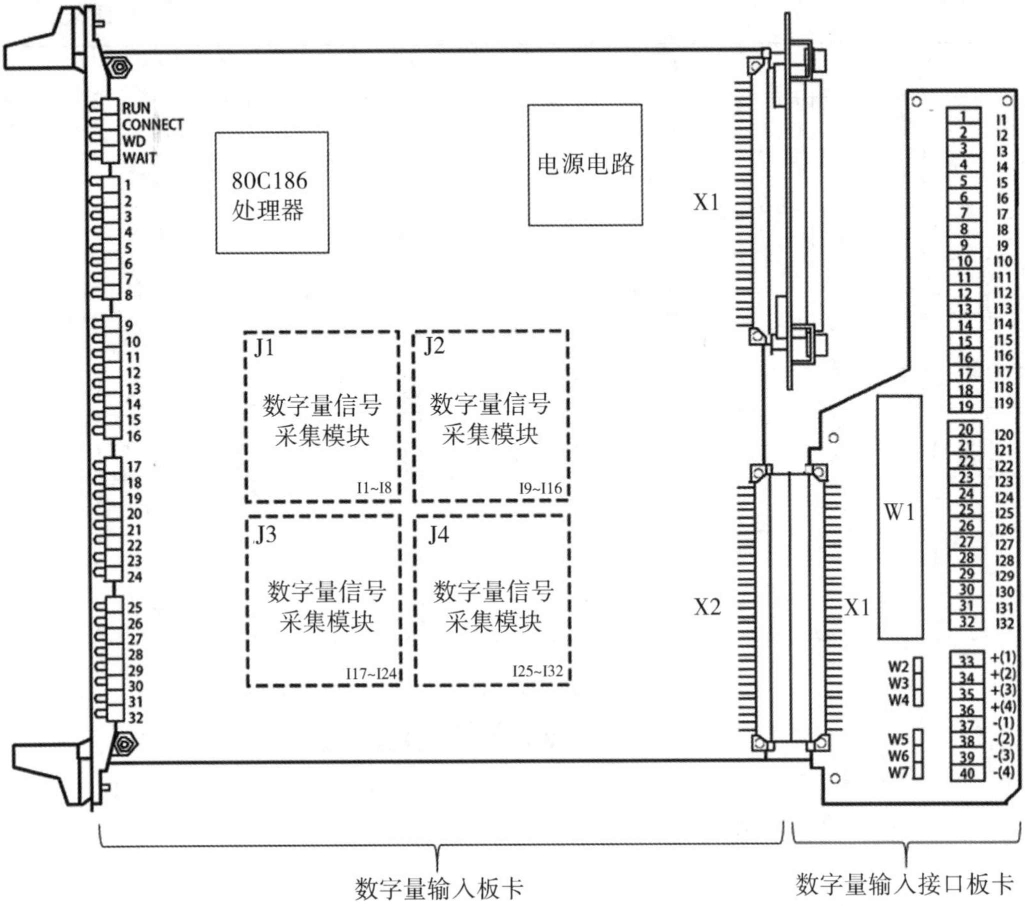

RUN
CONNECT
WD
WAIT

80C186
处理器

电源电路

J1 数字量信号采集模块 I1~I8
J2 数字量信号采集模块 I9~I16
J3 数字量信号采集模块 I17~I24
J4 数字量信号采集模块 I25~I32

X1
X2
X1
W1
W2 W3 W4
W5 W6 W7

数字量输入板卡

数字量输入接口板卡

图 2-9　数字量输入板卡及其接口板卡的结构

表 2-17　数字量输入板卡技术参数

| 参数 | | 设定值 |
|---|---|---|
| 背板总线电源 | 电源电压范围 | 6.5~7.5 V DC |
| | 最大电流 | 1.5 A |
| | 隔离电压 | 500 V DC |
| 信号采集模块 | 电源电压范围 | 24（1 ± 10%）V DC |
| | 最大电流 | 1.2 A |
| | 隔离电压 | 500 V DC |
| 输入信号 | 工作电流 | 20（1 ± 5%）mA、24 V DC |
| | 最小高电平电压 | 19 V DC |
| | 最大低电平电压 | 8 V DC |

续表

| 参数 | | 设定值 |
|---|---|---|
| 输入信号 | 最大输入电压 | 30 V DC |
| | 反向击穿电压 | 200 V DC |
| | 隔离电压 | 200 V DC |
| | 最大换向时间 | 15 μs |

### 2. 逻辑运算电路

数字量输入板卡的逻辑运算处理以 80C186 处理器为核心，通过 PLC/MP2 背板总线提供的 6.5~7.5 V DC 电源电压经电路转换后为其提供 5 V DC 的工作电压。通过运行固化在 EPROM 的程序执行以下功能：控制并显示采集电路状态；监测和显示板卡的工作状态；管理与 CPU 控制板卡的通信；管理板卡诊断功能。

### 3. 信号采集模块与输入信号

32 路的数字量采集电路由 4 组数字量信号采集模块组成，分别为 J1~J4，其位置如图 2-9 所示。每组信号采集模块有 8 通道输入信号，J1 信号采集模块对应输入信号 1~8，J2 信号采集模块对应输入信号 9~16，J3 信号采集模块对应输入信号 17~24，J4 信号采集模块对应输入信号 25~32。早期版本的信号采集模块采用模块化接插式，可单独进行更换。

信号采集模块可通过数字量输入接口板卡单独供电，也可通过跳线 W2~W7 配置与其他信号采集模块共用电源。W2~W4 连接 24 V DC 电源端子，W5~W7 连接 0 V DC 电源端子。通过跳线 W2~W7 配置与其他信号采集模块共用电源的配置如表 2-18 所示。

表 2-18　数字量输入接口板卡 W2~W7 跳线配置

| 跳线 | 信号采集模块电源 |
|---|---|
| W2：o—o | J1 和 J2 共用电源 |
| W3：o—o | J2 和 J3 共用电源 |
| W4：o—o | J3 和 J4 共用电源 |
| W5：o—o | J1 和 J2 共用电源 |
| W6：o—o | J2 和 J3 共用电源 |
| W7：o—o | J3 和 J4 共用电源 |

输入信号通过数字量输入接口板卡的 W1 跳线匹配传感器的输入信号为 PNP 或 NPN 方式，数字量输入接口板卡 W1 跳线有 32 排，对应 32 路输入信号。每排有 5 个引脚，分别为 A、B、C、D、E，用于匹配传感器输入类型，如 PNP 或 NPN。通过 W1

跳线匹配传感器输入信号类型如表 2-19 所示。

**表 2-19　数字量输入接口板卡 W1 跳线设置传感器类型**

| A B C D E | 传感器类型 |
|---|---|
| o—o o—o o | NPN 类型 |
| o o—o o—o | PNP 类型 |

通过 W1 跳线匹配传感器输入信号类型后，接线方式应与其相对应，PNP 传感器输入信号的接线方式如图 2-10 所示。

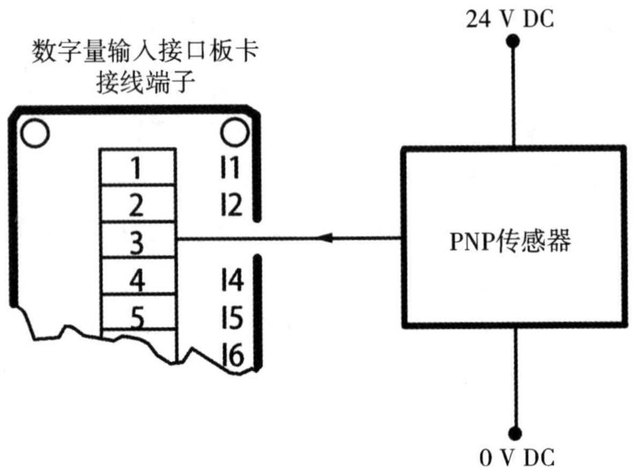


图 2-10　PNP 传感器输入信号的接线方式

NPN 传感器输入信号的接线方式如图 2-11 所示。

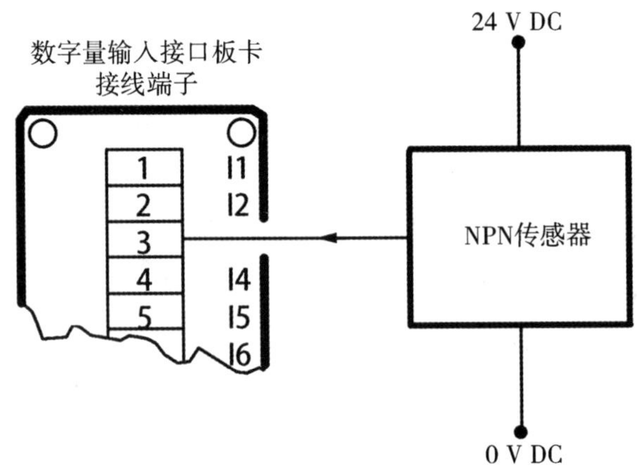


图 2-11　NPN 传感器输入信号的接线方式

## （二）状态指示

数字量输入板卡的面板包括 4 个状态指示灯和 32 路输入信号指示灯。状态指示灯分别为 RUN、CONNECT、WD 和 WAIT，用于指示板卡的运行状态；32 路输入信号指示灯分别为数字编号 1~32，用于指示输入信号的状态以及状态诊断。数字量输入板卡运行状态指示灯的指示状态及含义如表 2-20 所示。

**表 2-20 数字量输入板卡运行状态指示灯的指示状态及含义**

| 指示灯 | 颜色 | 状态 | 含义 |
| --- | --- | --- | --- |
| RUN | 绿 | 闪烁 | 处理器正常运行 |
| | | 灭 | 系统故障 |
| CONNECT | 黄 | 闪烁 | 与主 CPU 通信正常 |
| | | 灭 | 通信故障 |
| WD | 红 | 灭 | 正常状态 |
| | | 亮 | 处理器锁定并触发看门狗 |
| WAIT | 红 | 灭 | 正常状态 |
| | | 常亮 | 故障 |
| | | 短亮 | 处理器处于等待 CPU 主站状态 |
| n1~n32 | 绿 | 亮 | 采集电路有电流 |
| | | 灭 | 采集电路无电流 |
| | | 闪烁 | 采集电路处于诊断状态 |

注意：WAIT 指示灯在正常情况下等待状态持续时间短，不易观测到指示灯短时间亮起的状态，如果指示灯常亮，则说明等待状态持续时间长，系统存在故障。

32 路输入信号指示灯编号 1~8 对应信号采集模块 J1 及相应的输入信号，9~16 对应信号采集模块 J2 及相应的输入信号，17~24 对应信号采集模块 J3 及相应的输入信号，25~32 对应信号采集模块 J4 及相应的输入信号。正常运行时，32 路输入信号指示灯用于指示信号输入的状态，有输入信号时指示灯亮，无信号输入时指示灯灭。线路或模块电路出现故障时，指示灯用于状态诊断，当信号采集模块对应的 8 个指示灯都在闪烁时，可能是对应的信号采集模块掉电或故障，此时应检查模块供电或更换对应的信号采集模块；当单个指示灯闪烁时，可能是对应的输入传感器故障或断线，此时应检查相应的线路或更换传感器。

## （三）板卡指示灯运行逻辑和故障检查方法

数字量输入板卡指示灯运行逻辑和故障检查方法如图 2-12 所示。其中通用指示灯

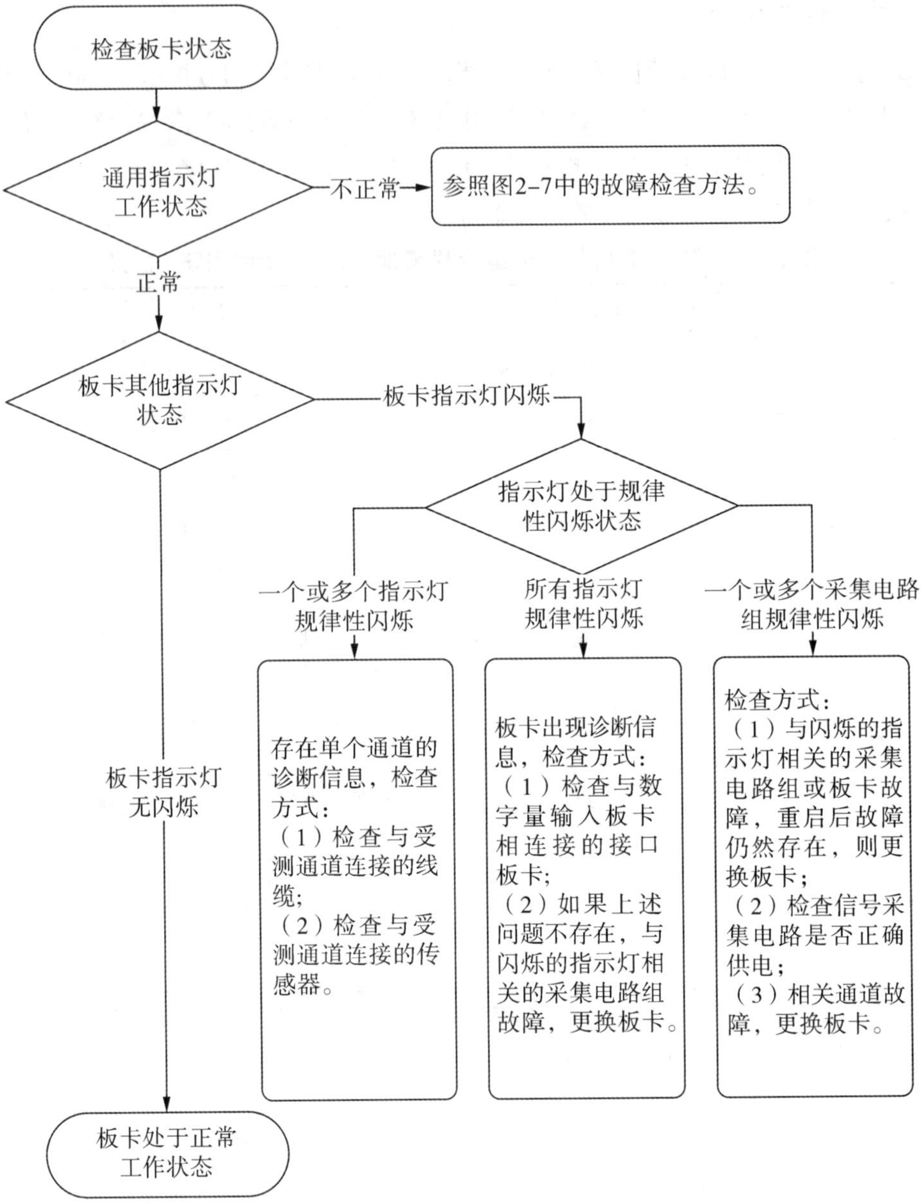

**图 2-12　数字量输入板卡指示灯运行逻辑和故障检查方法**

正常状态的判定需参照图 2-7。

（四）针脚定义

数字量输入板卡通过 X1 接口连接到系统背板总线，与 CPU 控制板卡进行通信，实现数据传输、状态监测；通过 X2 接口连接到数字量输入接口板卡的 X1 接口，用于采集数字量信号。

### 1. 数字量输入板卡接口针脚定义

数字量输入板卡 X1 接口针脚定义如表 2-21 所示。

**表 2-21 数字量输入板卡 X1 接口针脚定义**

<table>
<tr><th>针脚</th><th>定义</th><th>针脚</th><th>定义</th></tr>
<tr><td>A1、A2</td><td>7 V DC</td><td>C1、C2</td><td>7 V DC</td></tr>
<tr><td>A3、A4</td><td>GND</td><td>C3、C4</td><td>GND</td></tr>
<tr><td>A5</td><td>NC</td><td>C5</td><td>NC</td></tr>
<tr><td>A6</td><td>GND</td><td>C6</td><td>GND</td></tr>
<tr><td>A7~A13</td><td>NC</td><td rowspan="3">C7~C13</td><td rowspan="3">NC</td></tr>
<tr><td>A14</td><td>INT*</td></tr>
<tr><td>A15~A17</td><td>NC</td></tr>
<tr><td>A18~A25</td><td>D（7）~D（0）</td><td>C14</td><td>BS*</td></tr>
<tr><td>A26</td><td>GND</td><td rowspan="3">C15~C20</td><td rowspan="3">NC</td></tr>
<tr><td>A27</td><td>WAIT*</td></tr>
<tr><td>A28</td><td>RESET*</td></tr>
<tr><td>A29</td><td>GND</td><td rowspan="3">C21~C31</td><td rowspan="3">A（10）~A（0）</td></tr>
<tr><td>A30</td><td>RD*</td></tr>
<tr><td>A31</td><td>WR*</td></tr>
<tr><td>A32</td><td>GND</td><td>C32</td><td>GND</td></tr>
</table>

数字量输入板卡 X2 接口针脚定义如表 2-22 所示。

**表 2-22 数字量输入板卡 X2 接口针脚定义**

<table>
<tr><th>针脚</th><th>定义</th><th>针脚</th><th>定义</th><th>针脚</th><th>定义</th></tr>
<tr><td rowspan="9">A1~A32</td><td rowspan="9">I1+ ~ I32+</td><td>B1~B24</td><td>NC</td><td rowspan="9">C1~C32</td><td rowspan="9">I1- ~ I32-</td></tr>
<tr><td>B25</td><td>+24 V DC（1）</td></tr>
<tr><td>B26</td><td>0 V DC（1）</td></tr>
<tr><td>B27</td><td>+24 V DC（2）</td></tr>
<tr><td>B28</td><td>0 V DC（2）</td></tr>
<tr><td>B29</td><td>+24 V DC（3）</td></tr>
<tr><td>B30</td><td>0 V DC（3）</td></tr>
<tr><td>B31</td><td>+24 V DC（4）</td></tr>
<tr><td>B32</td><td>0 V DC（4）</td></tr>
</table>

### 2. 数字量输入接口板卡接口针脚定义

数字量输入接口板卡 X1 接口连接外部数字量信号，X1 接口的针脚定义如表 2–23 所示。

表 2–23　数字量输入接口板卡 X1 接口的针脚定义

| 针脚 | 定义 | 针脚 | 定义 | 针脚 | 定义 |
|---|---|---|---|---|---|
| A32 ~ A1 | I1+ ~ I32+ | B32~B9 | NC | C32 ~ C1 | I1– ~ I32– |
| | | B8 | +24 V DC（1） | | |
| | | B7 | 0 V DC（1） | | |
| | | B6 | +24 V DC（2） | | |
| | | B5 | 0 V DC（2） | | |
| | | B4 | +24 V DC（3） | | |
| | | B3 | 0 V DC（3） | | |
| | | B2 | +24 V DC（4） | | |
| | | B1 | 0 V DC（4） | | |

数字量输入接口板卡接线端子主要包括与传感器连接的信号输入端子及信号采集模块电源端子，各端子定义如表 2–24 所示。

表 2–24　数字量输入接口板卡接线端子定义

| 端子 | 信号 | 功能 |
|---|---|---|
| 1~32 | I1~I32 | 传感器输入信号端子 |
| 33 | +（1） | J1 模块 24 V 电源端子 |
| 34 | +（2） | J2 模块 24 V 电源端子 |
| 35 | +（3） | J3 模块 24 V 电源端子 |
| 36 | +（4） | J4 模块 24 V 电源端子 |
| 37 | –（1） | J1 模块 0 V 电源端子 |
| 38 | –（2） | J2 模块 0 V 电源端子 |
| 39 | –（3） | J3 模块 0 V 电源端子 |
| 40 | –（4） | J4 模块 0 V 电源端子 |

## 二、数字量输出板卡

### （一）功能结构

数字量输出板卡通过输出数字量信号来控制设备的执行器，最多可输出 32 路数字量输出信号，信号通过光耦隔离处理后输出，确保信号安全可靠，通过程序配置输出信号是否带自诊断功能。在 17 槽的主机架中，数字量输出板卡可插在 2~16 槽的任何位置，通过软件程序设定槽位对应的板卡类型。

数字量输出板卡及其接口板卡的结构如图 2–13 所示。数字量输出板卡及其接口板卡需配套使用。数字量输出板卡用于控制数字量信号输出、逻辑运算处理、输出状态及运行状态指示；数字量输出接口板卡通过输出端子与执行器进行接线连接，并通过电源端子为控制输出电路提供 24 V DC 工作电源。数字量输出板卡通过 X1 接口连接到系统背板总线，与 CPU 控制板卡通信，进行数据传输、状态监测；通过 X2 接口连接到数字量输出接口板卡的 X1 接口，实现数字量信号的输出。

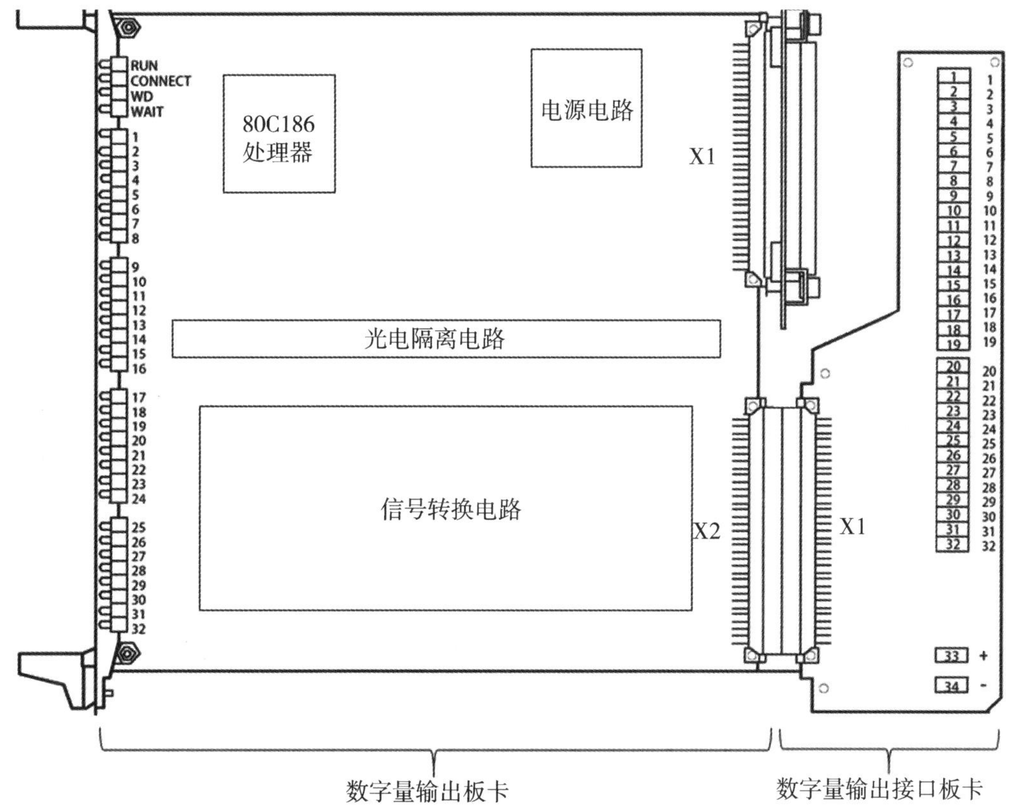


图 2–13 数字量输出板卡及其接口板卡的结构

### 1. 技术参数

为保证数字量输出板卡稳定工作，对背板总线提供给板卡的工作电压、控制电路工作电源以及输出回路有一定的技术要求，数字量输出板卡的技术参数如表 2–25 所示。

表 2-25 数字量输出板卡技术参数

| | 参数 | 设定值 |
|---|---|---|
| 背板总线电源 | 供电电压 | 6.5~7.5 V DC |
| | 最大电流 | 1 A |
| | 隔离电压 | 500 V DC |
| 控制电路工作电源 | 供电电压 | 24（1 ± 10%）V DC |
| | 最大电流 | 25 A |
| 输出回路 | 高电平最小输出电压 | 22 V DC |
| | 输出最大电流 | 800 mA |
| | 负载识别最小电流 | 15 mA |
| | 短路电流 | 1 A |
| | 工作温度 | 0~50 ℃（不通风），0~60 ℃（有通风） |
| | 储存温度 | 10~70 ℃ |

### 2. 逻辑运算电路

数字量输出板卡的逻辑运算处理主要以 80C186 处理器为核心，通过 PLC/MP2 背板总线提供的 6.5~7.5 V DC 电源电压经电路转换后为其提供 5 V DC 的工作电压。通过运行固化在 EPROM 的程序执行以下功能：控制并显示输出电路的状态；监测和显示板卡的工作状态；管理与 CPU 控制板卡的通信；管理板卡诊断功能。

### 3. 控制电路与输出回路

数字量输出板卡最多配置 32 路带自诊断的控制电路，与逻辑运算处理电路之间采用光耦隔离，控制 32 路数字量（最高电平为 24 V DC）输出给执行器。每个电路回路都有过压、过载、短路保护、断线检测的功能。控制电路 24 V DC 工作电源由数字量输出接口板卡的电源端子提供。

当执行器为感性负载时，为避免产生超出 −35~+35 V DC 范围的电压导致安全电路动作，在输出与负载之间应配备抑制电路。根据执行器的执行速度，如果使用感性负载的慢速响应执行器，建议使用由一个二极管组成的抑制电路即可，其接线方式如图 2-14 所示。

使用感性负载的快速响应执行器时，建议使用由一个二极管和一个齐纳二极管组成的抑制电路，如图 2-15 所示。

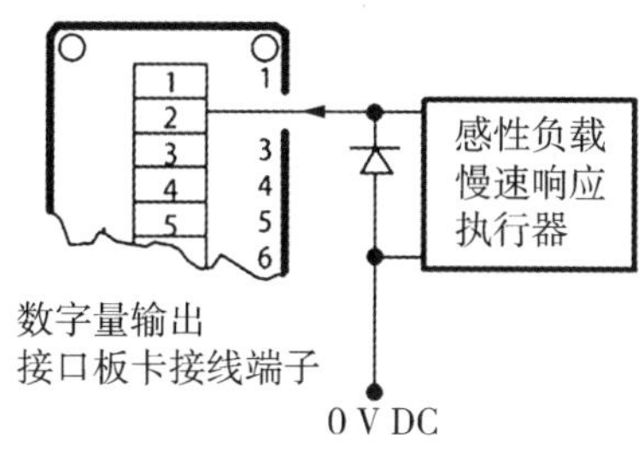


图 2-14　由一个二极管组成的抑制电路

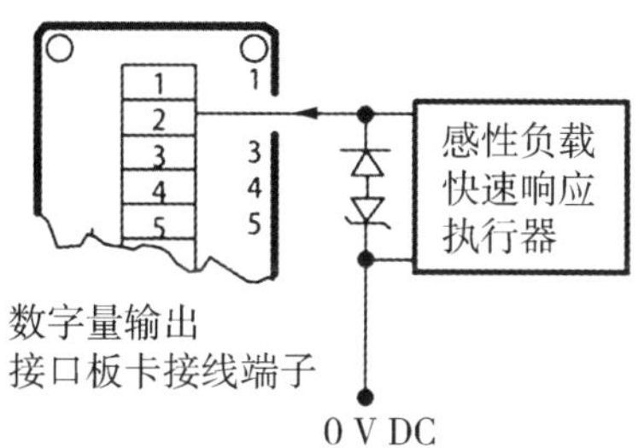


图 2-15　二极管和齐纳二极管组成的抑制电路

## （二）状态指示

数字量输出板卡面板包括 4 个状态指示灯和 32 路输出信号指示灯。状态指示灯分别为 RUN、CONNECT、WD 和 WAIT，用于指示板卡的运行状态；32路输出信号指示灯分别对应数字编号 1~32，用于指示输出信号的状态以及状态诊断。数字量输出板卡运行状态指示灯的指示状态及含义如表 2-26 所示。

表 2-26　数字量输出板卡运行状态指示灯的指示状态及含义

| 指示灯 | 颜色 | 状态 | 含义 |
|---|---|---|---|
| RUN | 绿 | 闪烁 | 处理器正常运行 |
| | | 灭 | 检查 ±5 V 电源，重新上电依然不亮，更换 CPU 控制板卡 |
| CONNECT | 黄 | 闪烁 | 与 GDLAN 连接正常 |
| | | 灭 | CPU 与网络的连接断开（OPC 连接电缆） |
| WD | 红 | 常灭 | 正常状态 |
| | | 亮 | 处理器锁定并触发看门狗 |
| WAIT | 红 | 常灭 | 正常状态 |
| | | 短亮 | 等待来自其他板卡请求 |
| | | 常亮 | 板卡出错 |
| n1~n32 | 红 | 亮 | 采集电路有电流 |
| | | 灭 | 采集电路无电流 |
| | | 闪烁 | 采集电路处于诊断状态 |

注意：WAIT 指示灯在正常情况下等待状态持续时间短，不易观测到指示灯短时间亮起的状态，如果指示灯常亮，则说明等待状态持续时间长，系统存在故障。

32 路输出信号指示灯用于指示信号输出的状态，当有输出信号时指示灯亮，无信号输出时指示灯灭；线路或模块电路出现故障时，指示灯用于状态诊断。

### （三）板卡指示灯运行逻辑和故障检查方法

数字量输出板卡指示灯运行逻辑和故障检查方法如图 2–16 所示。其中，通用指示灯正常状态的判定需参照图 2–7。

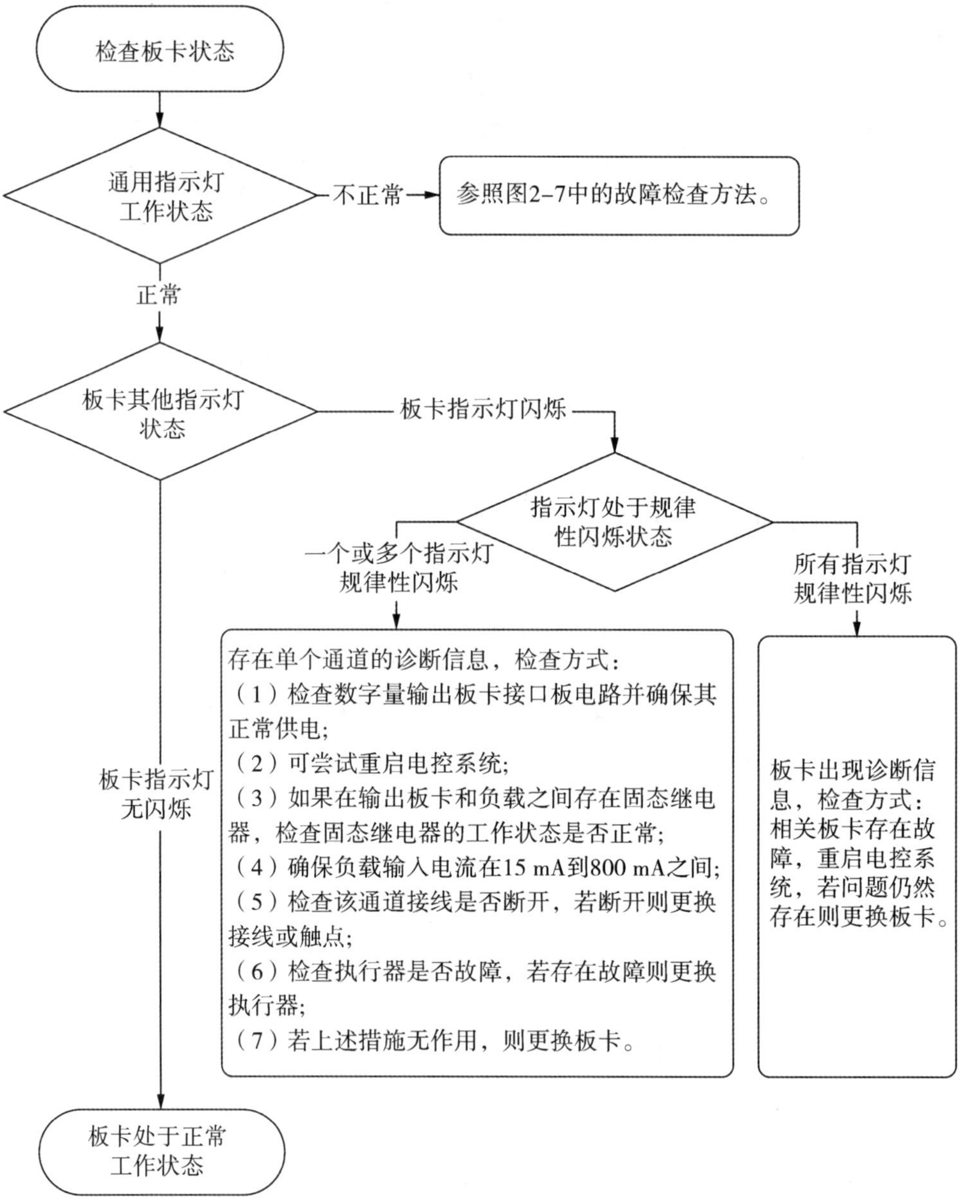

图 2–16　数字量输出板卡指示灯运行逻辑和故障检查方法

（四）针脚定义

数字量输出板卡通过 X1 接口连接到系统背板总线，与 CPU 控制板卡进行通信，实现数据传输、状态监测；通过 X2 接口连接到数字量输出接口板卡的 X1 接口，实现数字量信号的输出与 24 V DC 电源的输入。

**1. 数字量输出板卡接口针脚定义**

数字量输出板卡 X1 接口针脚定义如表 2–27 所示。

**表 2–27 数字量输出板卡 X1 接口针脚定义**

<table>
<tr><th>针脚</th><th>定义</th><th>针脚</th><th>定义</th></tr>
<tr><td>A1、A2</td><td>7 V DC</td><td>C1、C2</td><td>7 V DC</td></tr>
<tr><td>A3、A4</td><td>GND</td><td>C3、C4</td><td>GND</td></tr>
<tr><td>A5</td><td>NC</td><td>C5</td><td>NC</td></tr>
<tr><td>A6</td><td>GND</td><td>C6</td><td>GND</td></tr>
<tr><td>A7 ~ A13</td><td>NC</td><td rowspan="3">C7~C13</td><td rowspan="3">NC</td></tr>
<tr><td>A14</td><td>INT*</td></tr>
<tr><td>A15~A17</td><td>NC</td></tr>
<tr><td>A18 ~ A25</td><td>D（7）~ D（0）</td><td>C14</td><td>BS*</td></tr>
<tr><td>A26</td><td>GND</td><td rowspan="3">C15 ~ C20</td><td rowspan="3">NC</td></tr>
<tr><td>A27</td><td>WAIT*</td></tr>
<tr><td>A28</td><td>RESET*</td></tr>
<tr><td>A29</td><td>GND</td><td rowspan="3">C21 ~ C31</td><td rowspan="3">A（10）~ A（0）</td></tr>
<tr><td>A30</td><td>RD*</td></tr>
<tr><td>A31</td><td>WR*</td></tr>
<tr><td>A32</td><td>GND</td><td>C32</td><td>GND</td></tr>
</table>

数字量输出板卡 X2 接口针脚定义如表 2–28 所示。

**表 2–28 数字量输出板卡 X2 接口针脚定义**

| 针脚 | 定义 | 针脚 | 定义 |
|---|---|---|---|
| A1 ~ A23 | 24 V DC | A25~A32 | 0 V DC |
| A24 | NC | C1~C32 | O（1）~ O（32） |

### 2. 数字量输出接口板卡接口针脚定义

数字量输出接口板卡 X1 接口连接输出执行信号。X1 的针脚定义如表 2–29 所示。

表 2–29　数字量输出接口板卡 X1 接口针脚定义

| 针脚 | 定义 | 针脚 | 定义 |
|---|---|---|---|
| A32 ~ A10 | 24 V DC | A8~A1 | 0 V DC |
| A9 | NC | C32 ~ C1 | D/A（1）~ D/A（32） |

数字量输出接口板卡接线端子主要包括输出接线端子与控制电路电源端子，各端子定义如表 2–30 所示。

表 2–30　数字量输出接口板卡接线端子定义

| 端子 | 信号 | 功能 |
|---|---|---|
| 1 ~ 32 | 1 ~ 32 | 数字量输出信号端子 |
| 33 | 24 V DC | 24 V DC 电源端子 |
| 34 | 0 V DC | 0 V DC 电源端子 |

## 三、编码器板卡

### （一）功能结构

编码器板卡主要用于读取绝对值编码器的信号，实现机器相位检测、速度检测并通过格雷码变化规则实现编码器的自诊断功能，每块编码器板卡可连接 1 个绝对值编码器。另外，编码器板卡还配有 8 路的数字量采集模块，可用于现场数字量信号的输入采集，其功能与数字量输入板卡一样，也可以通过跳线配置为 NPN 或 PNP 输入方式，可通过程序配置输入信号是否带自诊断功能。在 17 槽的主机架中，编码器板卡可插在 2~16 槽的任何位置，通过软件程序设定槽位对应的板卡类型。

编码器板卡及其接口板卡的结构如图 2–17 所示。编码器板卡及其接口板卡需配套使用。编码器板卡主要由电源转换电路、逻辑运算电路、编码器信号采集电路、数字量采集电路组成。通过 X1 接口连接到系统背板总线与 CPU 控制板卡进行通信，实现数据传输、状态监测；通过 X2 接口连接到编码器接口板卡的 X1 接口；通过板卡运行状态指示灯显示板卡的运行状态，通过编码器运行状态指示灯显示编码器的运行状态。数字编号为 1~8 的指示灯指示数字信号的运行及诊断状态。编码器接口板卡上的 8 通道数字量接口端子用于采集数字量信号，12 通道的编码器接口端子用于绝对值编码器信号的输入。W1 跳线用于配置数字量输入方式，W3/W4 跳线用于电源配置，并通过 X1 接口与编码器板卡连接。

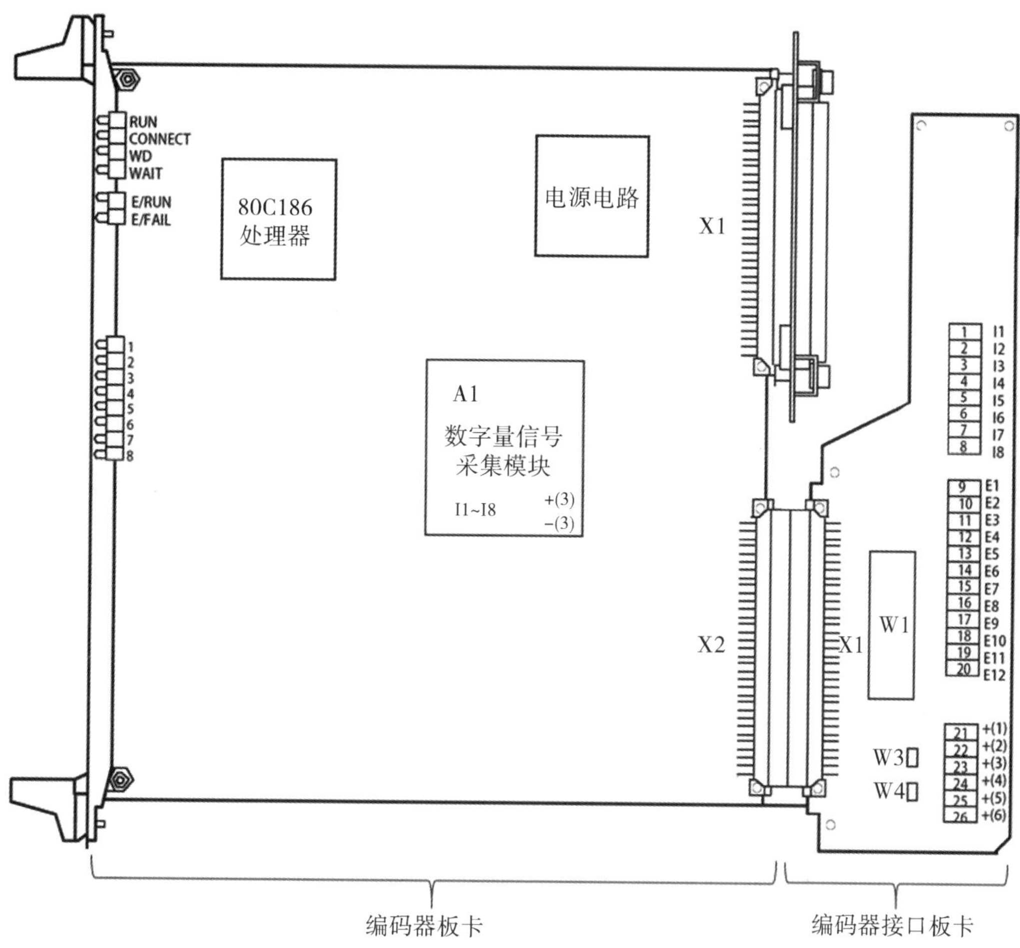


图 2-17 编码器板卡及其接口板卡的结构

### 1. 技术参数

为保证编码器板卡工作稳定，对背板总线提供给板卡的工作电源、编码器信号采集电路工作电源以及数字量信号采集模块及输入电路的电源具有一定的技术要求，编码器板卡的技术参数如表 2-31 所示。

表 2-31 编码器板卡技术参数

| | 参数 | 设定值 |
|---|---|---|
| 背板总线电源 | 电源电压范围 | 6.5 ~ 7.5 V DC |
| | 最大电流 | 1.5 A |
| | 隔离电压 | 500 V DC |

续表

| | 参数 | 设定值 |
|---|---|---|
| 编码器信号采集电路 | 电源电压范围 | 24（1 ± 10%）V DC |
| | 最大电流 | 1 A |
| | 逻辑高电平 | 24（1 ± 20%）V DC |
| | 输入信号最大电流 | 10 mA |
| | 编码器最大频率 | 200 kHz |
| 数字量信号采集模块 | 电源电压范围 | 24（1 ± 10%）V DC |
| | 最大电流 | 1.2 A |
| | 隔离电压 | 500 V DC |
| 数字量信号输入电路 | 工作电流 | 20（ ± 5%）mA、24 V DC |
| | 最小高电平电压 | 19 V DC |
| | 最大低电平电压 | 8 V DC |
| | 最大输入电压 | 30 V DC |
| | 反向击穿电压 | 200 V DC |
| | 隔离电压 | 200 V DC |
| | 最大换向时间 | 15 μs |

### 2. 逻辑运算电路

编码器板卡的逻辑运算电路以 80C186 处理器为核心，通过 PLC/MP2 背板总线提供的 6.5~7.5 V DC 电源电压经电源转换电路转换后为其提供 5 V DC 的工作电压。通过运行固化在 EPROM 的程序进行运算处理，执行以下功能：控制并显示数字量信号及编码器输入信号的状态；控制并显示板卡状态；管理与 CPU 控制板卡的通信；管理板卡诊断功能。

### 3. 编码器信号采集电路

编码器信号采集电路用于绝对值编码器信号的采集，绝对值编码器可采用 PNP 输出或推挽输出。主要有以下几种类型的编码器可供选择：编码器 360 脉冲 / 转，Gray Exc 76，分辨率 9 bit；编码器 720 脉冲 / 转，Gray Exc 152，分辨率 10 bit；编码器 1440 脉冲 / 转，Gray Exc 304，分辨率 11 bit；编码器 2880 脉冲 / 转，Gray Exc 608，分辨率 12 bit。

编码器信号与采集电路之间通过光耦隔离，逻辑运算电路对采集电路采集到的编码器信号进行处理。编码器信号主要由 3 部分组成，分别为角度位置（机器相位）、旋转速度以及格雷码顺序。W3、W4 跳线可以接通编码器和传感器采集电路的电源，W3 连接 24 V DC 电源端子，W4 连接 0 V DC 电源端子。绝对值编码器与编码器接口板卡的连接如图 2-18 所示。

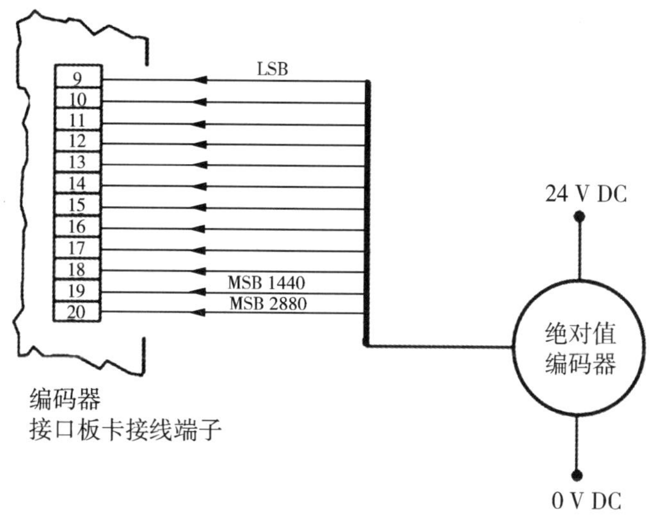


图 2-18　绝对值编码器与编码器接口板卡的连接示例

### 4. 数字量信号输入电路

编码器板卡的 8 路数字量采集模块用于采集现场传感器等数字量信号，采集模块可单独更换。数字量信号输入采集电路与逻辑运算电路通过光耦隔离，可单独通过编码器接口板卡供电，也可通过跳线 W3 和 W4 连接，与编码器信号采集电路共用电源。

通过编码器接口板卡的跳线 W1 可配置数字量输入信号为 PNP 或 NPN 方式（与数字量输入板卡类似），跳线 W1 有 8 排，对应 8 路输入信号，每排有 5 个引脚，分别为 A、B、C、D、E，用于设置传感器输入类型，如 PNP 或 NPN。通过 W1 跳线匹配传感器输入信号类型如表 2-32 所示。

表 2-32　编码器接口板卡跳线 W1 的配置

| A B C D E | 传感器类型 |
|---|---|
| o—o o—o o | NPN 类型 |
| o o—o o—o | PNP 类型 |

## （二）状态指示

编码器板卡面板包括 4 个通用板卡运行状态指示灯，分别为 RUN、CONNECT、WD 和 WAIT；2 个编码器状态指示灯，分别为 E/RUN 和 E/FAIL；8 个数字量输入状态指示灯，数字编号 1~8。编码器板卡诊断状态时指示灯的指示状态及含义如表 2-33 所示。

表 2-33　编码器板卡诊断状态时指示灯的指示状态及含义

| 指示灯 | 颜色 | 状态 | 含义 |
|---|---|---|---|
| RUN | 绿 | 闪烁 | 处理器正常运行 |
| | | 灭 | 系统故障 |
| CONNECT | 黄 | 闪烁 | 与主 CPU 通信正常 |
| | | 灭 | 通信故障 |
| WD | 红 | 灭 | 正常状态 |
| | | 亮 | 处理器锁定并触发看门狗 |
| WAIT | 红 | 灭 | 正常状态 |
| | | 常亮 | 故障 |
| | | 短亮 | 处理器处于等待 CPU 主站状态 |
| E/RUN | 绿 | 常亮 | 编码器处于停止状态 |
| | | 闪烁 | 编码器处于运动状态 |
| | | 灭 | 编码器处于诊断状态 |
| E/FAIL | 红 | 亮 | 编码器处于诊断状态 |
| | | 灭 | 编码器处于正常状态 |
| $n$（$n$=1～8） | 红 | 亮 | 采集电路有电流 |
| | | 灭 | 采集电路无电流 |
| | | 单个闪烁 | 对应回路的传感器处于诊断状态 |
| | | 全部闪烁 | 采集电路处于诊断状态 |

注意：WAIT 指示灯在正常情况下等待状态持续时间短，不易观测到指示灯短时间亮起的状态，如果指示灯常亮，则说明等待状态持续时间长，系统存在故障。

正常运行时，8 路输入信号指示灯用于指示信号输入的状态，当有输入信号时指示灯亮，无信号输入时指示灯灭；线路或模块电路出现故障时，指示灯用于状态诊断，当 8 路输入信号指示灯都在闪烁时，可能是信号采集模块掉电或故障，此时应检查模块供电或更换信号采集模块，当单个指示灯闪烁时，可能是对应的输入传感器故障或断线，此时应检查相应的线路或更换传感器。

## （三）板卡指示灯运行逻辑和故障检查方法

编码器板卡指示灯运行逻辑和故障检查方法如图 2-19 所示。其中通用指示灯正常状态的判定需参照图 2-7。

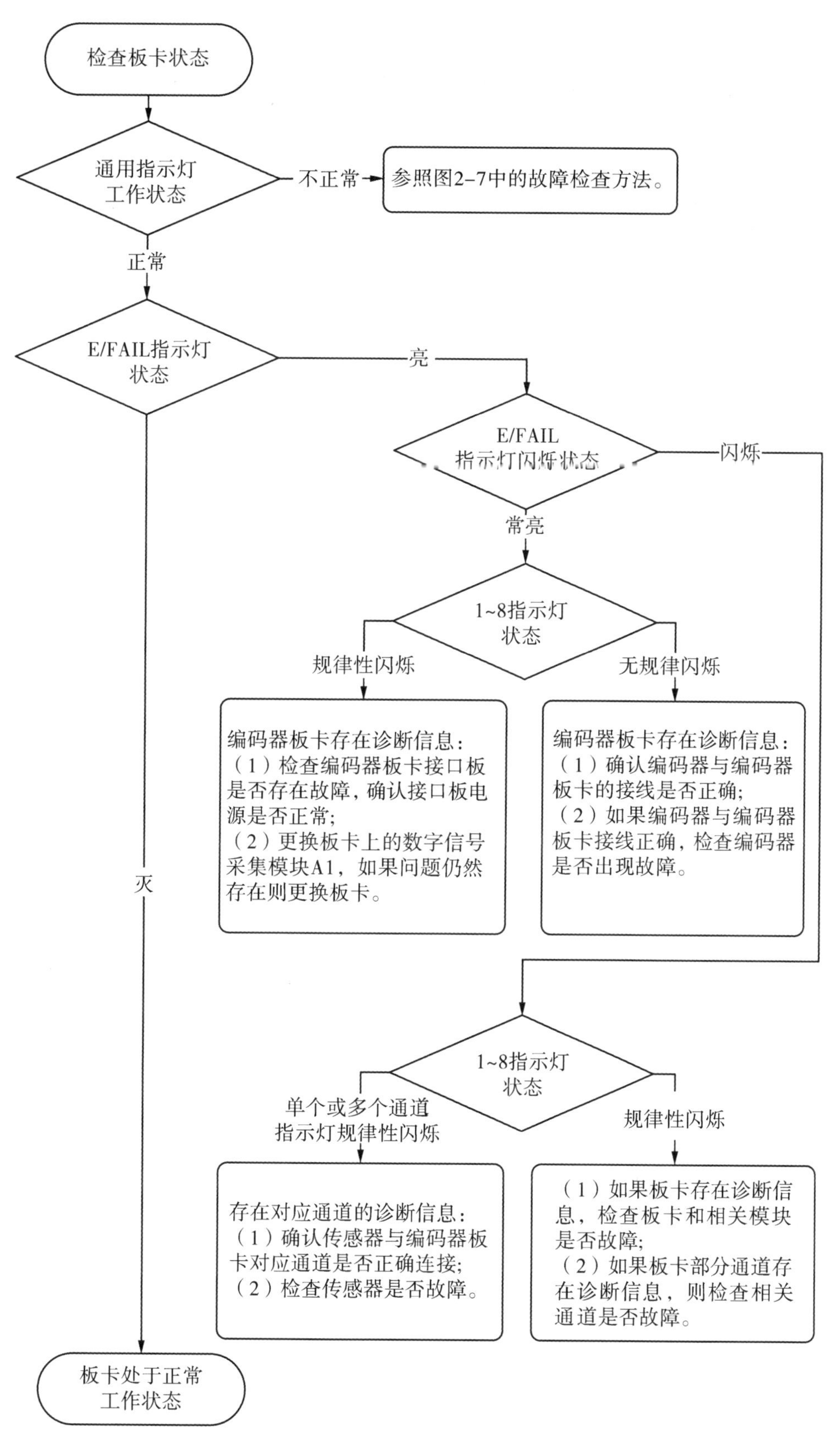


图 2-19　编码器板卡指示灯运行逻辑和故障检查方法

## （四）针脚定义

编码器板卡通过 X1 接口连接到系统背板总线，与 CPU 控制板卡进行通信，实现数据传输、状态监测；通过 X2 接口连接到编码器接口板卡的 X1 接口，用于数字量信号及编码器信号的输入。

### 1. 编码器板卡接口针脚定义

编码器板卡 X1 接口针脚定义如表 2–34 所示。

表 2–34　编码器板卡 X1 接口针脚定义

| 针脚 | 定义 | 针脚 | 定义 | 针脚 | 定义 |
|---|---|---|---|---|---|
| A1、A2 | 7 V DC | B1、B2 | 7 V DC | C1、C2 | 7 V DC |
| A3、A4 | GND | B3、B4 | GND | C3、C4 | GND |
| A5 | NC | B5 | NC | C5 | NC |
| A6 | GND | B6 | CX3–DW | C6 | GND |
| A7~A13 | NC | B7 | CX3–UP | C7~C13 | NC |
| A14 | INT* | B8 | CX2–DW | C14 | BS* |
| A15~A17 | NC | B9 | CX2–UP | C15~C20 | NC |
| A18~A25 | D（7）~D（0） | B10 | CX1–DW | | |
| A26 | GND | B11 | CX1–UP | | |
| A27 | WAIT* | B12 | CX0–DW | C21~C31 | A（10）~A（0） |
| A28 | RESET* | B13 | CX0–UP | | |
| A29 | GND | B14~B32 | NC | | |
| A30 | RD* | | | | |
| A31 | WR* | | | | |
| A32 | GND | | | C32 | GND |

编码器板卡 X2 接口针脚定义如表 2–35 所示。

表 2–35　编码器板卡 X2 接口针脚定义

| 针脚 | 定义 | 针脚 | 定义 | 针脚 | 定义 |
|---|---|---|---|---|---|
| A1~A8 | I1+~I8+ | B1~B28 | NC | C1~C8 | I1–~I8– |
| A9~A16 | NC | B29 | 24 V DC | C9~C16 | NC |
| A17~A28 | IE1+~IE12+ | B30 | 0 V DC | C17~C28 | IE1–~IE12– |
| A29~A32 | NC | B31、B32 | NC | C29~C32 | NC |

### 2. 编码器接口板卡接口针脚定义

编码器接口板卡连接器 X1 接口连接外部传感器信号，X1 的针脚定义如表 2–36 所示。

表 2-36 编码器接口板卡连接器 X1 的针脚定义

| 针脚 | 定义 | 针脚 | 定义 | 针脚 | 定义 |
|---|---|---|---|---|---|
| A32~A25 | I1+~I8+ | B32~B5 | NC | C32~C25 | I1-~I8- |
| A24~A17 | NC | B4 | 24 V DC | C24~C17 | NC |
| A16~A5 | IE1+~IE12+ | B3 | 0 V DC | C16~C5 | IE1-~IE12- |
| A4~A1 | NC | B2、B1 | NC | C4~C1 | NC |

编码器接口板卡输入端子主要包括与传感器连接的信号输入端子、编码器信号输入端子及 24 V DC 电源供电端子，各端子定义如表 2-37 所示。

表 2-37 编码器接口板卡端子定义

| 端子 | 信号 | 功能 |
|---|---|---|
| 1 ~ 8 | I1 ~ I8 | 传感器输入信号 |
| 9 | E1 | 0 位编码器位置（LSB） |
| 10 | E2 | 1 位编码器位置 |
| 11 | E3 | 2 位编码器位置 |
| 12 | E4 | 3 位编码器位置 |
| 13 | E5 | 4 位编码器位置 |
| 14 | E6 | 5 位编码器位置 |
| 15 | E7 | 6 位编码器位置 |
| 16 | E8 | 7 位编码器位置 |
| 17 | E9 | 8 位编码器位置 |
| 18 | E10 | 9 位编码器位置 |
| 19 | E11 | 10 位编码器位置（MSB 1440） |
| 20 | E12 | 11 位编码器位置（MSB 2880） |
| 21 | +（1） | 接口板卡编码器电源 24 V DC |
| 22 | +（2） | 编码器电源 24 V DC |
| 23 | +（3） | 数字量信号采集模块电源 24 V DC |
| 24 | -（1） | 接口板卡编码器电源 0 V DC |
| 25 | -（2） | 编码器电源 0 V DC |
| 26 | -（3） | 数字量信号采集模块电源 0 V DC |

## 四、模拟量板卡

### （一）功能结构

模拟量板卡用于获取模拟量信号或输出模拟量信号，但 MICRO Ⅱ系统的模拟量板卡并不直接输入或输出模拟量信号（如 0~10 V DC，4~20 mA 等），而是输入或输出与模拟量信号成比例的频率信号。模拟量板卡最多可输入或输出 32 路与模拟量信号成比例的频率信号，每路可通过程序单独配置为输入或输出。模拟量信号与频率信号通过 GD 相应的专用功能模块进行相互转换，图 2–20 所示为模拟量板卡输出的频率转电压控制驱动器示意图。相应的 GD 专用功能模块在后面章节会具体介绍。在 17 槽的主机架中，模拟量板卡可插在2~16槽的任何位置，通过软件程序设定槽位对应的板卡类型。

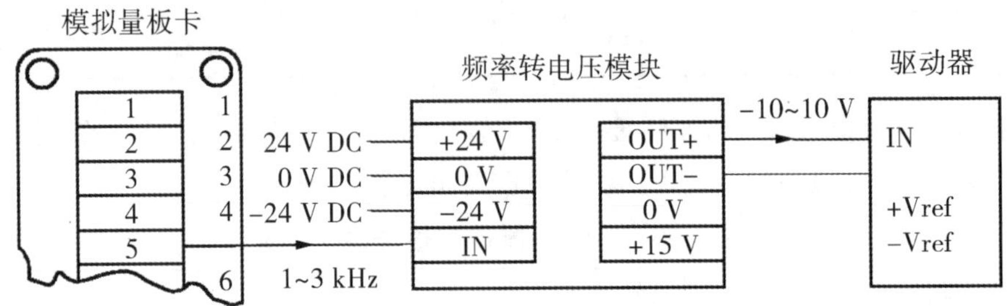


图 2–20　模拟量板卡输出的频率转电压控制驱动器示意图

模拟量板卡及其接口板卡的结构如图 2–21 所示。模拟量板卡及其接口板卡须配套使用。模拟量板卡主要由电源转换电路、逻辑运算电路、频率信号的采集与输出电

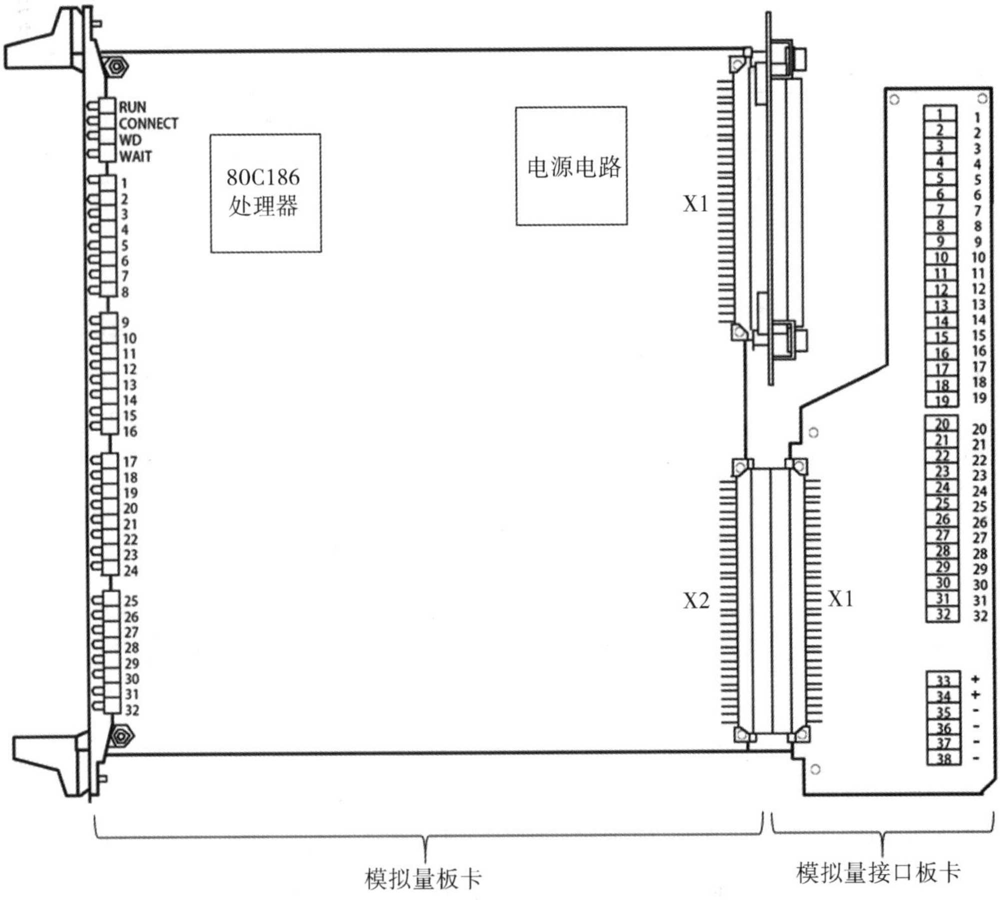

图 2–21　模拟量板卡及其接口板卡的结构

路组成。通过 X1 接口连接到系统背板总线与 CPU 控制板卡进行通信，实现数据传输、状态监测；通过 X2 接口连接到模拟量接口板卡的 X1 接口实现信号的输入与输出；4 个 LED 板卡运行状态指示灯显示板卡的运行状态，数字编号为 1~32 的 LED 指示灯用于指示 32 路信号采集或输出的运行诊断状态。模拟量接口板卡主要包括 32 通道的频率信号接口端子用于频率信号的输入，端子 33~38 用于连接 24 V DC 电源，并通过接口 X1 与模拟量板卡的接口 X2 对接进行信号传输。

#### 1. 技术参数

模拟量板卡的技术参数如表 2–38 所示。

**表 2–38　模拟量板卡技术参数**

| | 参数 | 设定值 |
|---|---|---|
| 背板总线电源 | 电源电压范围 | 6.5~7.5 V DC |
| | 最大电流 | 2 A |
| | 隔离电压 | 500 V DC |
| 采集控制电路 | 电源电压范围 | 24（1 ± 10%）V DC |
| | 最大电流 | 2 A |

#### 2. 逻辑运算电路

模拟量板卡的逻辑运算电路与采集控制电路采用光耦隔离，以 DSP–TMS320C31 处理器为核心，通过 PLC/MP2 背板总线提供的 6.5~7.5 V DC 电源电压经电源转换电路转换后为其提供 5 V DC 的工作电压。通过运行固化在 EPROM 的程序，执行以下功能：采集 / 控制电路状态的控制和显示；控制和显示板的状态；与主站 CPU 的通信管理。

### （二）状态指示

模拟量板卡面板有 4 个板卡运行状态 LED 指示灯，分别为 RUN、CONNECT、WD 和 WAIT，显示板卡的运行状态；数字编号为 1~32 的 LED 指示灯用于指示 32 路信号采集或输出的运行诊断状态。板卡指示灯状态及含义如表 2–39 所示。

**表 2–39　模拟量板卡指示灯状态与含义**

| 指示灯 | 颜色 | 状态 | 含义 |
|---|---|---|---|
| RUN | 绿 | 闪烁 | 处理器正常运行 |
| | | 灭 | 系统故障 |
| CONNECT | 黄 | 闪烁 | 与主 CPU 通信正常 |
| | | 灭 | 通信故障 |

**续表**

| 指示灯 | 颜色 | 状态 | 含义 |
|---|---|---|---|
| WD | 红 | 亮 | 处理器锁定并触发看门狗 |
| | | 灭 | 正常状态 |
| WAIT | 红 | 灭 | 正常状态 |
| | | 常亮 | 存在故障 |
| | | 短亮 | 处理器处于等待 CPU 主站状态 |

注意：WAIT 指示灯在正常情况下等待状态持续时间短，不易观测到指示灯短时间亮起的状态，如果指示灯常亮，则说明等待状态持续时间长，系统存在故障。1~32 红灯亮表示程序使用了该通道，闪烁表示对应通道存在诊断故障。

### （三）针脚定义

模拟量板卡通过 X1 接口连接到系统背板总线，与 CPU 控制板卡进行通信，实现数据传输、状态监测；通过 X2 接口连接到模拟量接口板卡的 X1 接口，用于信号的输入。

#### 1. 模拟量板卡接口针脚定义

模拟量板卡 X1 接口针脚定义如表 2-40 所示。

**表 2-40　模拟量板卡 X1 接口针脚定义**

| 针脚 | 定义 | 针脚 | 定义 |
|---|---|---|---|
| A1、A2 | 7 V DC | C1、C2 | 7 V DC |
| A3、A4 | GND | C3、C4 | GND |
| A5 | NC | C5 | NC |
| A6 | GND | C6 | GND |
| A7~A13 | NC | C7~C13 | NC |
| A14 | INT* | C14 | BS* |
| A15~A17 | NC | C15~C20 | NC |
| A18~A25 | D（7）~D（0） | | |
| A26 | GND | | |
| A27 | WAIT* | | |

续表

| 针脚 | 定义 | 针脚 | 定义 |
|---|---|---|---|
| A28 | RESET* | C21~C31 | A（10）~A（0） |
| A29 | GND | | |
| A30 | RD* | | |
| A31 | WR* | | |
| A32 | GND | C32 | GND |

模拟量板卡 X2 接口针脚定义如表 2-41 所示。

**表 2-41 模拟量板卡 X2 接口针脚定义**

| 针脚 | 定义 | 针脚 | 定义 |
|---|---|---|---|
| A1~A23 | 24 V DC | A25~A32 | 0 V DC |
| A24 | NC | C1~C32 | A1+~A32+ |

### 2. 模拟量接口板卡接口针脚定义

模拟量接口板卡 X1 接口针脚定义如表 2-42 所示。

**表 2-42 模拟量接口板卡 X1 接口针脚定义**

| 针脚 | 定义 | 针脚 | 定义 |
|---|---|---|---|
| A32~A10 | 24 V DC | A8~A1 | 0 V DC |
| A9 | NC | C32~C1 | D/A（1）~D/A（32） |

模拟量接口板卡接线端子定义如表 2-43 所示。

**表 2-43 模拟量接口板卡接线端子定义**

| 端子 | 定义 | 功能 |
|---|---|---|
| 1~32 | 1~32 | 输入 / 输出 1~32 |
| 33、34 | + | 24 V DC 电源 |
| 35~38 | – | 0 V DC 电源 |

## 五、PROFIBUS-DP 通信板卡

### （一）功能结构

PROFIBUS-DP 通信板卡用于 MICRO Ⅱ系统现场 PROFIBUS-DP 总线的扩展，可

作为 PROFIBUS-DP 主站，也可作为 PROFIBUS-DP 从站。最多可扩展 3 个 PROFIBUS-DP 主站节点或 3 个 PROFIBUS-DP 从站节点。PROFIBUS-DP 通信板卡支持所有的 PROFIBUS-DP 波特率。在 17 槽的主机架中，PROFIBUS-DP 通信板卡可插在 2~16 槽的任何位置，通过软件程序设定槽位对应的板卡类型。

PROFIBUS-DP 通信板卡及其接口板卡的结构如图 2-22 所示。PROFIBUS-DP 通信板卡及其接口板卡需配套使用。PROFIBUS-DP 通信板卡主要由电源转换电路、逻辑运算电路、总线转换模块组成。通过 X1 接口连接到系统背板总线与 CPU 控制板卡进行通信，实现数据传输、状态监测；通过 X2 接口连接到 PROFIBUS-DP 通信接口板卡的 X1 接口，通过板卡运行状态指示灯显示板卡的运行状态；通过 3 组（CH1、CH2、CH3）DP 总线运行状态指示灯显示总线的运行状态。PROFIBUS-DP 通信接口板卡主要包括 6 个用于连接 PROFIBUS-DP 总线的 DB-9 型接口，并通过 X1 接口与 PROFIBUS-DP 通信板卡连接。

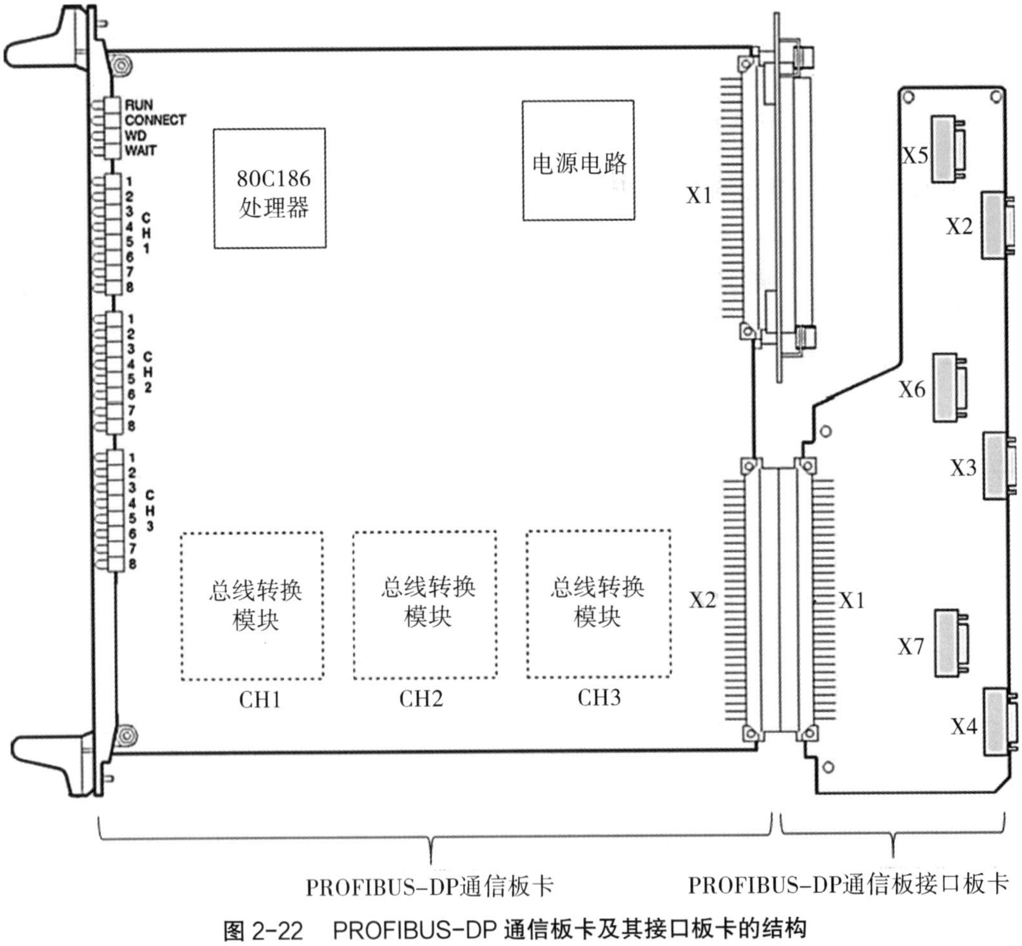

图 2-22　PROFIBUS-DP 通信板卡及其接口板卡的结构

### 1. 逻辑运算电路

PROFIBUS-DP 通信板卡的逻辑运算电路主要以 i486 处理器为核心，通过 PLC/

MP2 背板总线提供的 6.5~7.5 V DC 电源电压经电源转换电路转换后为其提供 5 V DC 的工作电压。通过运行保存在 FLASH（FLASH 存储卡可以拆卸，容量为 2 MB）的程序进行运算处理，执行以下功能：控制并显示 PROFIBUS-DP 总线通信状态；管理与 CPU 控制板卡的通信；监测和显示板卡的工作状态；管理板卡诊断功能。

### 2. 总线转换模块电路

PROFIBUS-DP 通信板卡最多可配置 3 个现场总线转换模块，总线转换模块采用接插式，可独立更换，并根据 PROFIBUS-DP 站点的需求数进行配置。每个总线转换模块可通过软件设置为 PROFIBUS-DP 主站或 PROFIBUS-DP 从站。

## （二）状态指示

PROFIBUS-DP 通信板卡状态指示灯包括 4 个通用板卡运行状态指示灯和 3 组 PROFIBUS-DP 总线运行状态指示灯（每组 8 个指示灯）。板卡运行状态指示灯分别为 RUN、CONNECT、WD 和 WAIT，用于指示板卡的运行状态；每组 PROFIBUS-DP 总线运行状态指示灯分别对应数字编号 1~8，用于指示 PROFIBUS-DP 总线的运行状态及状态诊断。PROFIBUS-DP 通信板卡指示灯状态及含义如表 2-44 所示。

表 2-44 PROFIBUS-DP 通信板卡指示灯状态及含义

| 指示灯 | 颜色 | 状态 | 含义 |
|---|---|---|---|
| RUN | 绿 | 闪烁 | 处理器正常运行 |
| | | 灭 | 系统故障 |
| CONNECT | 黄 | 闪烁 | 与主 CPU 通信正常 |
| | | 灭 | 通信故障 |
| WD | 红 | 灭 | 正常状态 |
| | | 亮 | 处理器锁定并触发看门狗 |
| WAIT | 红 | 灭 | 正常状态 |
| | | 常亮 | 故障 |
| | | 短亮 | 处理器处于等待 CPU 主站状态 |
| 1（CH1~3） | 红 | 亮 | GDL 中定义了 DP 接口 |
| 2（CH1~3） | | 亮 | PROFIBUS-DP 总线正在运行 |
| 3（CH1~3） | | 亮 | 正在输入数据 |
| 4（CH1~3） | | 亮 | 正在输出数据 |
| 5~8（CH1~3） | | 亮 | 未定义 |

注意：WAIT 指示灯在正常情况下等待状态持续时间短，不易观测到指示灯短时间亮起的状态，如果指示灯常亮，则说明等待状态持续时间长，系统存在故障。

# 第三节　驱动器板卡

驱动器板卡主要用于控制电机驱动器，使驱动电机按设定的模式运行，在 MICRO Ⅱ系统中常用的驱动器板卡有步进电机控制板卡和直流无刷电机运动控制板卡，分别用于驱动步进电机和直流无刷电机驱动器。

## 一、步进电机控制板卡

### （一）功能结构

步进电机控制板卡主要用于控制步进电机驱动器来驱动步进电机运行，即 MICRO Ⅱ系统根据实际控制的需求，把信息传递给步进电机控制板，由步进电机控制板产生指令信号（使能信号、频率给定、方向信号）控制步进电机驱动器来驱动步进电机运行，最多可控制 8 个步进电机驱动器；步进电机控制板卡附带有一组采集现场数字量信号的输入模块，可获取 8 路输入数字量信号，其功能与数字量输入板卡一样。在 17 槽的主机架中，步进电机控制板卡可插在 2~16 槽的任何位置，通过软件程序设定槽位对应的板卡类型。

步进电机控制板卡及其接口板卡的结构如图 2-23 所示。步进电机控制板卡及其

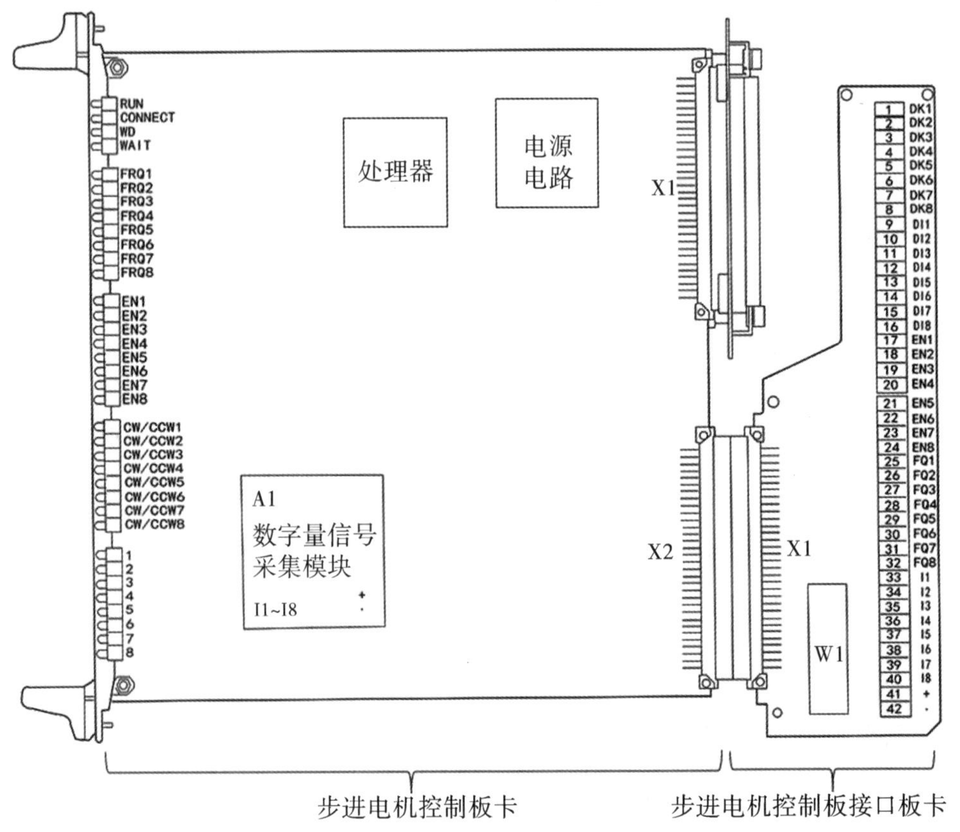


图 2-23　步进电机控制板卡及其接口板卡的结构

接口板卡须配套使用。步进电机控制板卡主要包括电源转换电路、逻辑运算电路、驱动器控制电路、数字量信号输入采集模块 A1、状态指示灯。通过 X1 接口连接到系统背板总线，与 CPU 板卡进行数据通信；通过 X2 接口与步进电机控制接口板卡的 X1 接口连接；步进电机控制接口板卡主要包括与步进电机驱动器的信号接口、数字量信号输入接口、24 V DC 电源输入接口、与步进电机控制板卡接口 X1 以及相应的跳线设置 W1。

### 1. 电源转换电路与逻辑运算电路

电源转换电路把 PLC/MP2 背板总线提供的 6.5~7.5 V DC 电源电压转换为稳定的 5 V DC 电压，为逻辑运算电路提供工作电压。逻辑运算电路采用以 DSP 为核心的微处理器，通过运行存储在内存模块中的程序执行整个板卡功能，显示逻辑电路驱动程序的状态、控制采集电路并显示采集电路的状态、显示板卡状态、与 CPU 控制板卡通信以及板卡诊断。运行过程的数据保存在 RAM 存储器当中，通过板载电池为其供电，确保板卡供电断开时数据得以保存，通过 W3 端子接通电池供电，W3 的位置如图 2-24 所示。

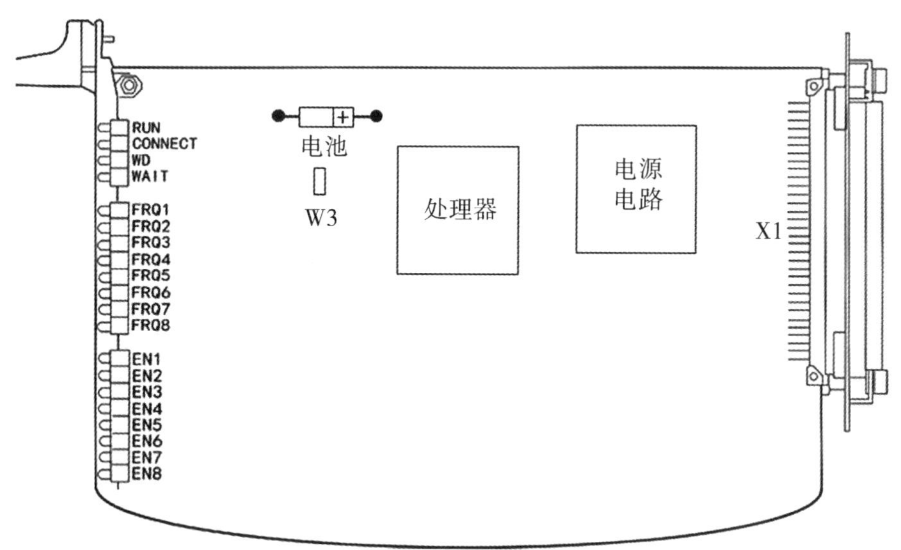


图 2-24　跳线 W3 的位置

新的板卡在投入使用前，需要短接板卡上 W3 端子，使得电池向 RAM 存储器供电。如果板卡需要闲置存放，则应将 W3 端子断开，以防止电池电量消耗。

### 2. 驱动器控制电路

步进电机的运行模式及其运动特性由程序进行设置，通过驱动器控制电路的输入 / 输出信号来控制步进电机驱动器，从而驱动电机运行。

步进电机可运行在两种工作模式：第一种是 AXIS 模式，即电机运行完全由程序根据实际需求通过运算后给定输出；另一种是 GEAR 模式，即通过编码器板卡采集的编码器信号按一定比例的频率信号给定输出（可理解为电子齿轮模式，即按一定比例的随动输出），编码器频率信号通过 PLC/MP2 背板总线上的 CX0~CX3 UP 和 CX0~CX3

DOWN 传输。

步进电机控制板卡最多可控制 8 个步进电机驱动器，即有 8 组驱动器控制电路，并通过步进电机控制接口板卡的接口端子与驱动器连接，如图 2–25 所示；每组驱动器控制电路包括 4 个信号：驱动器准备好输入信号、驱动器正反转输出信号、驱动器使能输出信号、驱动器速度给定（脉冲频率）输出信号。

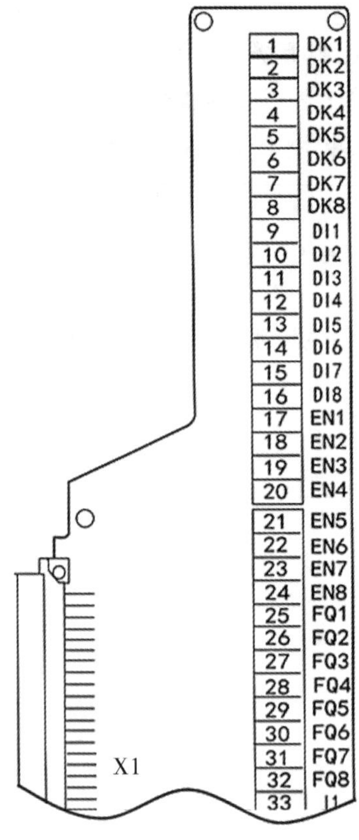


图 2–25　步进电机控制接口板卡与驱动器对接端子

步进电机控制接口板卡与驱动器对接的具体端子信号定义如表 2–45 所示。

**表 2–45　步进电机控制接口板卡与驱动器对接的端子信号定义**

| 端子 | 信号 | 功能 |
|---|---|---|
| 1~8 | DK1~DK8 | 驱动器准备好输入信号 |
| 9~16 | DI1~DI8 | 正反转输出信号 |
| 17~24 | EN1~EN8 | 使能输出信号 |
| 25~32 | FQ1~FQ8 | 速度给定（脉冲频率）输出信号 |

图 2-26 所示为板卡通过接口电路与步进电机驱动器的连接示意图。

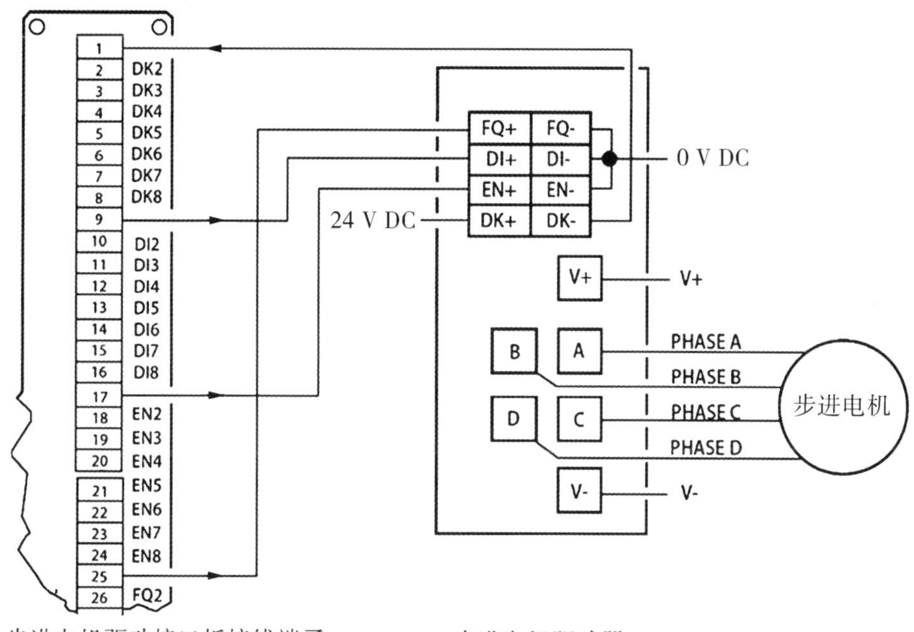


图 2-26 板卡与步进电机驱动器连接示意图

### 3. 数字量输入采集电路

数字量输入采集电路用于采集 24 V DC 数字量输入信号，各电路之间采用光耦隔离。通过板载的数字量输入采集模块可采集 8 路数字量输入，采集模块可单独进行更换。通过步进电机控制接口板卡的接线端子实现数字信号输入、24 V DC 电源输入。通过 W1 跳线设置输入信号的类型，接口板卡的接线端子及 W1 跳线如图 2-27 所示。

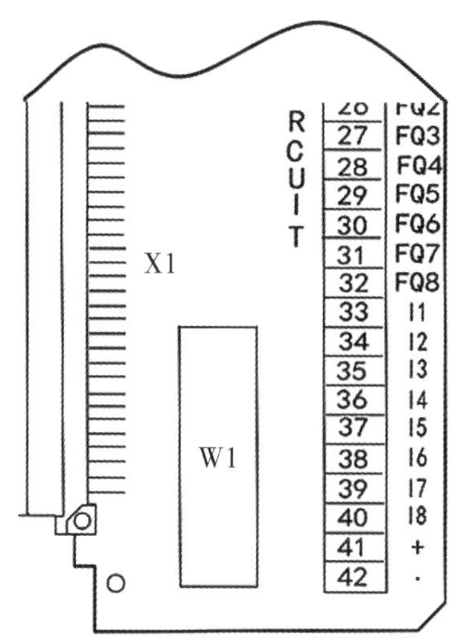


图 2-27 接口板卡的输入端子及 W1 跳线

步进电机控制接口板卡数字量及电源输入端子定义如表 2–46 所示。

**表 2–46　步进电机控制接口板卡数字量及电源输入端子定义**

| 端子 | 信号 | 功能 |
|---|---|---|
| 33~40 | I1~I8 | 数字量输入接口端子 1~8 |
| 41 | + | 24 V DC 电源端子 |
| 42 | – | 0 V DC 电源端子 |

接口板卡的 W1 跳线用于设置 PNP 或 NPN 输入信号类型，数字量输入接口板 W1 跳线有 8 排，对应 8 路输入信号。每排有 5 个引脚，分别为 A、B、C、D、E，用于设置输入类型，如 PNP 或 NPN。图 2–28 所示为 NPN 输入类型的跳线配置。

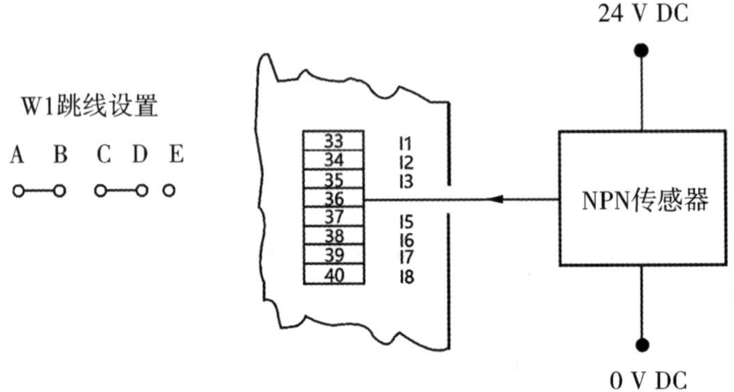


图 2–28　NPN 输入类型的跳线配置

图 2–29 所示为 PNP 输入类型的跳线配置。W1 的跳线配置与数字量输入板卡的配置一样。

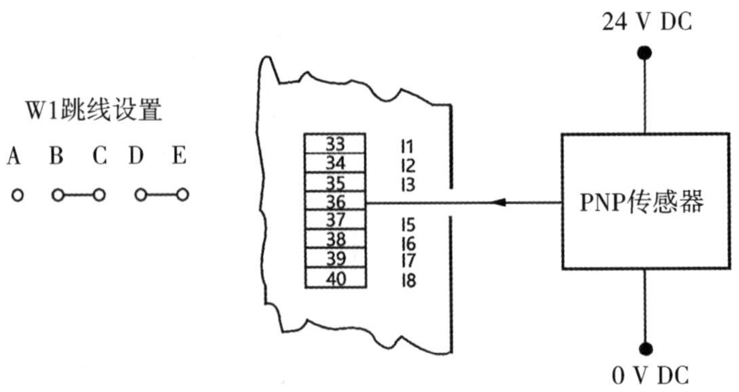


图 2–29　PNP 输入类型的跳线配置

### 4. 技术参数

步进电机控制板卡的技术参数如表 2-47 所示。

表 2-47　步进电机控制板卡技术参数

| | 参数 | 设定值 |
|---|---|---|
| 背板总线电源 | 电源电压范围 | 6.5~7.5 V DC |
| | 最大电流 | 1.5 A |
| | 隔离电压 | 500 V DC |
| 备用电池 | 电源电压范围 | 3.5~3.6 V DC |
| | 最小工作电压 | 2.2 V DC |
| 驱动器控制电路 | 电源电压 | 24（1 ± 10%）V DC |
| | 工作电流 | 1.5 A |
| DRIVE OK 信号 | 高电平信号值 | 24（1 ± 20%）V DC |
| | 最大信号电流 | 20 mA |
| 使能信号 | 高电平信号值 | 24（1 ± 20%）V DC |
| | 最大信号电流 | 30 mA |
| 方向和频率信号 | 高电平信号值 | 24（1 ± 20%）V DC |
| | 最大信号电流 | 30 mA |
| | 最大信号频率 | 100 kHz |
| 数字信号采集模块 | 电源电压 | 24（1 ± 10%）V DC |
| | 最大电流 | 1.2 A |
| | 隔离电压 | 500 V DC |
| 采集电路 | 工作电流 | 20（1 ± 5%）mA、24 V DC |
| | 高逻辑电平的最小电压 | 19 V DC |
| | 低逻辑电平的最大电压 | 8 V DC |
| | 最大输入电压 | 30 V DC |
| | 最大反向电压 | 200 V DC |
| | 隔离电压 | 200 V DC |
| | 最大换向时间 | 15 μs |

### （二）状态指示

步进电机控制板卡包括4个状态指示灯，分别为RUN、CONNECT、WD和WAIT；8组驱动器状态指示灯，分别为FRQ1~8、EN1~8和CW/CCW1~8；8路输入信号指示灯，数字编号为1~8。具体的状态和含义如表2-48所示。

**表 2-48　步进电机控制板卡指示灯状态和含义**

| 指示灯 | 颜色 | 状态 | 含义 |
|---|---|---|---|
| RUN | 绿 | 闪烁 | 处理器正常运行 |
| | | 灭 | 系统故障 |
| CONNECT | 黄 | 闪烁 | 与主CPU通信正常 |
| | | 灭 | 通信故障 |
| WD | 红 | 灭 | 正常状态 |
| | | 亮 | 处理器锁定并触发看门狗 |
| WAIT | 红 | 灭 | 正常状态 |
| | | 常亮 | 故障 |
| | | 短亮 | 处理器处于等待CPU主站状态 |
| FRQ*n*（*n*=1~8） | 红 | 亮 | 驱动器*n*接收到FRQ*n*信号 |
| | | 闪烁 | 驱动器*n*诊断故障 |
| | | 灭 | 驱动器*n*未接收到FRQ*n*信号 |
| EN*n*（*n*=1~8） | 绿 | 亮 | 电机*n*启用 |
| | | 灭 | 电机*n*禁用 |
| CW/CCW*n*（*n*=1~8） | 红 | 亮 | 电机*n*顺时针方向旋转 |
| | | 灭 | 电机*n*逆时针方向旋转 |
| LED*n*（*n*=1~8） | 红 | 亮 | 通道*n*有输入信号 |
| | | 闪烁 | 通道*n*处于诊断状态 |
| | | 灭 | 通道*n*无输入信号 |

注意：WAIT指示灯在正常情况下等待状态持续时间短，不易观测到指示灯短时间亮起的状态，如果指示灯常亮，则说明等待状态持续时间长，系统存在故障。

### （三）针脚定义

#### 1. 步进电机控制板卡接口X1针脚定义

步进电机控制板卡与背板总线的接口X1针脚定义如表2-49所示。

表 2-49 步进电机控制板卡接口 X1 针脚定义

| 针脚 | 定义 | 针脚 | 定义 | 针脚 | 定义 |
| --- | --- | --- | --- | --- | --- |
| A1、A2 | 7 V DC | B1、B2 | 7 V DC | C1、C2 | 7 V DC |
| A3、A4 | GND | B3、B4 | GND | C3、C4 | GND |
| A5 | NC | B5 | NC | C5 | NC |
| A6 | GND | B6 | CX3-DW | C6 | GND |
| A7~A13 | NC | B7 | CX3-UP | C7~C13 | NC |
| A14 | INT* | B8 | CX2-DW | C14 | BS* |
| A15~A17 | NC | B9 | CX2-UP | C15~C20 | NC |
| A18~A25 | D（7）~D（0） | B10 | CX1-DW | C21~C31 | A（10）~A（0） |
| A26 | GND | B11 | CX1-UP | | |
| A27 | WAIT* | B12 | CX0-DW | | |
| A28 | RESET* | B13 | CX0-UP | | |
| A29 | GND | B14~B32 | NC | | |
| A30 | RD* | | | | |
| A31 | WR* | | | | |
| A32 | GND | | | C32 | GND |

## 2. 步进电机控制板卡接口 X2 针脚定义

步进电机控制板卡与接口板卡连接的接口 X2 针脚信号定义如表 2-50 所示。

表 2-50 步进电机控制板卡接口 X2 针脚信号定义

| 针脚 | 定义 | 针脚 | 定义 | 针脚 | 定义 |
| --- | --- | --- | --- | --- | --- |
| A1~A8 | NC | B1~B30 | NC | C1~C8 | DRK1~DRK8 |
| A9~A16 | DIR1~DIR8 | B31 | 24 V DC | C9~C16 | FRQ1~FRQ8 |
| A17~A24 | NC | B32 | 0 V DC | C17~C24 | EN1~EN8 |
| A25~A32 | I1+~I8+ | | | C25 | I1-~I8- |

## 3. 步进电机控制接口板卡接口 X1 针脚定义

步进电机控制接口板卡与步进电机控制板卡连接的接口 X1 针脚定义如表 2-51 所示。

表 2-51　步进电机控制接口板卡接口 X1 针脚信号定义

<table>
<tr><th>针脚</th><th>定义</th><th>针脚</th><th>定义</th><th>针脚</th><th>定义</th></tr>
<tr><td>A32~A25</td><td>NC</td><td>B32~B3</td><td>NC</td><td>C32~C25</td><td>DRK1~DRK8</td></tr>
<tr><td>A24~A17</td><td>DIR1~DIR8</td><td>B2</td><td>24 V DC</td><td>C24~C17</td><td>FRQ1~FRQ8</td></tr>
<tr><td>A16~A9</td><td>NC</td><td rowspan="2">B1</td><td rowspan="2">0 V DC</td><td>C16~C9</td><td>EN1~EN8</td></tr>
<tr><td>A8~A1</td><td>I1+~I8+</td><td>C8~C1</td><td>I1-~I8-</td></tr>
</table>

## 二、直流无刷电机运动控制板卡

### （一）功能结构

直流无刷电机运动控制板卡主要用于控制直流无刷电机驱动器来驱动直流无刷电机运行，即 MICRO Ⅱ系统根据实际控制的需求，由直流无刷电机运动控制板卡产生指令信号控制直流无刷电机驱动器来驱动直流无刷电机运行，并可通过电机轴上的增量型编码器获取电机的位置，最多可控制 3 个直流无刷电机驱动器；直流无刷电机运动控制板卡附带有 8 路数字量输入信号采集电路以及 4 组 AB 相编码器信号输入电路，8 路数字量信号输入功能与数字量输入板卡一样。4 组 AB 相编码器输入信号可用于获取电机位置信息。在 17 槽的主机架中，直流无刷电机运动控制板卡可插在 2~16 槽的任何位置，通过软件程序设定槽位对应的板卡类型。

直流无刷电机运动控制板卡及其接口板卡的结构如图 2-30 所示。直流无刷电机运动控制板卡及其接口板卡须配套使用。直流无刷电机运动控制板卡主要包括电源转换电路、逻辑运算电路、驱动控制及编码器采集电路、数字量信号输入采集电路、模拟量输出电路、状态指示灯。其通过 X1 接口连接到系统背板总线，与 CPU 板卡进行数据交换；通过 X2 接口对接接口板卡的 X1 接口；直流无刷电机运动控制接口板卡主要包括与电机驱动器的信号接口、数字量信号输入接口、编码器信号输入接口、24 V DC 电源输入接口、对接直流无刷电机运动控制板卡的接口 X1 以及相应的跳线设置 W1。

#### 1. 电源转换电路与逻辑运算电路

电源转换电路把 PLC/MP2 背板总线提供的 6.5~7.5 V DC 电源电压转换为稳定的 5 V DC 电压，为逻辑运算电路提供工作电压。板载的处理器通过运行存储在内存模块中的程序执行控制板卡及显示板卡状态、显示逻辑电路驱动程序的状态、控制采集电路并显示采集电路的状态，以及实现与 CPU 控制板卡的通信。

#### 2. 驱动控制与编码器采集电路

直流无刷电机运动控制板卡的驱动控制与编码器采集电路主要用于控制直流无刷电机驱动器驱动电机运行，并可通过 W1 跳线配置相应的信号类型，满足不同类型的

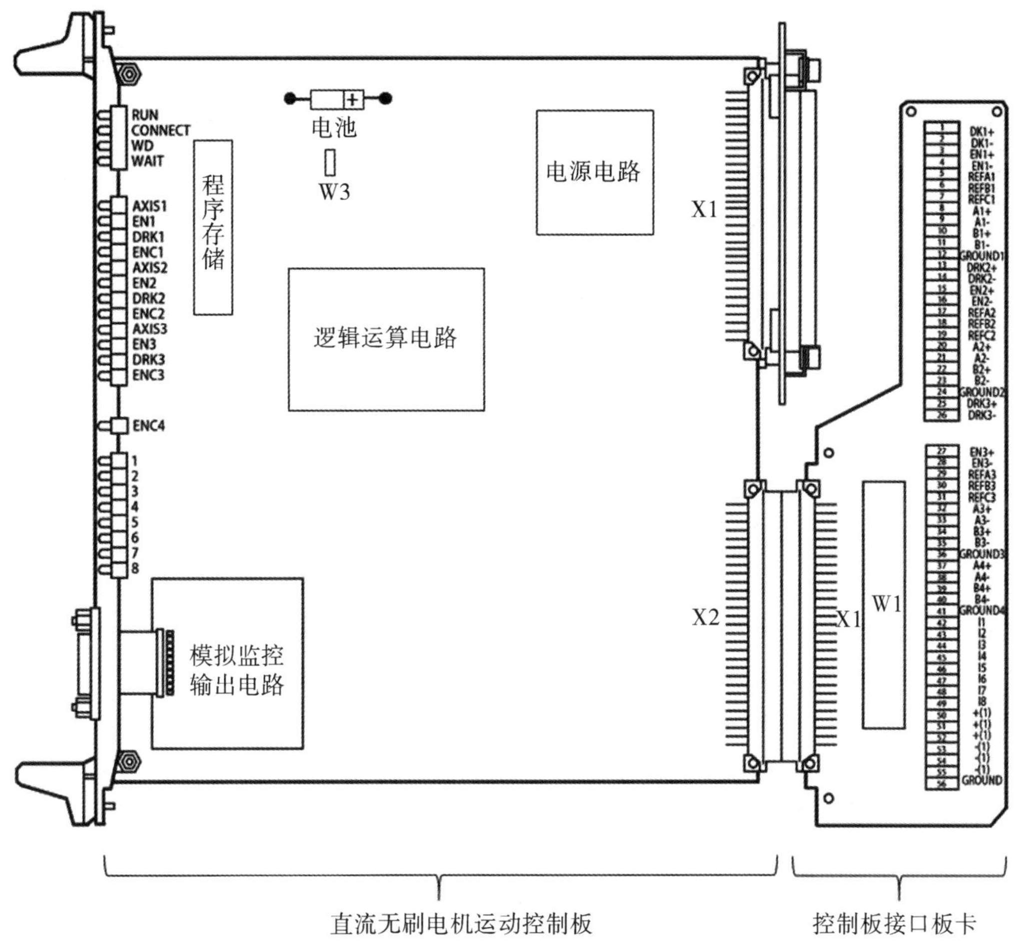


**图 2-30 直流无刷电机运动控制板卡及其接口板卡的结构**

直流无刷电机驱动器的控制需求。

直流无刷电机可在 3 种模式下运行，第 1 种是 AXIS 模式，即电机运行完全由程序根据实际需求通过运算后给定输出；第 2 种是 GEAR 模式，即通过编码器信号按一定比例的频率信号给定输出（可理解为电子齿轮模式，即按一定比例的随动输出），频率信号可来源于设备的绝对编码器通过 PLC/MP2 背板总线上的 CX0~CX3 UP 和 CX0~CX3 DOWN 传输，也可来源于外部增量型编码器或内部的固定频率源；第 3 种是 CAM 模式，即程序设定好电机的运动轨迹，并参照编码器的运行速度进行相应的速度调节。

直流无刷电机运动控制板卡最多可控制 3 个直流无刷电机驱动器，有 3 组驱动器控制电路以及 4 组增量型编码器信号。可以采集 5 V DC 的增量型编码器、24 V DC 的增量型编码器、带标准 RS485 接口的增量型编码器，并通过直流无刷电机运动控制接口板卡的接口端子与驱动器对接。如图 2-31 所示，每组驱动器控制电路包括 4 个信号：驱动器准备好输入信号、驱动器使能输出信号、驱动器速度给定（脉冲频率或模拟量）

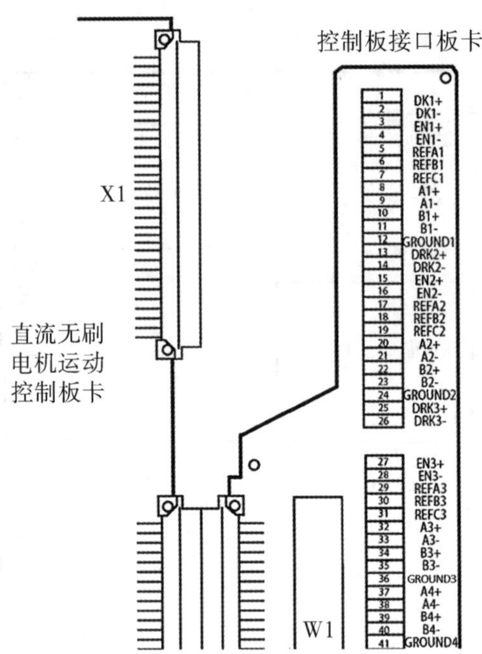


**图 2-31　直流无刷电机运动控制接口板卡与驱动器对接端子**

输出信号、编码器反馈信号。

直流无刷电机运动控制接口板卡端子定义及其功能如表 2-52 所示。

**表 2-52　直流无刷电机运动控制接口板卡端子定义及其功能**

| 端子 | 定义 | 功能 |
|---|---|---|
| 1 | DRK1+ | 驱动器 1 准备好信号端子 DRK1+ |
| 2 | DRK1- | 驱动器 1 准备好信号端子 DRK1- |
| 3 | EN1+ | 驱动器 1 使能信号输入 EN1+ |
| 4 | EN1- | 驱动器 1 使能信号输入 EN1- |
| 5 | REFA1 | 驱动器 1 速度参考端子 A |
| 6 | REFB1 | 驱动器 1 速度参考端子 B |
| 7 | REFC1 | 驱动器 1 速度基准端子 C |
| 8 | A1+ | 编码器 1 端子 +A |
| 9 | A1- | 编码器 1 端子 -A |
| 10 | B1+ | 编码器 1 端子 +B |
| 11 | B1- | 编码器 1 端子 -B |
| 12 | GROUND1 | 编码器 1 屏蔽接地 |
| 13 | DRK2+ | 驱动器 2 准备好信号端子 DRK2+ |

续表

| 端子 | 定义 | 功能 |
|---|---|---|
| 14 | DRK2- | 驱动器 2 准备好信号端子 DRK2- |
| 15 | EN2+ | 驱动器 2 使能信号输入 EN2+ |
| 16 | EN2- | 驱动器 2 使能信号输入 EN2- |
| 17 | REFA2 | 驱动器 2 速度参考端子 A |
| 18 | REFB2 | 驱动器 2 速度参考端子 B |
| 19 | REFC2 | 驱动器 2 速度基准端子 C |
| 20 | A2+ | 编码器 2 端子 +A |
| 21 | A2- | 编码器 2 端子 -A |
| 22 | B2+ | 编码器 2 端子 +B |
| 23 | B2- | 编码器 2 端子 -B |
| 24 | GROUND2 | 编码器 2 屏蔽接地 |
| 25 | DRK3+ | 驱动器 3 准备好信号端子 DRK3+ |
| 26 | DRK3- | 驱动器 3 准备好信号端子 DRK3- |
| 27 | EN3+ | 驱动器 3 使能信号输入 EN3+ |
| 28 | EN3- | 驱动器 3 使能信号输入 EN3- |
| 29 | REFA3 | 驱动器 3 速度参考端子 A |
| 30 | REFB3 | 驱动器 3 速度参考端子 B |
| 31 | REFC3 | 驱动器 3 速度基准端子 C |
| 32 | A3+ | 编码器 3 端子 +A |
| 33 | A3- | 编码器 3 端子 -A |
| 34 | B3+ | 编码器 3 端子 +B |
| 35 | B3- | 编码器 3 端子 -B |
| 36 | GROUND3 | 编码器 3 屏蔽接地 |
| 37 | A4+ | 编码器 4 端子 +A |
| 38 | A4- | 编码器 4 端子 -A |
| 39 | B4+ | 编码器 4 端子 +B |
| 40 | B4- | 编码器 4 端子 -B |
| 41 | GROUND4 | 编码器 4 屏蔽接地 |

图 2–32 所示为板卡通过接口电路连接到直流无刷电机驱动器的连接示意图。

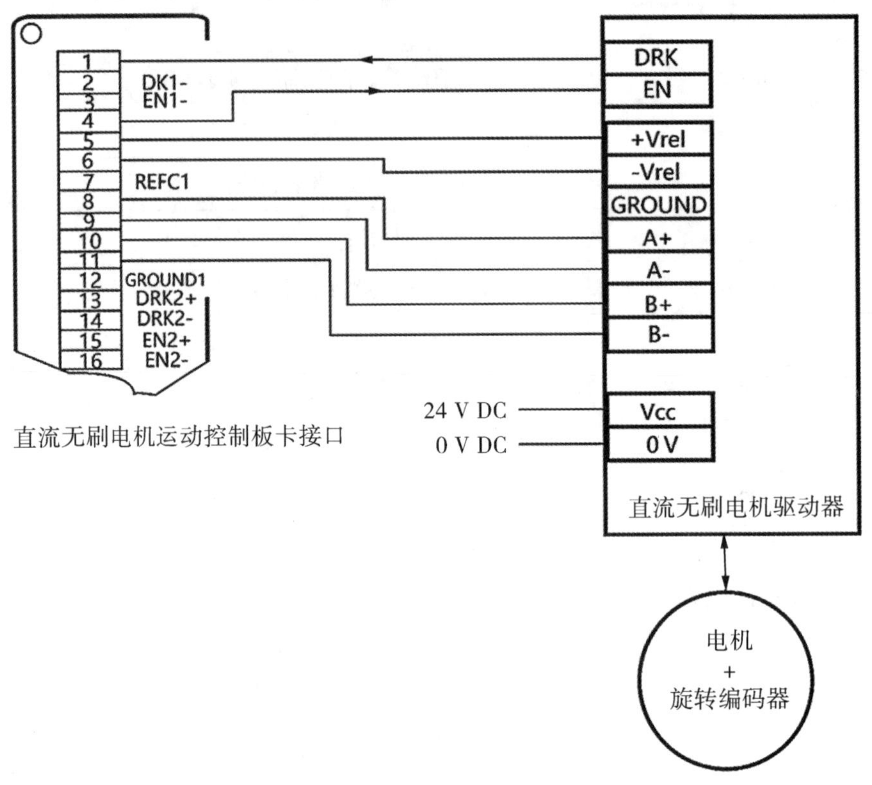


图 2–32　板卡与直流无刷电机驱动器连接示意图

### 3. 驱动控制及编码器信号配置

直流无刷电机运动控制接口板卡的控制信号及编码器信号可通过直流无刷电机运动控制接口板卡的 W1 跳线进行配置，例如：可配置输出的速度为电压或频率信号、驱动输入或输出的控制信号为 NPN 或 PNP 信号、编码器信号为 NPN 或 PNP 的有差分或无差分以及电源供给方式等。W1 跳线共 40 排，对应控制信号、编码器信号及数字量信号的配置。

（1）控制信号的配置。在直流无刷电机运动控制接口板卡的 W1 跳线中，17~31 排用于控制信号类型的配置，排号对应的信号如表 2–53 所示。

表 2–53　控制信号配置与 W1 跳线排号的对应关系

| W1 跳线排号 | 对应针脚 | 配置控制信号 | 说明 |
|---|---|---|---|
| 17~19 | A B C | REFA1、REFB1、REFC1 | 电机 1 速度参考类型配置 |
| 20~22 | A B C | REFA2、REFB2、REFC2 | 电机 2 速度参考类型配置 |
| 23~25 | A B C | REFA3、REFB3、REFC3 | 电机 3 速度参考类型配置 |
| 26 | A B C D E F | DRK1+ 和 DRK1− | 驱动器 1 准备好 |

续表

| W1 跳线排号 | 对应针脚 | 配置控制信号 | 说明 |
| --- | --- | --- | --- |
| 27 | A B C D E F | DRK2+ 和 DRK2− | 驱动器 2 准备好 |
| 28 | A B C D E F | DRK3+ 和 DRK3− | 驱动器 3 准备好 |
| 29 | A B C D | EN1+ 和 EN1− | 使能信号 1 |
| 30 | A B C D | EN2+ 和 EN2− | 使能信号 2 |
| 31 | A B C D | EN3+ 和 EN3− | 使能信号 3 |

1）速度参考类型配置。W1 跳线（17~25）可配置传输给被控电机驱动装置的速度输出类型（电压或者频率），每个跳线有 3 个针脚（A、B、C）。W1 跳线（17~19）为电机 1 配置跳线，W1 跳线（20~22）为电机 2 配置跳线，W1 跳线（22~25）为电机 3 配置跳线。电机 1 电压基准线及输出的跳线配置如图 2-33 所示。

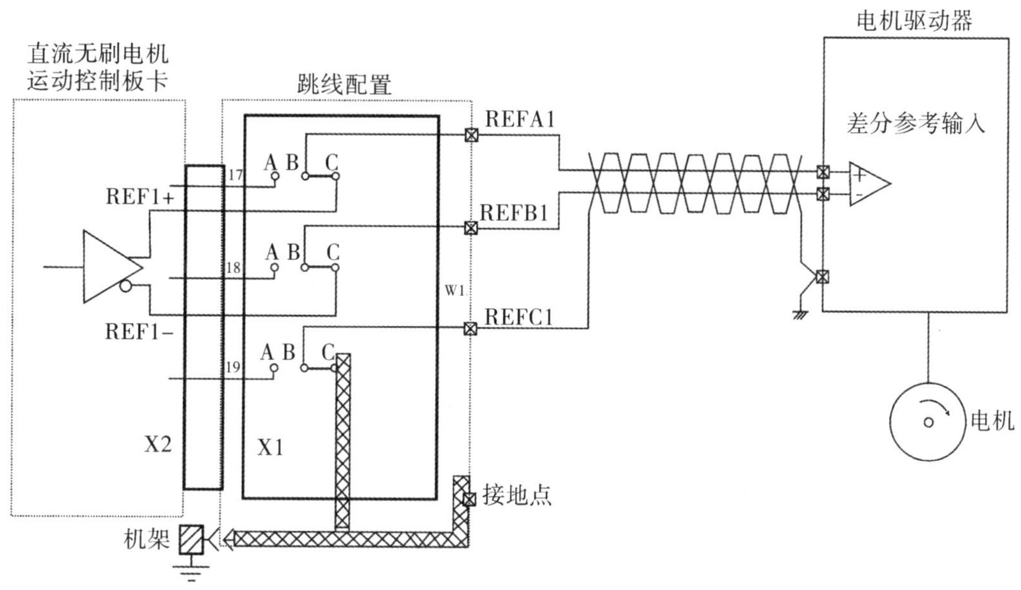


图 2-33 电机 1 电压基准接线及跳线配置

2）驱动器准备好信号类型配置。W1 跳线（26~28）可根据驱动器传输的信号类型和信号电压配置驱动装置的采集电路。W1（26）为端子 DRK1+ 和 DRK1− 的配置跳线，W1（27）为端子 DRK2+ 和 DRK2− 的配置跳线，W1（28）为端子 DRK3+ 和 DRK3− 的配置跳线。每个跳线有 6 个针脚（A、B、C、D、E、F）。这里以 W1（26）为端子 DRK1+ 和 DRK1− 的配置跳线进行介绍，5 V DC PNP 输出型驱动器 DRIVE OK 接线及跳线配置如图 2–34 所示。

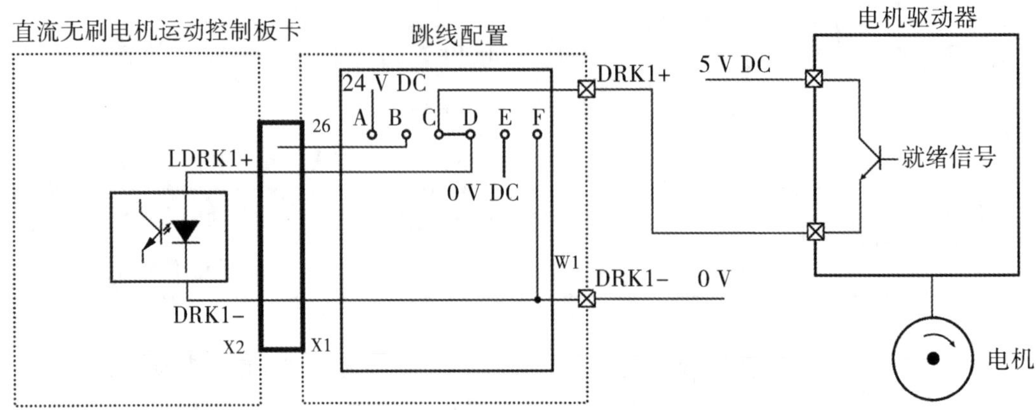


图 2–34　5 V DC PNP 输出型驱动器 DRIVE OK 接线及跳线配置

5 V DC NPN 输出型驱动器 DRIVE OK 接线及跳线配置如图 2–35 所示。

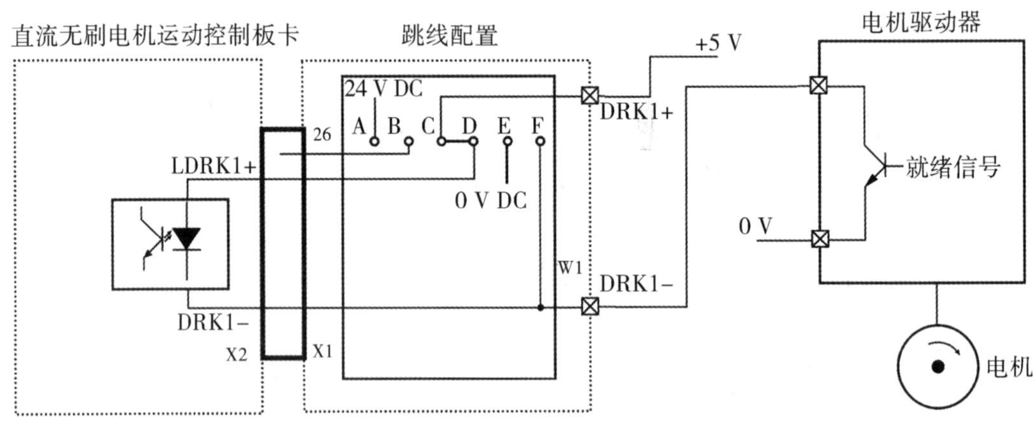


图 2–35　5 V DC NPN 输出型驱动器 DRIVE OK 接线及跳线配置

24 V DC 输出型驱动器 DRIVE OK 接线及跳线配置与 5 V DC 输出型较为相似，但由于板卡接口置 24 V DC 电源，所以除了跟 5 V DC 输出型一样可以使用外部输入电源外，还可使用内置跳线的 24 V DC 电源引脚。24 V DC PNP 输出型驱动器使用 24 V DC 内部电源的 DRIVE OK 接线及跳线配置如图 2–36 所示。

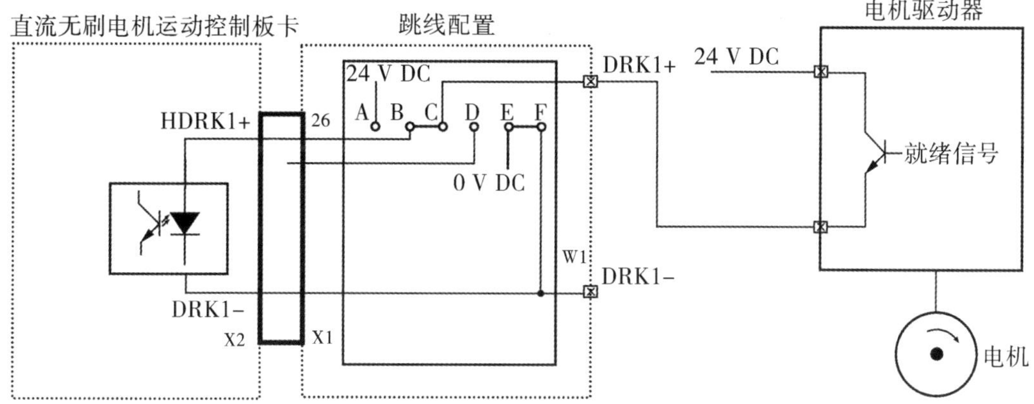


图 2-36　24 V DC PNP 输出型驱动器使用 24 V DC 内部电源的 DRIVE OK 接线及跳线配置

24 V DC PNP 输出型驱动器使用 24 V DC 外部电源的 DRIVE OK 接线及跳线配置如图 2-37 所示。

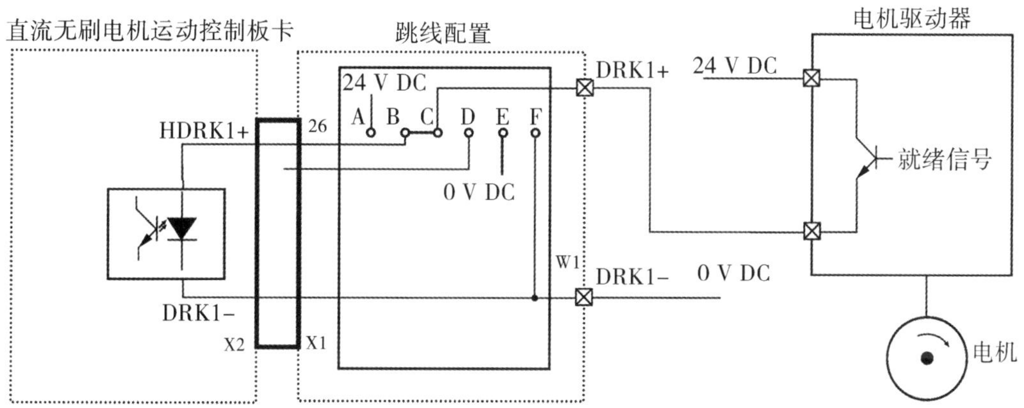


图 2-37　24 V DC PNP 输出型驱动器使用 24 V DC 外部电源的 DRIVE OK 接线及跳线配置

24 V DC NPN 输出型驱动器使用 24 V DC 内部电源的 DRIVE OK 接线及跳线配置如图 2-38 所示。

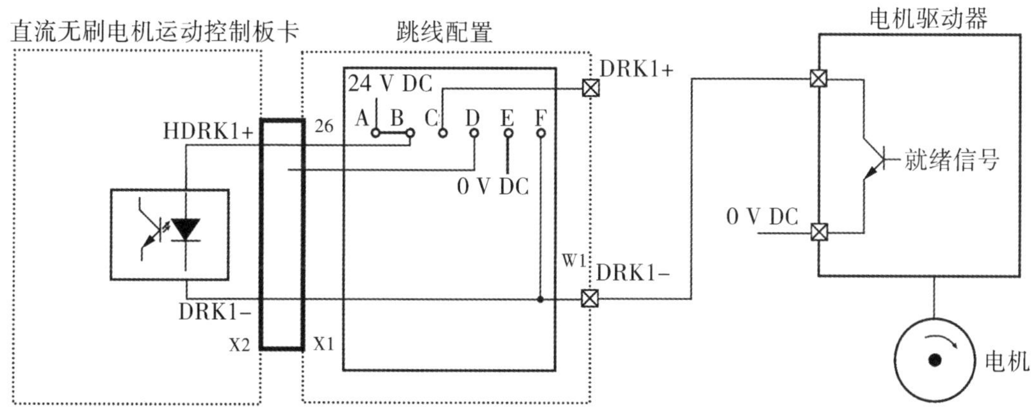


图 2-38　24 V DC NPN 输出型驱动器使用 24 V DC 内部电源的 DRIVE OK 接线及跳线配置

24 V DC NPN 输出型驱动器使用 24 V DC 外部电源的 DRIVE OK 接线及跳线配置如图 2–39 所示。

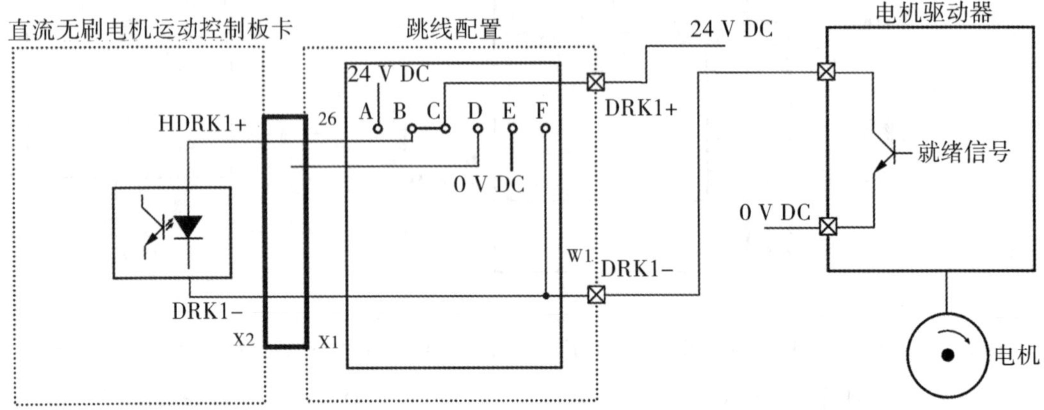


图 2–39　24 V DC NPN 输出型驱动器使用 24 V DC 外部电源的 DRIVE OK 接线及跳线配置

3）使能信号类型配置。W1 跳线（29~31）可根据驱动器类型和信号电压配置 EN 使能信号类型。W1（29）为端子 EN1+ 和 EN1− 的配置跳线，W1（30）为端子 EN2+ 和 EN2− 的配置跳线，W1（28）为端子 EN3+ 和 EN3− 的配置跳线。每个跳线有 4 个针脚（A、B、C、D）。

由于接口板卡没有内置 5 V DC 电源，所以 5 V DC 输出型驱动器只能以外部电源的方式进行接线和跳线配置，这里以 W1（29）为端子 EN1+ 和 EN1− 的配置跳线进行介绍，5 V DC PNP 输出型驱动器使能电路的接线和跳线配置如图 2–40 所示。

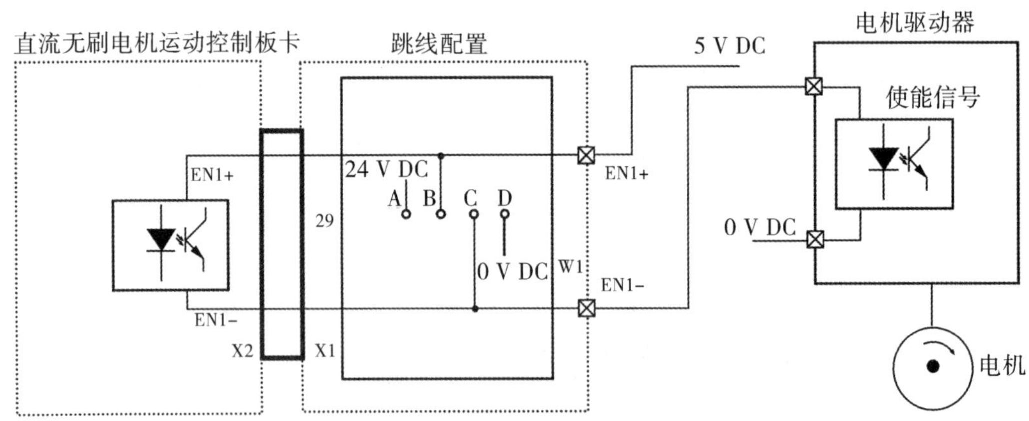


图 2–40　5 V DC PNP 输出型驱动器使能电路的接线和跳线配置

与 DRIVE OK 电路相同，24 V DC 输出型驱动器可以使用内部电源。24 V DC PNP 输出型驱动器使用 24 V DC 内部电源使能电路接线及跳线配置如图 2–41 所示。

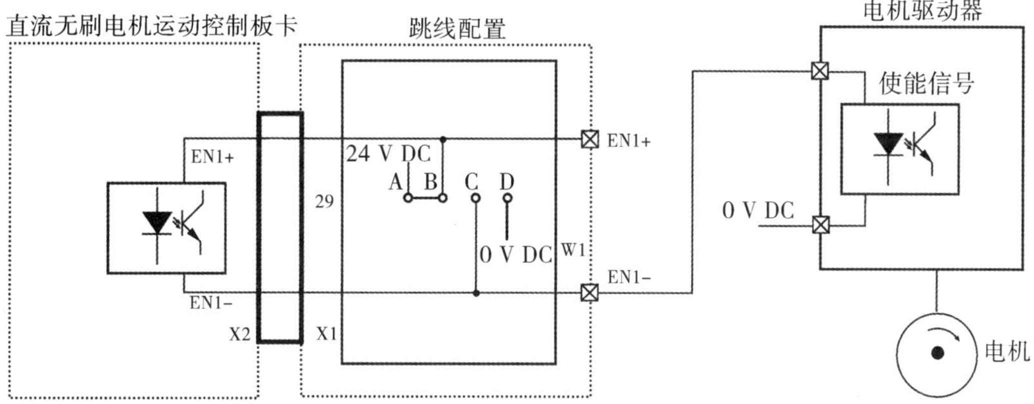


图 2-41 24 V DC PNP 输出型驱动器使用 24 V DC 内部电源使能电路接线及跳线配置

24 V DC PNP 输出型驱动器使用 24 V DC 外部电源使能电路接线及跳线配置如图 2-42 所示。

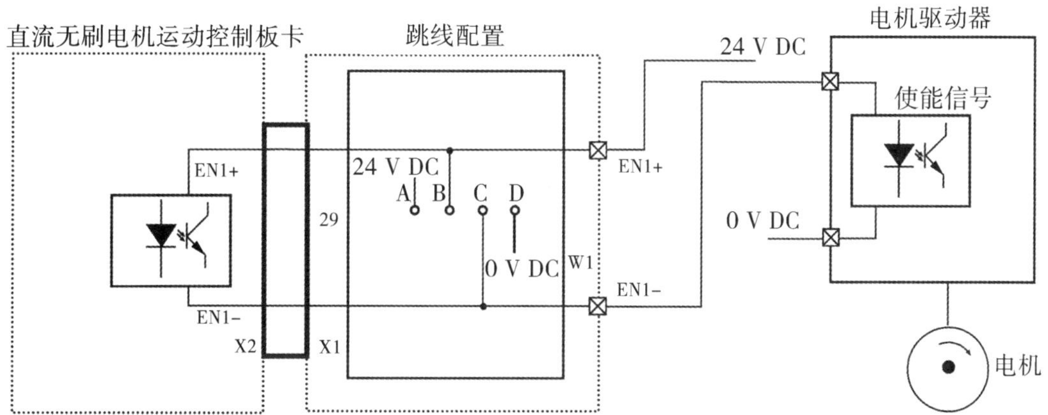


图 2-42 24 V DC PNP 输出型驱动器使用 24 V DC 外部电源使能电路接线及跳线配置

24 V DC NPN 输出型驱动器使用 24 V DC 内部电源使能电路接线及跳线配置如图 2-43 所示。

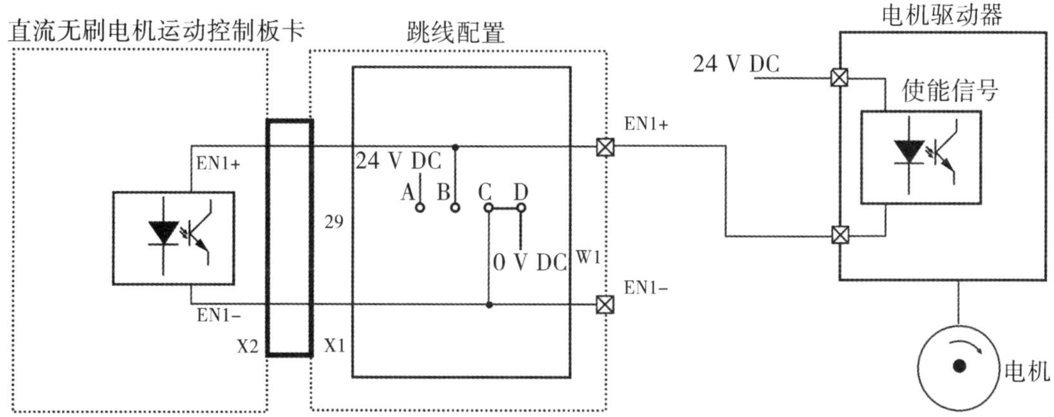


图 2-43 24 V DC NPN 输出型驱动器使用 24 V DC 内部电源使能电路接线及跳线配置

24 V DC NPN输出型驱动器使用 24 V DC 外部电源使能电路接线及跳线配置如图 2–44 所示。

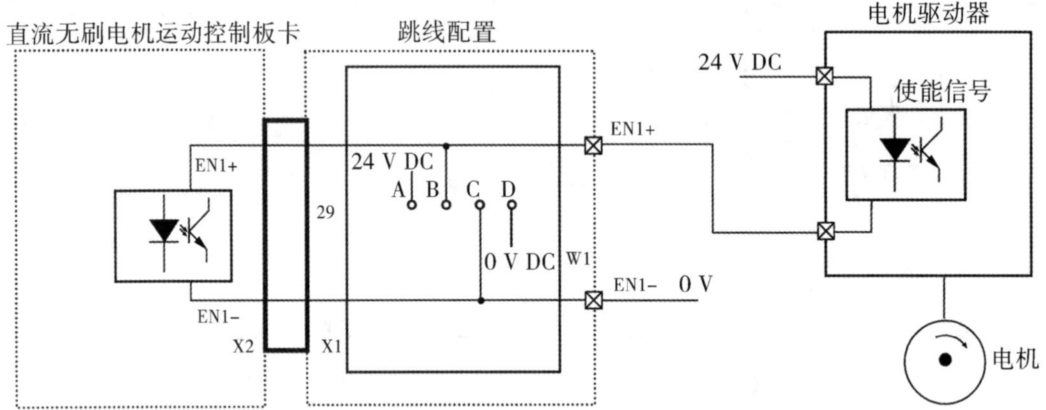


图 2–44　24 V DC NPN 输出型驱动器使用 24 V DC 外部电源使能电路接线及跳线配置

（2）编码器信号类型的配置。在直流无刷电机运动控制接口板卡中，W1 跳线的 1~16 排用于编码器信号类型的配置，根据要连接的编码器类型来短接 W1 端子排，配置采集电路，排号对应的信号如表 2–54 所示。

表 2–54　编码器信号配置与跳线 W1 排号的对应关系

| 跳线 | | 具体针脚 | 跳线 | | 具体针脚 |
|---|---|---|---|---|---|
| 编码器 1 跳线 | W1（1） | A B C D E F | 编码器 3 跳线 | W1（9） | A B C D E F |
| | W1（2） | A B C D | | W1（10） | A B C D |
| | W1（3） | A B C D E F | | W1（11） | A B C D E F |
| | W1（4） | A B C D | | W1（12） | A B C D |
| 编码器 2 跳线 | W1（5） | A B C D E F | 编码器 4 跳线 | W1（13） | A B C D E F |
| | W1（6） | A B C D | | W1（14） | A B C D |
| | W1（7） | A B C D E F | | W1（15） | A B C D E F |
| | W1（8） | A B C D | | W1（16） | A B C D |

连接编码器时，需要根据不同轴编码器类型的接线短接相应端子，下面以编码器 1 跳线 W1（1~4）配置为示例。增量线性轴编码器接线及跳线配置如图 2–45 所示。

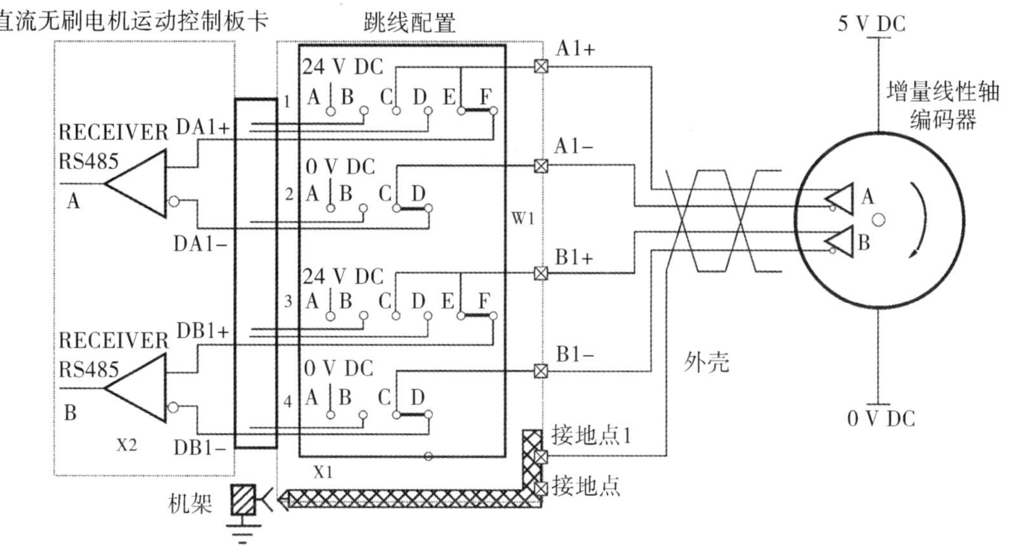


图 2-45　增量线性轴编码器接线及跳线配置

对于 5 V DC 输出型编码器，PNP 型轴编码器接线和跳线配置如图 2-46 所示。

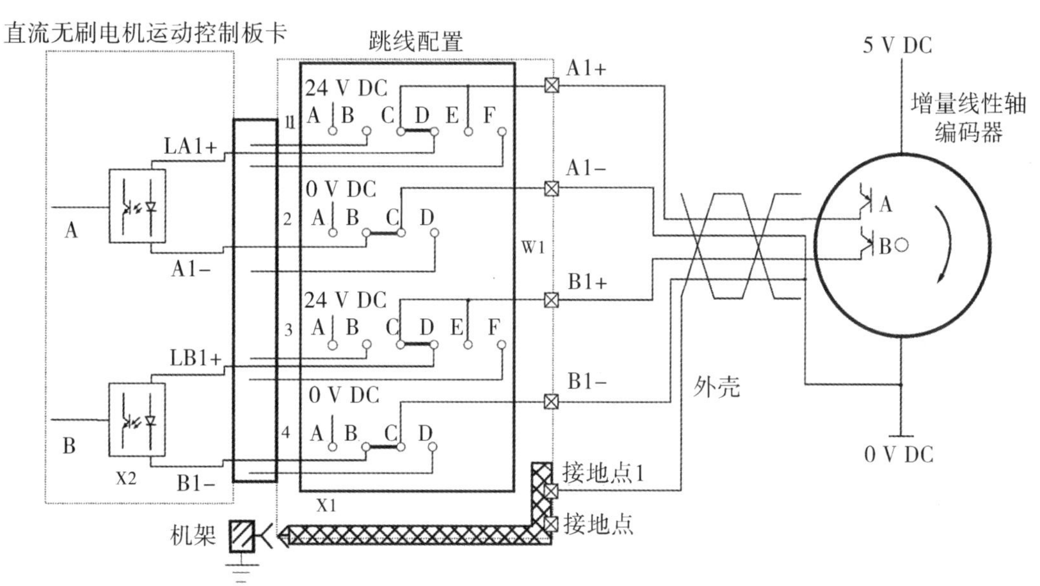


图 2-46　5 V DC PNP 型轴编码器接线及跳线配置

5 V DC NPN 型轴编码器接线及跳线配置如图 2-47 所示。与增量线性编码器的区别在于 5 V DC 输出型编码器接线将 A- 相和 B- 相短接后接到编码器电源负极。

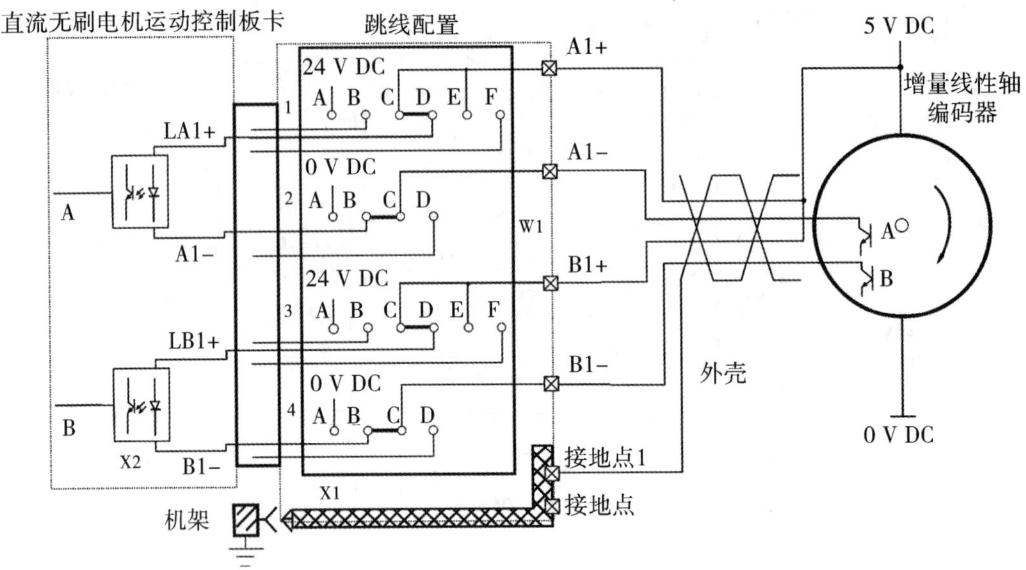


图 2-47　5 V DC NPN 型轴编码器接线及跳线配置

24 V DC 输出型编码器主要有 PNP 差分输出、PNP 无差分输出、NPN 差分输出、NPN 无差分输出 4 种类型，带差分输出类型编码器的接线方法与 5 V DC 输出型的接法相同。不带差分输出类型的编码器 A− 和 B− 相无须接线，但缺点是较易受到外部环境的干扰。24 V DC PNP 无差分输出编码器 1 接线及跳线配置如图 2-48 所示。

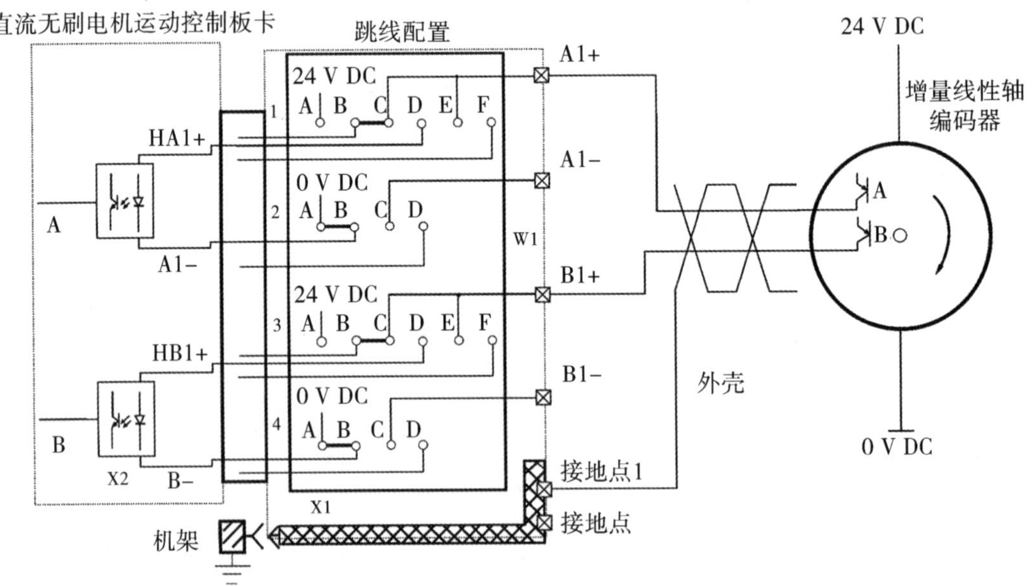


图 2-48　24 V DC PNP 无差分输出编码器 1 接线及跳线配置

24 V DC PNP 差分输出编码器 1 接线及跳线配置如图 2-49 所示。

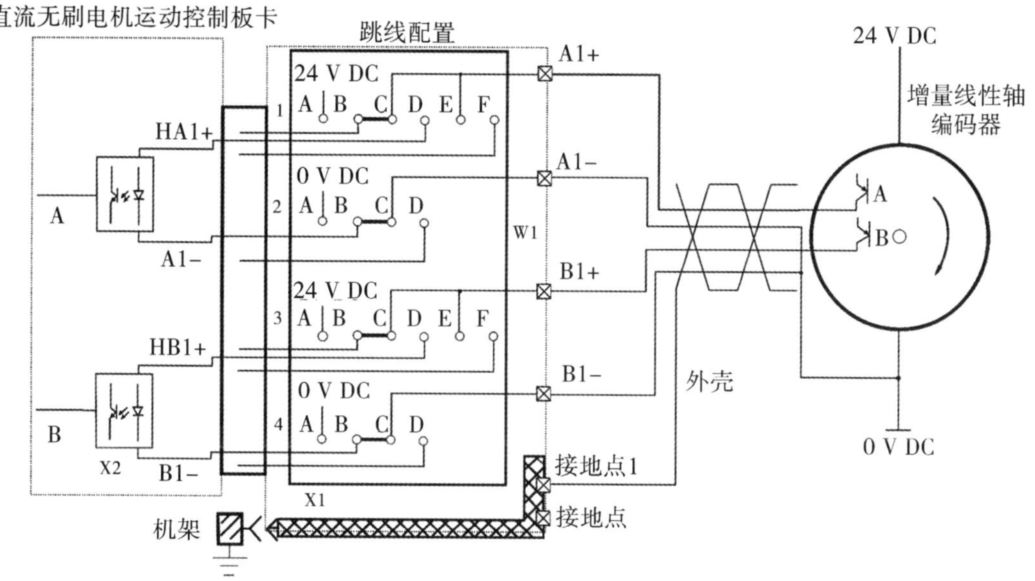


图 2-49　24 V DC PNP 差分输出编码器 1 接线及跳线配置

24 V DC NPN 无差分输出编码器 1 接线及跳线配置如图 2-50 所示。

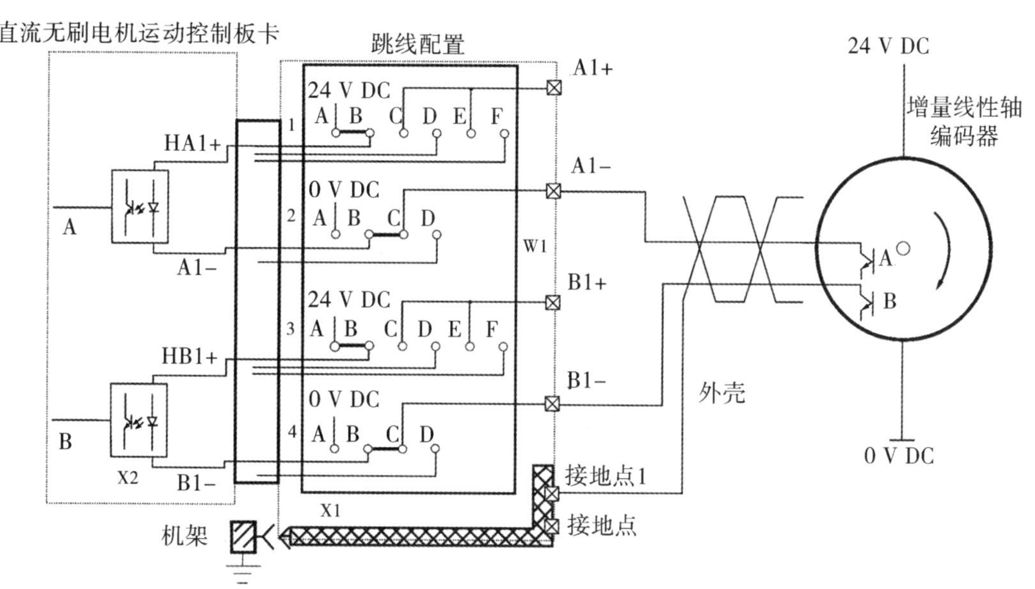


图 2-50　24 V DC NPN 无差分输出编码器 1 接线及跳线配置

24 V DC NPN 差分输出编码器 1 接线及跳线配置如图 2–51 所示。

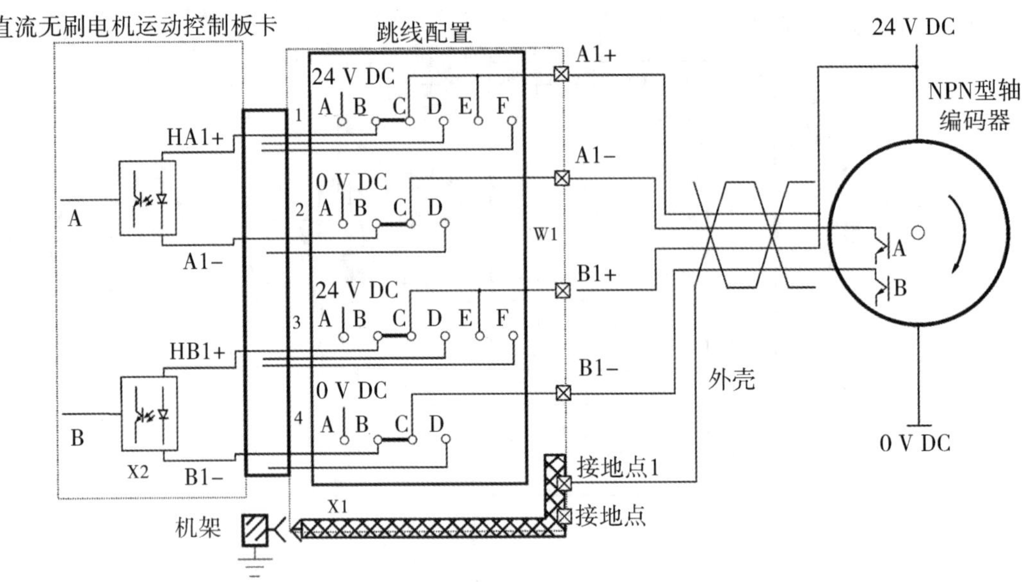


图 2–51　24 V DC NPN 差分输出编码器 1 接线及跳线配置

### 4. 数字量信号输入采集电路及 24 V DC 输入

数字量输入采集电路用于采集 24 V DC 数字量输入信号，各电路之间采用光耦隔离，可采集 8 路数字量输入。通过直流无刷电机运动控制接口板卡的接线端子进行数字信号输入、24 V DC 电源输入，通过 W1 跳线设置输入信号类型，图 2–52 所示为接口板卡的接线端子及 W1 跳线。

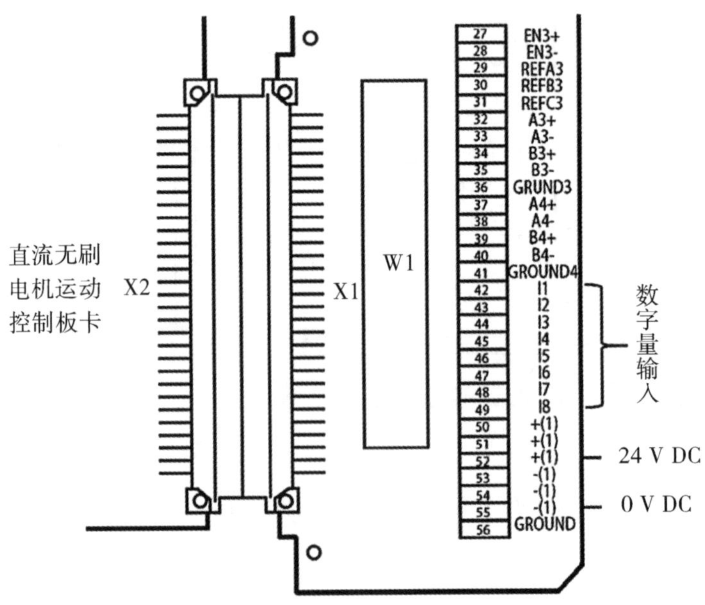


图 2–52　无刷电机运动控制接口板卡的接线端子及 W1 跳线

无刷电机运动控制接口板卡的数字量信号及24 V DC接线端子定义如表2–55所示。

**表2–55 无刷电机运动控制接口板卡的数字量信号及24 V DC接线端子定义**

| 端子 | 信号 | 功能 |
| --- | --- | --- |
| 42~49 | I1~I8 | 传感器1~8数字输入 |
| 50 | +（1） | +24 V DC |
| 51 | +（1） | +24 V DC |
| 52 | +（1） | +24 V DC |
| 53 | –（1） | 0 V DC |
| 54 | –（1） | 0 V DC |
| 55 | –（1） | 0 V DC |
| 56 | 地线 | 板卡屏蔽接地 |

接口板卡的W1跳线的第32~39排配置传感器输入信号为PNP或NPN方式，对应8路输入信号。每排有5个引脚，分别为A、B、C、D、E，用于设置传感器输入类型，如PNP或NPN。如图2–53所示为输入NPN类型跳线配置。

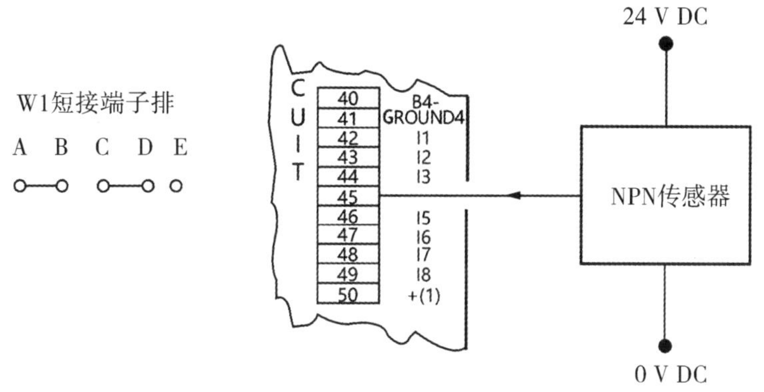


图2–53 输入NPN类型跳线配置

## 5. 模拟量输出电路

模拟量输出电路可产生3个模拟量电压值输出，其幅值与电机转速成比例，通过无刷电机运动控制接口板卡面板的DB–9型接口输出，可用于监测，如图2–54所示。

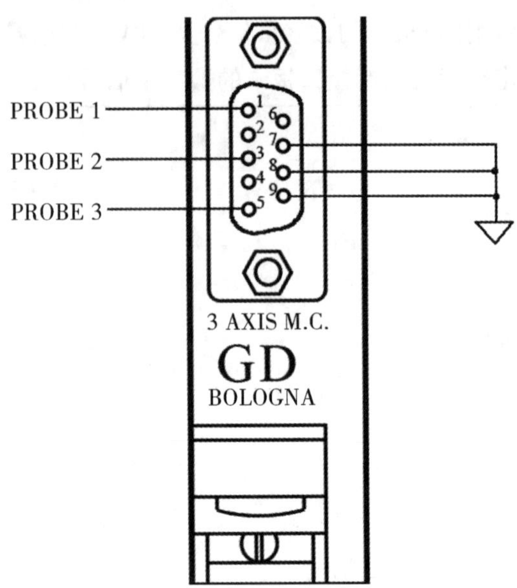


图 2-54　模拟监控输出

与速度值成比例的模拟量输出端子的信号定义如表 2-56 所示。

表 2-56　模拟量输出端子的信号定义

| 端子 | 信号 |
|---|---|
| 1 | PROBE 1 |
| 2 | NC |
| 3 | PROBE 2 |
| 4 | NC |
| 5 | PROBE 3 |
| 6 | NC |
| 7~9 | GND |

## 6. 技术参数

直流无刷电机运动控制板卡的技术参数如表 2-57 所示。

表 2-57　直流无刷电机运动控制板卡技术参数

| 电源电压范围 | 6.5~7.5 V DC |
|---|---|
| 最大电流 | 2 A |
| 隔离电压 | 500 V DC |
| 工作温度 | 0~50 ℃（不通风），0~60 ℃（有通风） |
| 储存温度 | 10~70 ℃ |

## （二）状态显示

直流无刷电机运动控制板卡包括 4 个状态指示灯，分别为 RUN、CONNECT、WD 和 WAIT；3 组驱动器状态指示灯，分别为 AXIS1~3、EN1~3、DRK1~3；8 路输入信号指示灯，数字编号为 1~8；4 路轴编码器状态指示灯 ENC1~4。具体的状态和含义如表 2-58 所示。

**表 2-58 直流无刷电机运动控制板卡指示灯状态和含义**

| 指示灯 | 颜色 | 状态 | 含义 |
|---|---|---|---|
| RUN | 绿 | 闪烁 | 处理器正常运行 |
| | | 灭 | 检查 ±5 V 电源，若重新上电依然不亮，则更换 CPU 控制板卡 |
| CONNECT | 黄 | 闪烁 | 与 GDLAN 连接正常 |
| | | 灭 | CPU 与网络的连接断开（OPC 连接电缆） |
| WD | 红 | 灭 | 正常状态 |
| | | 亮 | 处理器锁定并触发看门狗 |
| WAIT | 红 | 灭 | 正常状态 |
| | | 短亮 | 等待来自其他板卡请求 |
| | | 常亮 | 板卡出错 |
| AXIS*n*（*n*=1~3） | 红 | 亮 | 电机 *n* 使用程序驱动检测电路 |
| | | 灭 | 电机 *n* 未使用程序驱动检测电路 |
| | | 闪烁 | 电机 *n* 驱动检测电路正在诊断 |
| EN*n*（*n*=1~3） | 绿 | 亮 | 电机 *n* 启用 |
| | | 灭 | 电机 *n* 禁用 |
| DRK*n*（*n*=1~3） | 绿 | 亮 | 电机 *n* 驱动器启用 |
| | | 灭 | 电机 *n* 驱动器未启用 |
| ENC*n*（*n*=1~4） | 绿 | 灭 | 轴编码器 *n* 处于停止状态 |
| | | 闪烁 | 轴编码器 *n* 正在运行 |
| *n*（*n*=1~8） | 红 | 亮 | *n* 通道有输入信号 |
| | | 灭 | *n* 通道无输入信号 |

注意：WAIT 指示灯在正常情况下等待状态持续时间短，不易观测到指示灯短时间亮起的状态，如果指示灯常亮，则说明等待状态持续时间长，系统存在故障。

## （三）针脚定义

### 1. 直流无刷电机运动控制板卡接口 X1 针脚定义

直流无刷电机运动控制板卡与背板总线的接口 X1 针脚定义如表 2-59 所示。

表 2-59　直流无刷电机运动控制板卡接口 X1 针脚信号定义

| 针脚 | 定义 | 针脚 | 定义 | 针脚 | 定义 |
|---|---|---|---|---|---|
| A1、A2 | 7 V DC | B1、B2 | 7 V DC | C1、C2 | 7 V DC |
| A3、A4 | GND | B3、B4 | GND | C3、C4 | GND |
| A5 | NC | B5 | GND | C5 | NC |
| A6 | GND | B6 | CX3-DW | C6 | GND |
| A7~A13 | NC | B7 | CX3-UP | C7~C13 | NC |
| A14 | INT* | B8 | CX2-DW | C14 | BS* |
| A15~A17 | NC | B9 | CX2-UP | C15~C20 | NC |
| A18~A25 | D（7）~D（0） | B10 | CX1-DW | C21~C31 | A（10）~A（0） |
| A26 | GND | B11 | CX1-UP | C32 | GND |
| A27 | WAIT* | B12 | CX0-DW | | |
| A28 | RESET* | B13 | CX0-UP | | |
| A29 | GND | B14~B31 | NC | | |
| A30 | RD* | B32 | GND | | |
| A31 | WR* | | | | |
| A32 | GND | | | | |

### 2. 直流无刷电机运动控制板卡接口 X2 针脚定义

直流无刷电机运动控制板卡与接口板卡连接的接口 X2 针脚定义如表 2-60 所示。

表 2-60　直流无刷电机运动控制板卡接口 X2 针脚定义

| 针脚 | 定义 | 针脚 | 定义 | 针脚 | 定义 |
|---|---|---|---|---|---|
| A1 | HA2+ | B1 | LA1+ | C1 | HA1+ |
| A2 | A2- | B2 | LA2+ | C2 | A1- |
| A3 | HB2+ | B3 | LB1+ | C3 | HB1+ |
| A4 | B2- | B4 | LB2+ | C4 | B1- |
| A5 | DA1+ | B5 | DA1- | C5 | GROUND1 |

续表

| 针脚 | 定义 | 针脚 | 定义 | 针脚 | 定义 |
|---|---|---|---|---|---|
| A6 | DB1+ | B6 | DB1− | C6 | GROUND2 |
| A7 | DA2+ | B7 | DA2− | C7 | GROUND3 |
| A8 | DB2+ | B8 | DB2− | C8 | GROUND4 |
| A9 | HA4+ | B9 | LA3+ | C9 | HA3+ |
| A10 | A4− | B10 | LA4+ | C10 | A3− |
| A11 | HB4+ | B11 | LB3+ | C11 | HB3+ |
| A12 | B4− | B12 | LB4+ | C12 | B3− |
| A13 | DA3+ | B13 | DA3− | C13 | DB4+ |
| A14 | DB3+ | B14 | DB3− | C14 | DB4− |
| A15 | DA4+ | B15 | DA4− | C15 | LDRK1+ |
| A16 | HDRK3+ | B16 | +24 V DC（5） | C16 | FRQ1 |
| A17 | LDRK3+ | B17 | 0 V DC（5） | C17 | FRQ2 |
| A18 | DRK3− | B18 | LDRK2+ | C18 | HDRK1+ |
| A19 | DOA1 | B19 | DRK2− | C19 | EN3+ |
| A20 | DOB1 | B20 | EN1+ | C20 | EN1− |
| A21 | DOA2 | B21 | DRK1− | C21 | HDRK2+ |
| A22 | DOB2 | B22 | GND1 | C22 | EN2+ |
| A23 | DOA3 | B23 | GROUND6 | C23 | EN2− |
| A24 | DOB3 | B24 | REF1+ | C24 | EN3− |
| A25~A32 | I1+~I8+ | B25 | REF1− | C25~C32 | I1−~I8− |
| | | B26 | REF2+ | | |
| | | B27 | REF2− | | |
| | | B28 | REF3+ | | |
| | | B29 | REF3− | | |
| | | B30 | GROUND5 | | |
| | | B31 | +24 V DC（1） | | |
| | | B32 | 0 V DC（1） | | |

### 3. 直流无刷电机运动控制接口板卡的接口 X1 针脚定义

直流无刷电机运动控制接口板卡与直流无刷电机运动控制板卡连接的接口 X1 针脚定义如表 2-61 所示。

表 2-61　直流无刷电机运动控制接口板卡的接口 X1 针脚信号定义

| 针脚 | 定义 | 针脚 | 定义 | 针脚 | 定义 |
|---|---|---|---|---|---|
| A32~A25 | I8+~I1+ | B32 | 0 V DC | C32~C25 | 0 V DC |
| | | B31 | +24 V DC | | |
| | | B30 | GROUND | | |
| | | B29 | REF3- | | |
| | | B28 | REF3+ | | |
| | | B27 | REF2- | | |
| | | B26 | REF2+ | | |
| | | B25 | REF1- | | |
| A24 | DOB3 | B24 | REF1+ | C24 | EN3- |
| A23 | DOA3 | B23 | GROUND | C23 | EN2- |
| A22 | DOB2 | B22 | GND1 | C22 | EN2+ |
| A21 | DOA2 | B21 | DRK1- | C21 | HDRK2+ |
| A20 | DOB1 | B20 | EN1+ | C20 | EN1- |
| A19 | DOA1 | B19 | DRK2- | C19 | EN3+ |
| A18 | DRK3- | B18 | LDRK2+ | C18 | HDRK1+ |
| A17 | LDRK3+ | B17 | NC | C17 | NC |
| A16 | HDRK3+ | B16 | NC | C16 | NC |
| A15 | DA4+ | B15 | DA4- | C15 | LDRK1+ |
| A14 | DB3+ | B14 | DB3- | C14 | DB4- |
| A13 | DA3+ | B13 | DA3- | C13 | DB4+ |
| A12 | B4- | B12 | LB4+ | C12 | B3- |
| A11 | HB4+ | B11 | LB3+ | C11 | HB3+ |
| A10 | A4- | B10 | LA4+ | C10 | A3- |
| A9 | HA4+ | B9 | LA3+ | C9 | HA3+ |
| A8 | DB2+ | B8 | DB2- | C8 | GROUND |

续表

| 针脚 | 定义 | 针脚 | 定义 | 针脚 | 定义 |
|---|---|---|---|---|---|
| A7 | DA2+ | B7 | DA2- | C7 | GROUND |
| A6 | DB1+ | B6 | DB1- | C6 | GROUND |
| A5 | DA1+ | B5 | DA1- | C5 | GROUND |
| A4 | B2- | B4 | LB2+ | C4 | B1- |
| A3 | HB2+ | B3 | LB1+ | C3 | HB1+ |
| A2 | A2- | B2 | LA2+ | C2 | A1- |
| A1 | HA2+ | B1 | LA1+ | C1 | HA1+ |

# 第四节　GD 功能模块

为了适应卷烟生产需求，G.D 公司定制了种类繁多的功能模块，本节针对在卷烟工业中较常使用的 GD 功能模块进行介绍。

## 一、频率输出模块

MICRO Ⅱ系统的模拟量板卡并不直接输入模拟量信号（如 0~10 V DC，4~20 mA，热电偶信号等），而是输入与模拟量信号成比例的频率信号，因此需要用 GD 专用的频率输出模块把模拟量信号转换为与其成比例的频率信号，再输入到模拟量板卡进行运算。频率输出模块主要包括电压转频率模块、电流转频率模块以及热电偶信号转频率模块。

频率输出模块形状如图 2–55 所示，模块输出端频率信号最大振幅为 24 V DC，模块所需的工作电源为 ±24 V DC。频率输出模块有一绿色状态指示灯用于显示模块的工作状态，指示灯亮时表示模块工作正常，指示灯灭时表示模块故障或无工作电源；差分信号输入用于模拟量信号的输入；模块输出电压可为传感器模块提供电源，不同型号的模块输出电压有所不同。

### （一）电压转频率模块

#### 1. 型号为 15AD10A0000 的电压转频率模块

（1）模块接线。型号为 15AD10A0000 的电压转频率模块可将传感器模块输出的 0~10 V DC 电压信号转换为与其成线性比例的频率信号，模块输出端频率信号最大振幅为 24 V DC，并可为传感器模块提供 15 V DC 的电压。转换模块的接线如图 2–56 所示。

图 2-55　频率输出模块

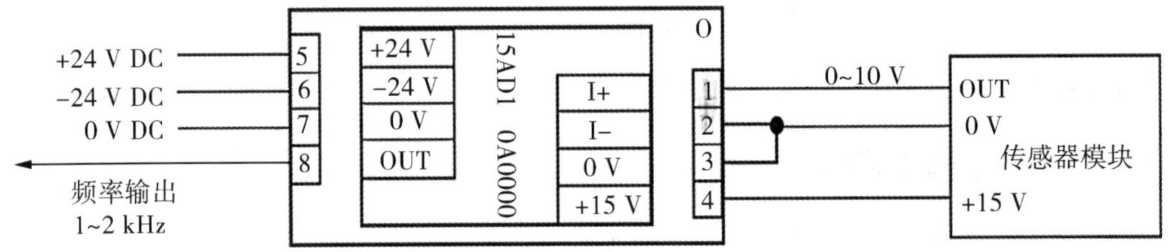


图 2-56　型号为 15AD10A0000 的电压转频率模块接线图

（2）电压与频率关系。电压信号（0~10 V DC）与频率的具体转换关系如图 2-57 所示。0~10 V DC 对应 1~2 kHz 范围的方波频率信号输出，转换倍率为 10 mV/Hz。

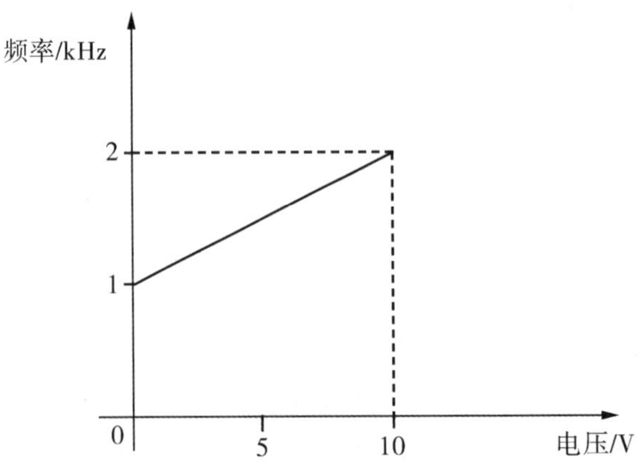


图 2-57　型号为 15AD10A0000 模块的电压与频率关系

（3）技术参数。型号为 15AD10A0000 的电压转频率模块技术参数如表 2–62 所示。

表 2–62　型号为 15AD10A0000 的电压转频率模块技术参数

| 参数 | 设定值 |
|---|---|
| 正向电源电压 | 24（1 ± 10%）V DC |
| 反向电源电压 | –24（1 ± 10%）V DC |
| 无正向负载和正向传感器电流 | 25 mA |
| 无反向负载和反向传感器电流 | 5 mA |
| 输入端差分信号 | 0~10 V DC |
| 转换倍率 | 10 mV/Hz |
| 输出信号的频率（方波） | 1~2 kHz |
| 输出信号振幅 | 24（1 ± 20%）V DC |
| 最大输出电流 | 30 mA |
| 传感器电源电压 | 15 V DC |
| 传感器最大电流 | 20 mA |
| 最大响应时间 | 2 ms |
| 最大测量误差（温度范围 0~60 ℃） | ± 0.5% |

## 2. 型号为 15AD10A0003 的电压转频率模块

（1）模块接线。型号为 15AD10A0003 的电压转频率模块可将传感器模块输出的 0~40 V DC 电压信号转换为与其成线性比例的频率信号，模块输出端频率信号最大振幅为 24 V DC，模块不为传感器模块提供电源。转换模块的接线如图 2–58 所示。

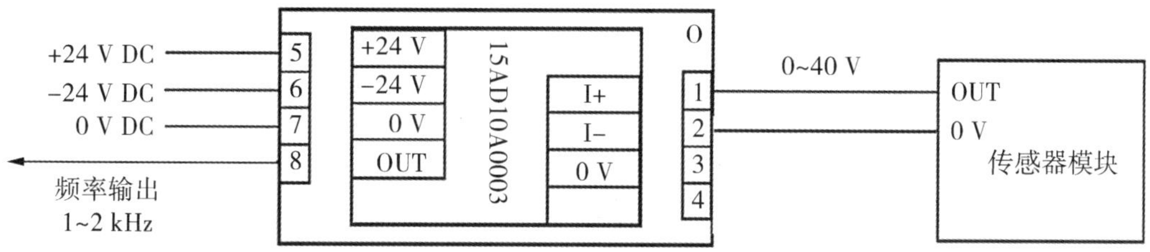


图 2–58　型号为 15AD10A0003 的电压转频率模块接线图

（2）电压与频率关系。电压（0~40 V DC）与频率的关系如图 2–59 所示。0~40 V DC 对应 1~2 kHz 的方波频率信号输出，转换倍率为 40 mV/Hz。

（3）技术参数。型号为 15AD10A0003 的电压转频率模块技术参数如表 2–63 所示。

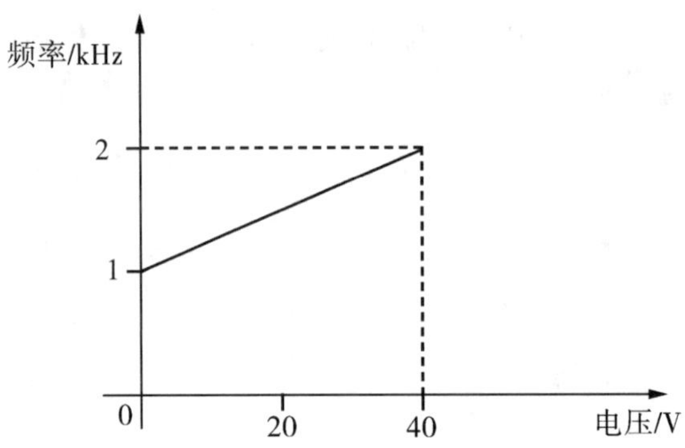


图 2-59　型号为 15AD10A0003 模块的电压与频率关系

表 2-63　型号为 15AD10A0003 的电压转频率模块技术参数

| 参数 | 设定值 |
| --- | --- |
| 正向电源电压 | 24（1 ± 10%）V DC |
| 反向电源电压 | –24（1 ± 10%）V DC |
| 无正向负载和正向传感器的电流 | 25 mA |
| 无反向负载和反向传感器的电流 | 5 mA |
| 输入端模拟量差分信号 | 0~40 V DC |
| 转换倍率 | 40 mV/Hz |
| 输出信号的频率（方波） | 1~2 kHz |
| 输出信号振幅 | 24（1 ± 20%）V DC |
| 最大输出电流 | 30 mA |
| 最大响应时间 | 2 ms |
| 最大测量误差（温度范围 0~60 ℃） | ± 0.5% |

### 3. 型号为 15AD10A0004 的电压转频率模块

（1）模块接线。型号为 15AD10A0004 的电压转频率模块可将传感器模块输出的 –5~+5 V DC 电压信号转换为与其成线性比例的频率信号，模块输出端频率信号最大振幅为 24 V DC，并可为传感器模块提供 15 V DC 的电压。转换模块的接线如图 2–60 所示。

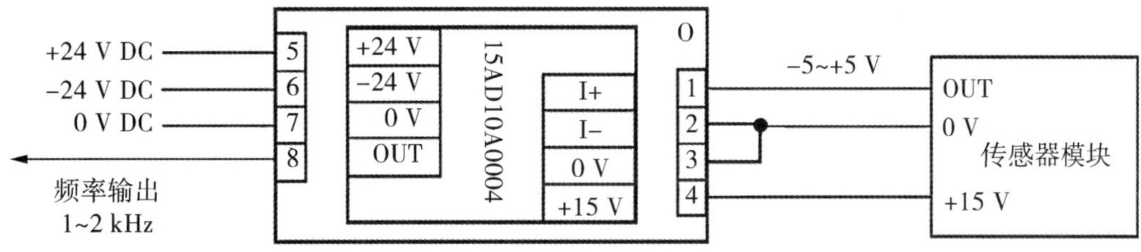


图 2-60 型号为 15AD10A0004 的电压转频率模块接线图

（2）电压与频率关系。电压（-5~+5 V DC）与频率的关系如图 2-61 所示。-5~ + 5 V DC 对应 1~2 kHz 的方波频率信号输出，转换倍率为 10 mV/Hz。

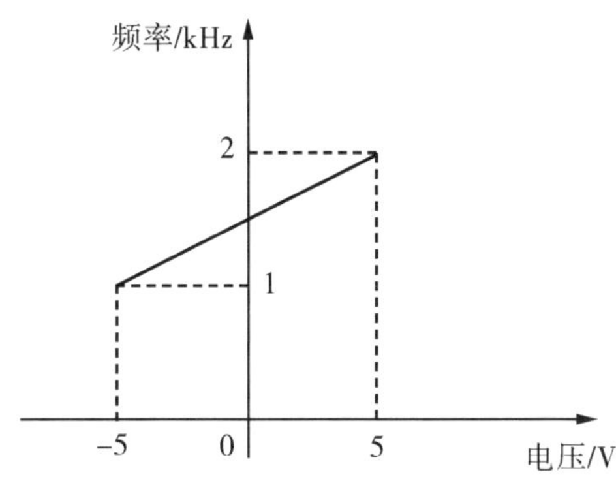


图 2-61 型号为 15AD10A0004 模块的电压与频率关系

（3）技术参数。型号为 15AD10A0004 的电压转频率模块技术参数如表 2-64 所示。

表 2-64 型号为 15AD10A0004 的电压转频率模块技术参数

| 参数 | 设定值 |
| --- | --- |
| 正向电源电压 | 24（1 ± 10%）V DC |
| 反向电源电压 | -24（1 ± 10%）V DC |
| 无正向负载和正向传感器的电流 | 25 mA |
| 无反向负载和反向传感器的电流 | 5 mA |
| 输入端模拟量差分信号 | -5~+5 V DC |
| 转换倍率 | 10 mV/Hz |
| 输出信号的频率（方波） | 1~2 kHz |
| 输出信号振幅 | 24（1 ± 20%）V DC |
| 最大输出电流 | 30 mA |
| 传感器电源电压 | 15 V DC |
| 传感器最大电流 | 20 mA |
| 最大响应时间 | 2 ms |
| 最大测量误差（温度范围 0~60 ℃） | ± 0.5% |

### 4. 型号为 15AD10A0020 的电压转频率模块

（1）模块接线。型号为 15AD10A0020 的电压转频率模块可将传感器模块输出的 0~10 V DC 电压信号转换为与其成线性比例的频率信号，模块输出端频率信号最大振幅为 24 V DC。该模块有 5 V DC 电源，可作为电位器工作电压，此时电位器输出 0~5 V DC 电压信号，也可不用模块提供的电源，在模块的输入端子 I+ 和 I– 上直接差分输入 0~10 V DC 电压信号。使用电位器作为输入的接线，如图 2–62 所示。

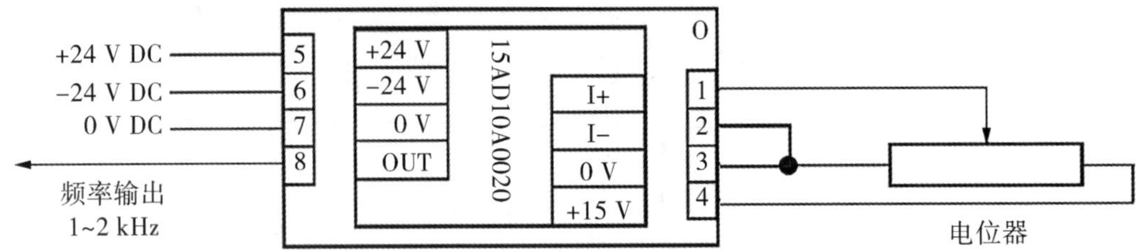


图 2–62　型号为 15AD10A0020 的电压转频率模块接线图

（2）电压与频率关系。电压（0~10 V DC）与频率的关系如图 2–63 所示。0~10 V DC 对应 1~2 kHz 的方波频率信号输出，转换倍率为 10 mV/Hz，其中阴影部分为直接接电位器输入实际能达到的电压和频率值。

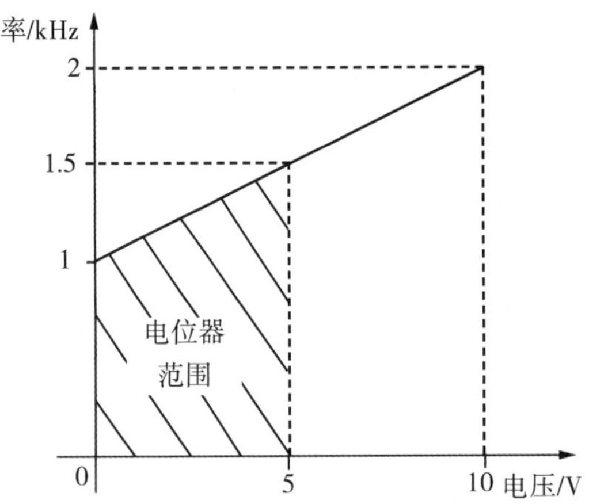


图 2–63　型号为 15AD10A0020 模块的电压与频率关系

（3）技术参数。型号为 15AD10A0020 的电压转频率模块技术参数如表 2–65 所示。

表 2–65　型号为 15AD10A0020 的电压转频率模块技术参数

| 参数 | 设定值 |
| --- | --- |
| 正向电源电压 | 24（1 ± 10%）V DC |
| 反向电源电压 | –24（1 ± 10%）V DC |
| 无正向负载和正向传感器的电流 | 25 mA |

续表

| 参数 | 设定值 |
|---|---|
| 无反向负载和反向传感器的电流 | 5 mA |
| 输入端模拟量差分信号 | 0~10 V DC |
| 转换倍率 | 10 mV/Hz |
| 输出信号的频率（方波） | 1~2 kHz |
| 输出信号振幅 | 24（1 ± 20%）V DC |
| 最大输出电流 | 30 mA |
| 传感器电源电压 | 5 V DC |
| 传感器最大电流 | 3 mA |
| 最大响应时间 | 2 ms |
| 最大测量误差（温度范围 0~60 ℃） | ± 0.5% |

## （二）电流转频率模块

### 1. 型号为 15AD10A0001 的电流转频率模块

（1）模块接线。型号为 15AD10A0001 的电流转频率模块可将传感器模块输出的 0~20 mA 电流信号转换为与其成线性比例的频率信号，模块输出端频率信号最大振幅为 24 V DC，输入电阻为 500 Ω，并可为传感器模块提供 15 V DC 的电压。转换模块的接线如图 2-64 所示。

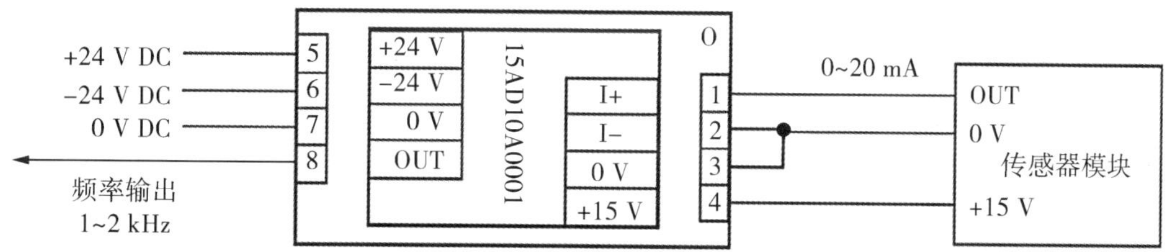


图 2-64 型号为 15AD10A0001 的电流转频率模块接线图

（2）电流与频率关系。电流信号（0~20 mA）与频率的关系如图 2-65 所示。0~20 mA 对应 1~2 kHz 范围的方波频率信号输出，转换倍率为 20 μA/Hz。

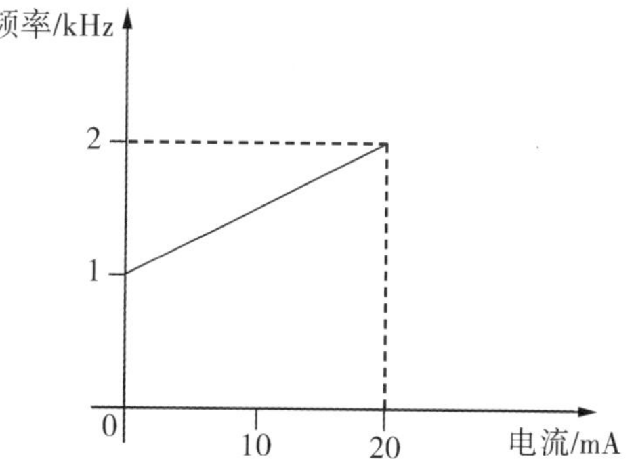


图 2-65 型号为 15AD10A0001 模块的电流与频率关系

（3）技术参数。型号为 15AD10A0001 的电流转频率模块技术参数如表 2-66 所示。

**表 2-66　型号为 15AD10A0001 的电流转频率模块技术参数**

| 参数 | 设定值 |
| --- | --- |
| 正向电源电压 | 24（1 ± 10%）V DC |
| 反向电源电压 | −24（1 ± 10%）V DC |
| 无正向负载和正向传感器的电流 | 25 mA |
| 无反向负载和反向传感器的电流 | 5 mA |
| 输入电阻 | 500 Ω |
| 输入端模拟量差分信号 | 0~20 mA |
| 转换倍率 | 20 μ A /Hz |
| 输出信号的频率（方波） | 1~2 kHz |
| 输出信号振幅 | 24（1 ± 20%）V DC |
| 最大输出电流 | 30 mA |
| 传感器电源电压 | 15 V DC |
| 传感器最大电流 | 20 mA |
| 最大响应时间 | 2 ms |
| 最大测量误差（温度范围 0~60 ℃） | ± 0.5% |

## 2. 型号为 15AD10A0002 的电流转频率模块

（1）模块接线。型号为 15AD10A0002 的电流转频率模块可将传感器模块输出的 4~20 mA 电流信号转换为与其成线性比例的频率信号，模块输出端频率信号最大振幅为 24 V DC，输入电阻为 250 Ω，并可为传感器模块提供 15 V DC 的电压。转换模块的接线如图 2-66 所示。

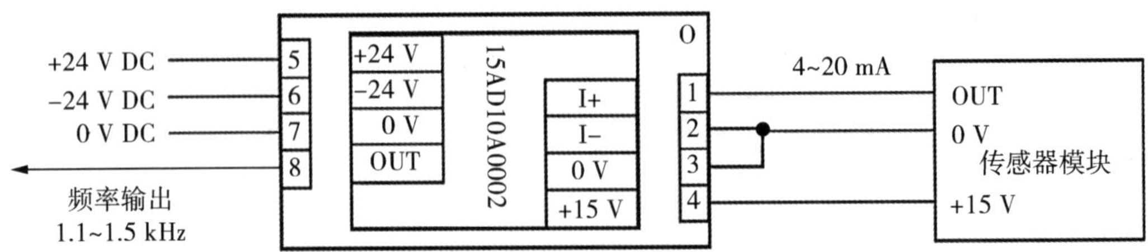


图 2-66　4~20 mA 电流转频率转换模块接线图

（2）电流与频率关系。电流信号（4~20 mA）与频率的关系如图 2-67 所示。4~20 mA 对应 1.1~1.5 kHz 的方波频率信号输出，转换倍率为 40 μA /Hz。

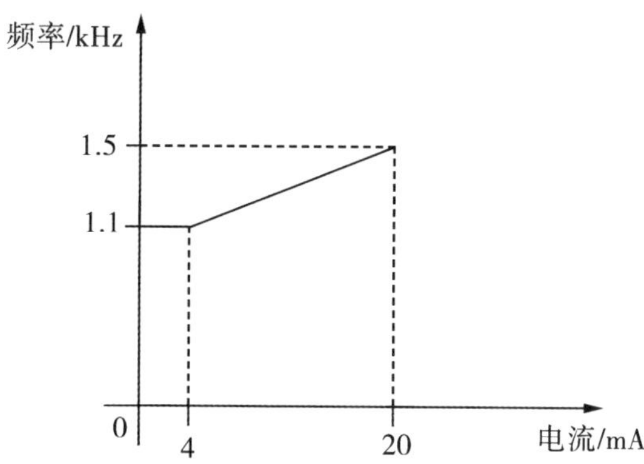


图 2-67　型号为 15AD10A0002 模块的电流与频率关系

（3）技术参数。型号为 15AD10A0002 的电流转频率模块技术参数如表 2-67 所示。

表 2-67　型号为 15AD10A0002 的电流转频率模块技术参数

| 参数 | 设定值 |
| --- | --- |
| 正向电源电压 | 正向电源电压 |
| 反向电源电压 | −24（1 ± 10%）V DC |
| 无正向负载和正向传感器的电流 | 25 mA |
| 无反向负载和反向传感器的电流 | 5 mA |
| 输入电阻 | 250 Ω |
| 输入端模拟量差分信号 | 4~20 mA |
| 转换倍率 | 40 μA /Hz |
| 输出信号的频率（方波） | 1.1~1.5 kHz |
| 输出信号振幅 | 24（1 ± 20%）V DC |
| 最大输出电流 | 30 mA |
| 传感器电源电压 | 15 V DC |
| 传感器最大电流 | 20 mA |
| 最大响应时间 | 2 ms |
| 最大测量误差（温度范围 0~60 ℃） | ± 0.5% |

（三）热电偶信号转频率模块

（1）模块接线。型号为 15AD10A0010 的热电偶热信号转频率模块可将热电偶检

测温度变化输出的热电势信号转换为频率信号，模块输出端频率信号最大振幅为 24 V DC。热电偶转换模块的接线如图 2-68 所示。

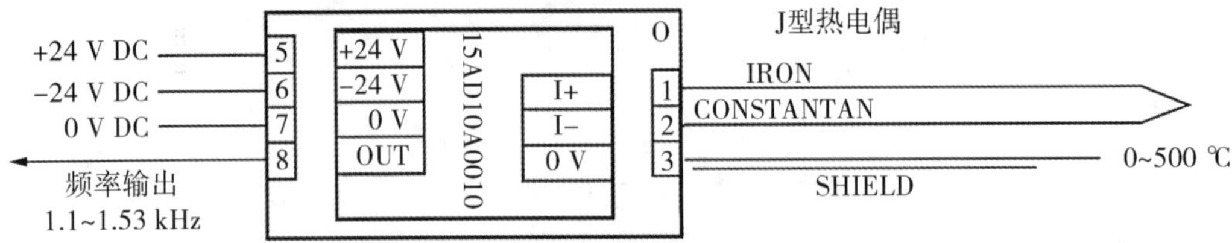


图 2-68　型号为 15AD10A0010 的热电偶信号转频率模块接线图

（2）热电偶模块温度与输出频率关系。热电偶模块将热电偶的电压信号转换为 1000~1530 Hz 范围方波频率信号，热电偶模块温度与频率的关系如图 2-69 所示。

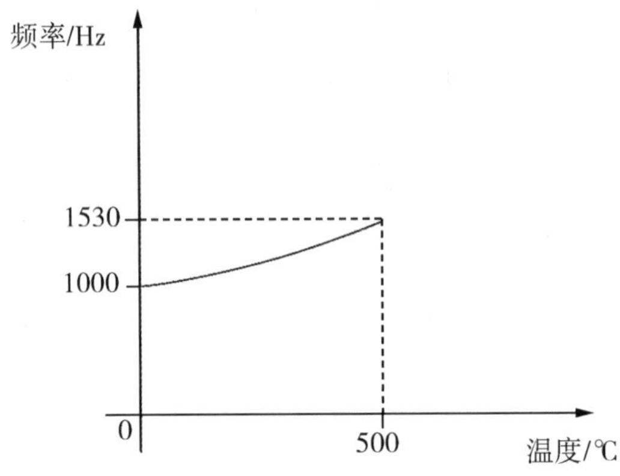


图 2-69　型号为 15AD10A0010 的热电偶模块温度与频率的关系

由于热电偶检测温度与输出的热电势信号并不是完全成线性比例关系，所以温度与频率的关系也不是完全成线性比例关系，而是接近线性关系，热电偶模块温度与频率的对应关系如表 2-68 所示。

表 2-68　热电偶模块温度与频率对应关系

| 温度 /℃ | 频率 /Hz | 温度 /℃ | 频率 /Hz | 温度 /℃ | 频率 /Hz |
|---|---|---|---|---|---|
| 0 | 1000 | 140 | 1145 | 340 | 1359 |
| 10 | 1010 | 160 | 1166 | 360 | 1380 |
| 20 | 1020 | 180 | 1187 | 380 | 1402 |
| 30 | 1030 | 200 | 1209 | 400 | 1423 |
| 40 | 1040 | 220 | 1230 | 420 | 1444 |
| 50 | 1050 | 240 | 1252 | 440 | 1466 |
| 60 | 1061 | 260 | 1273 | 460 | 1487 |
| 80 | 1081 | 280 | 1295 | 480 | 1508 |
| 100 | 1102 | 300 | 1316 | 500 | 1530 |
| 120 | 1123 | 320 | 1337 | | |

（3）技术参数。型号为 15AD10A0010 的热电偶信号转频率模块的技术参数见表 2-69。

表 2-69 热电偶信号转频率模块技术参数

| 参数 | 设定值 |
|---|---|
| 正向电源电压 | 正向电源电压 |
| 反向电源电压 | –24（1 ± 10%）V DC |
| 无正向负载和正向传感器的电流 | 25 mA |
| 无反向负载和反向传感器的电流 | 5 mA |
| 热电偶所能测量的温度范围 | 0~500 ℃ |
| 输出信号的频率（方波） | 1000~1530 Hz |
| 输出信号振幅 | 24（1 ± 20%）V DC |
| 最大输出电流 | 30 mA |
| 最大响应时间 | 2 ms |
| 热电偶增益误差 | ±1 ℃ |
| 最大测量误差（温度范围 0~60 ℃） | ± 0.5% |

## 二、频压转换模块

MICRO Ⅱ系统的模拟量板卡并不直接输出模拟量信号，而是输出与模拟量信号成比例的频率信号，因此需要用 GD 专用的频率转模拟量模块把模拟量板卡输出的频率信号转换为模拟量信号。频率转模拟量模块最常用的是频率转电压模块，俗称频压转换模块，频压转换模块包括普通频压转换模块、高速频压转换模块以及可带负载输出的频压转换模块。高速频压转换模块与普通频压转换模块的主要区别在于最大响应时间。

频压转换模块如图 2-70 所示，模块输入端频率信号最大振幅为 24 V DC，模块所需的工作电源为 ± 24 V DC。模块有一红色状态指示灯用于显示模块的工作状态，当输入频率信号不存在或断线时指示灯亮，表示模块故障，此时输出 D– 和 D+ 端子接通，输出电压接近 0 V DC。指示灯灭时表示模块工作正常，此时输出 D– 和 D+ 端子断开，输出电压根据频率值正常输出。

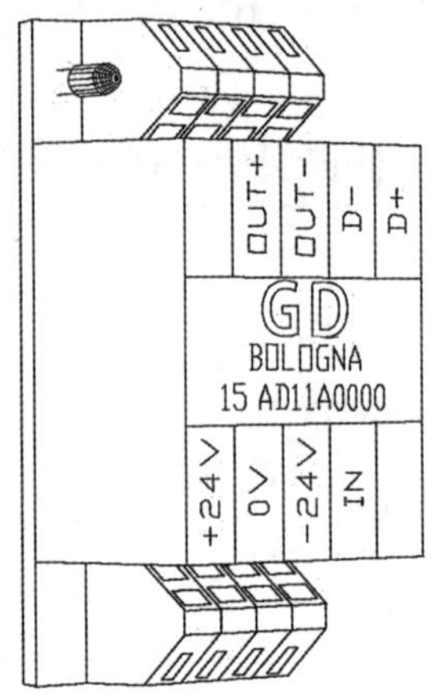


图 2-70　频压转换模块

## （一）型号为 15AD11A0000 的频压转换模块

### 1. 模块接线

型号为 15AD11A0000 的频压转换模块可将模拟量板卡输出的频率信号转换为与其成比例的电压信号（–10~10 V DC），最大响应时间为 30 ms，主要用于电机驱动器的信号输入。频压转换模块的接线如图 2-71 所示。

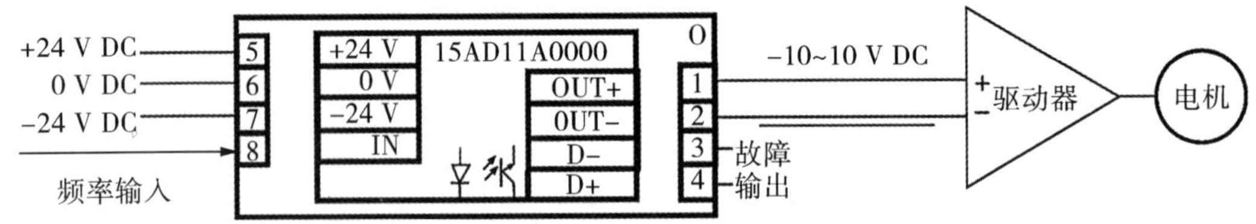


图 2-71　型号为 15AD11A0000 的频压转换模块接线图

### 2. 频率与电压关系

频率与电压的关系如图 2-72 所示。频压转换模块将 1~3 kHz 的方波频率信号转换为 –10~10 V DC 的电压信号，转换倍率为 10 mV/Hz。

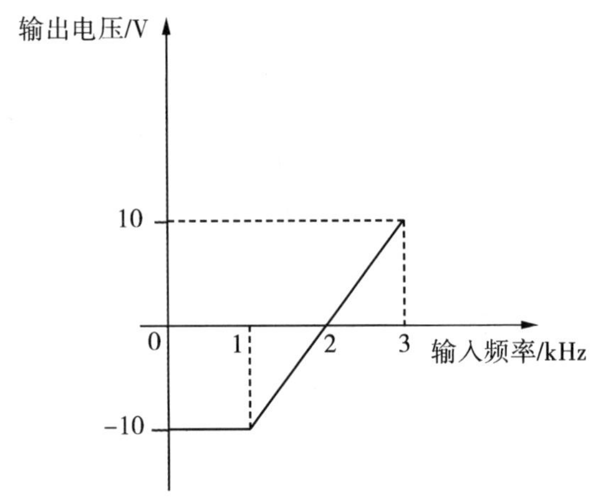


图 2-72　型号为 15AD11A0000 模块的频率与电压关系

### 3.技术参数

型号为 15AD11A0000 的频压转换模块技术参数如表 2–70 所示。

表 2–70 型号为 15AD11A0000 的频压转换模块技术参数

| 参数 | 设定值 |
|---|---|
| 正向电源电压 | 24（1 ± 10%）V DC |
| 反向电源电压 | –24（1 ± 10%）V DC |
| 无同向负载电流 | 25 mA |
| 无反向负载电流 | 20 mA |
| 输入信号频率（方波） | 1~3 kHz |
| 输入信号振幅 | 24（1 ± 20%）V DC |
| 转换倍率 | 10 mV/Hz |
| 输入电阻 | 1700 Ω |
| 模拟量输出信号 | –10~10 V DC |
| 最大输出电流 | 8 mA |
| 诊断点最大电流 | 30 mA |
| 最大响应时间 | 30 ms |
| 最大测量误差（温度范围 0~60 ℃） | ± 1% |

## （二）型号为 15AD12A0000 的高速频压转换模块

### 1. 模块接线

型号为 15AD12A0000 的高速频压转换模块可将模拟量板卡输出的频率信号转换为与其成比例的电压信号（–10~10 V DC），最大响应时间为 2 ms，主要用于对响应时间有要求的电机驱动器的信号输入。频压转换模块的接线如图 2–73 所示。

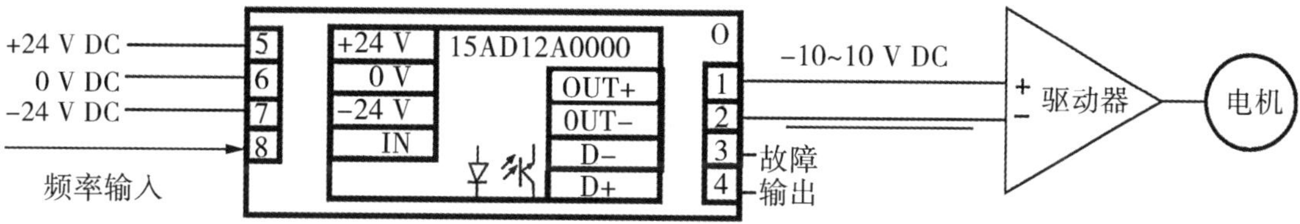


图 2–73 型号为 15AD12A0000 的高速频压转换模块接线图

### 2. 频率与电压关系

频率与电压的关系如图 2–74 所示。频压转换模块将 1~3 kHz 的方波频率信号转换为 –10~10 V DC 的电压信号，转换倍率为 10 mV/Hz。

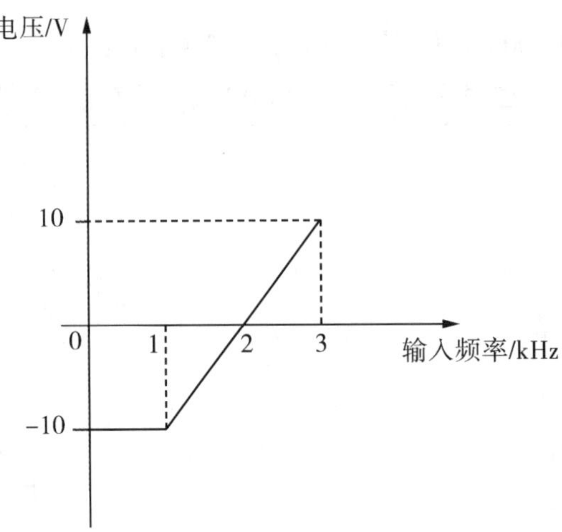


图 2-74　型号为 15AD12A0000 高速频压转换模块频率与电压的关系

### 3. 技术参数

型号为 15AD12A0000 的高速频压转换模块技术参数如表 2-71 所示。

表 2-71　型号为 15AD12A0000 的高速频压转换模块技术参数

| 参数 | 设定值 |
| --- | --- |
| 正向电源电压 | 24（1 ± 10%）V DC |
| 反向电源电压 | -24（1 ± 10%）V DC |
| 无同向负载电流 | 25 mA |
| 无反向负载电流 | 10 mA |
| 输入信号频率（方波） | 1~3 kHz |
| 输入信号振幅 | 24（1 ± 20%）V DC |
| 转换倍率 | 10 mV/Hz |
| 输入电阻 | 1700 Ω |
| 模拟量输出信号 | -10~10 V DC |
| 最大输出电流 | 8 mA |
| 诊断点最大电流 | 30 mA |
| 最大响应时间 | 2 ms |
| 最大测量误差（温度范围 0~60 ℃） | ± 0.5% |

## （三）型号为 15AD14A0000 的频压转换模块

### 1. 模块接线

型号为 15AD14A0000 的频压转换模块可将模拟量板卡输出的频率信号转换为与其成比例的电压信号（0~10 V DC），可带负载输出，最大响应时间为 30 ms。频压转换模块的接线如图 2–75 所示。

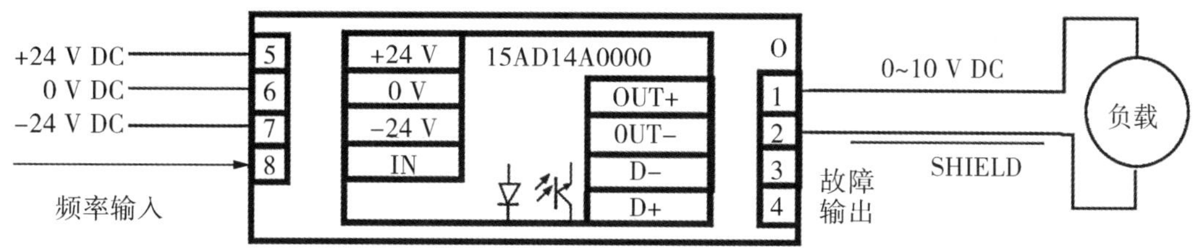


图 2–75　型号为 15AD14A0000 的高速频压转换模块接线图

### 2. 频率与电压关系

频率与电压的关系如图 2–76 所示。频压转换模块将 2~3 kHz 的方波频率信号转换为 0~10 V DC 的电压信号，转换倍率为 10 mV/Hz。

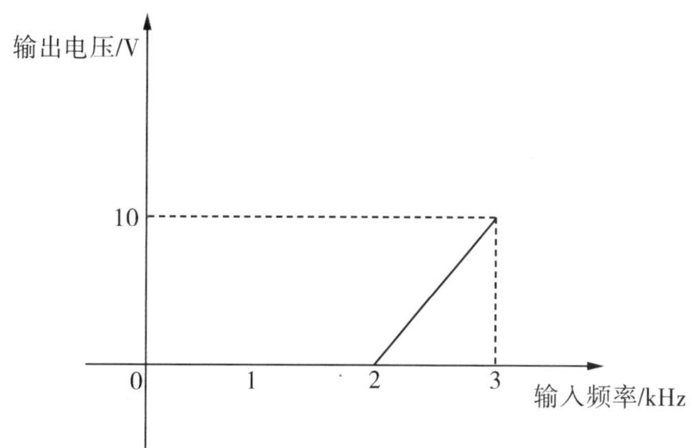


图 2–76　型号为 15AD14A0000 模块频率与电压的关系

### 3. 技术参数

型号为 15AD14A0000 的频压转换模块技术参数如表 2–72 所示。

表 2–72　型号为 15AD14A0000 的频压转换模块技术参数

| 参数 | 设定值 |
|---|---|
| 正向电源电压 | 24（1 ± 10%）V DC |
| 反向电源电压 | –24（1 ± 10%）V DC |
| 无同向负载电流 | 25 mA |

续表

| 参数 | 设定值 |
| --- | --- |
| 无反向负载电流 | 20 mA |
| 输入信号频率（方波） | 2~3 kHz |
| 输入信号振幅 | 24（1 ± 20%）V DC |
| 转换倍率 | 10 mV/Hz |
| 输入电阻 | 1700 Ω |
| 模拟量输出信号 | 0~10 V DC |
| 过载或短路的最小电阻 | 100 Ω |
| 诊断点最大电流 | 30 mA |
| 最大响应时间 | 30 ms |
| 最大测量误差（温度范围 0~60 ℃） | ± 1% |

## 三、固态继电器模块

G.D 公司提供的固态继电器模块主要有交流固态继电器模块和直流固态继电器模块。固态继电器模块内的控制电路与负载输出之间采用光耦隔离，具有使用寿命长，响应快、噪声小等优点，并具备负载开路、过载、短路保护和报警提示等功能。

### （一）交流固态继电器模块

交流固态继电器模块主要用于驱动交流负载，如加热器、交流电磁铁等。交流固态继电器模块根据负载电流的大小主要分为两种，一种是负载电流范围为 1.6~16 A 的模块（GD 代码为 2530301020），另一种是负载电流为 0.25~2.5 A 的模块（GD 代码为 2530301021），可通过电位器设定监测最大负载电流。使用交流固态继电器时需要根据负载功率进行选型，大功率模块用于小功率电路系统会引发模块报警，负载开路指示灯将亮起。

交流固态继电器模块如图 2-77 所示。交流负载端用于连接交流负载；4 个 LED 指示灯用于指示模块工作电源接通状态（POWER）、使能信号的状态（ENABLE）、过载状态（OVERLOAD）、开路状态（OPEN CIRCUIT）；EN+ 和 EN– 端子用于使能输入；工作电源端子用于给模块提供 24 V DC 电源；电位器用于设定最大负载电流的监测值。

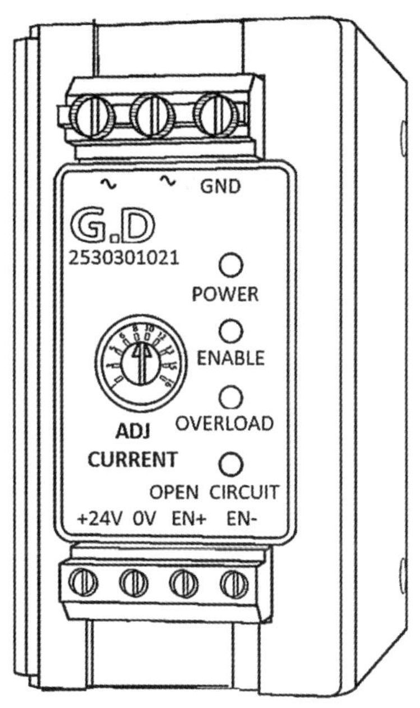


图 2-77 交流固态继电器模块

## 1. 状态显示

交流固态继电器模块 4 个 LED 指示灯的状态及含义如表 2-73 所示。

表 2-73 交流固态继电器模块指示灯状态及含义

| 指示灯 | 颜色 | 状态 | 含义 |
|---|---|---|---|
| POWER | 绿 | 亮 | 模块得电 |
| ENABLE | 绿 | 亮 | 模块使能 |
| | | 灭 | 模块被禁用或存在故障情况 |
| OVERLOAD | 红 | 亮 | 负载过载 |
| | | 灭 | 模块未处于过载状态 |
| OPEN CIRCUIT | 红 | 亮 | 负载开路 |
| | | 灭 | 负载未开路 |

## 2. 工作原理

交流固态继电器模块结构原理如图 2-78 所示。交流固态继电器模块主要包括模块供电电路、负载电源驱动电路和逻辑电路。负载电源驱动电路可驱动的交流电压范围为 20~240 V AC。逻辑电路主要包括控制电路（CONTROL CIRCUIT）、诊断电路（DIAGNOSTICS）和测量电路（MEASURE）。

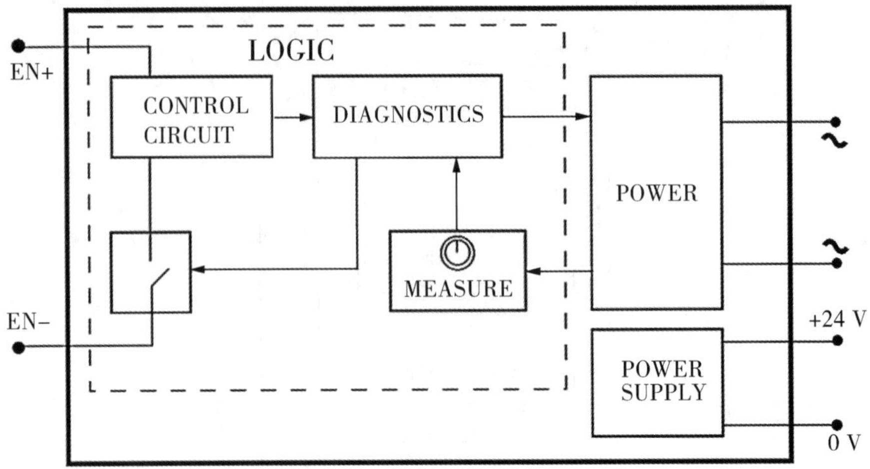


图 2-78　交流固态继电器模块结构原理图

负载电流通过测量电路的电流互感器进行测量并传送给诊断电路，诊断电路用于判断负载电流是否正常，当模块出现负载开路、负载电流大于电位器设定值、负载处于短路状态时将发出故障信号。当故障出现 1 s 之后，如果使能信号仍然处于使能状态，诊断电路会再次检测故障情况。如果检测到故障状态已消除，模块将自动恢复正常工作状态；如果故障还存在，模块会发出报警信号：负载电流大于电位器设定值时会产生过载报警（OVERLOAD 灯亮），负载开路时会产生开路报警（OPEN CIRCUIT 灯亮），并断开使能回路。数字量输出模块可通过自诊断检测到输出给使能的回路断线，从而获得模块故障信号。

### 3. 技术参数

交流固态继电器模块技术参数如表 2-74 所示。

表 2-74　交流固态继电器模块技术参数

| | 参数 | 设定值 |
|---|---|---|
| 输入特性 | 使能电压 | 24（1 ± 15%）V DC |
| | 工作电流 | 12~25 mA DC |
| 输出特性 | 输出电压 | 20~240 V AC |
| | 负载电流（模块代码为 2530301020） | 1.6~16 A |
| | 负载电流（模块代码为 2530301021） | 0.25~2.5 A |
| | 负载电压频率 | 25~65 Hz |
| | 隔离电压 | 4000 V AC |
| 电源 | 工作电压 | 24（1 ± 15%）V DC |
| | 工作电流 | 200 mA（最大） |

## 4. 模块接线

图 2–79 所示为交流固态继电器模块接线图，上端为连接负载的接线端子，下端为供电电源、使能和故障报警信号端子。

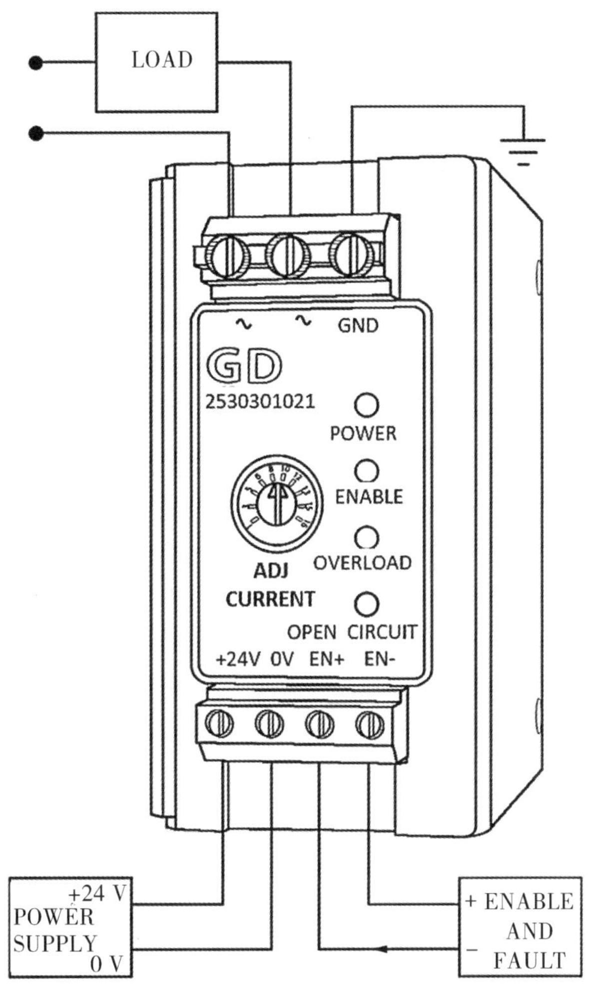


图 2–79　交流固态继电器模块接线图

## （二）直流固态继电器模块

直流固态继电器模块主要用于驱动直流负载，GD 专用直流固态继电器模块主要型号的代码为 2530301025，驱动的负载电源为 24 V DC，负载电流为 0.4~4 A。

直流固态继电器模块如图 2–80 所示。电源端子 +24 V DC 和 0 V DC 接入的电源作为模块工作电源的同时也作为负载的驱动电源。OUT+ 端子为负载输出端，3 个 LED 指示灯用于指示模块工作电源接通状态（POWER）、使能信号的状态（ENABLE）、故障状态（FAULT），EN+ 和 EN– 端子用于使能输入。

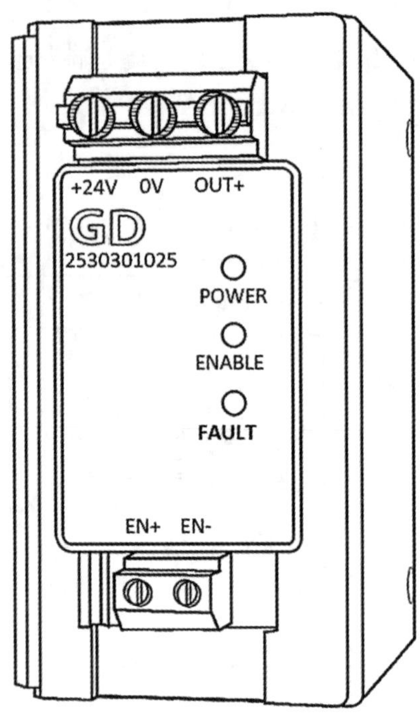


图 2-80 直流固态继电器模块

## 1. 状态显示

直流固态继电器模块 3 个 LED 指示灯的状态及含义如表 2-75 所示。

表 2-75 直流固态继电器模块指示灯状态及含义

| 指示灯 | 颜色 | 状态 | 含义 |
| --- | --- | --- | --- |
| POWER | 绿 | 亮 | 模块得电 |
| ENABLE | 绿 | 亮 | 模块使能 |
| | | 灭 | 模块被禁用或存在故障情况 |
| FAULT | 红 | 亮 | 负载过载或负载开路 |
| | | 灭 | 模块处于正常状态 |

## 2. 工作原理

直流固态继电器模块结构原理如图 2-81 所示。直流固态继电器模块主要包括模块供电电路、负载电源驱动电路和逻辑电路。负载电源和模块供电电源共用，负载电源通过 MOSFET 开关管进行控制，负载电流范围为 0.4~4 A，模块具有过电压保护装置。逻辑电路主要包括控制电路（CONTROL CIRCUIT）、诊断电路（DIAGNOSTICS）和测量电路（MEASURE）。

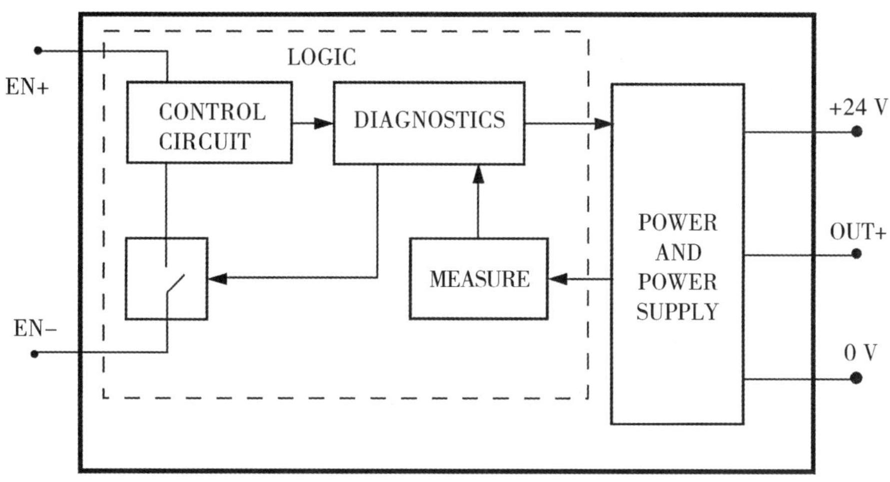


图 2-81　直流固态继电器模块结构原理图

使能端（EN+ 和 EN−）接收到使能信号后，直流固态继电器接通，当负载电流在 0.4~4 A 的范围时，模块正常工作，此时使能信号电流在 13~20 mA 之间；当模块处于负载开路、负载短路状态时，模块会产生故障报警信号，此时负载断开，并且模块逻辑电路内部断开使能电路，使能信号电流为 0 mA；故障产生 1 s 之后，如果外部使能信号仍然处于使能状态，模块逻辑电路会重新接通使能电路。如果此时负载电流在范围内，直流固态继电器模块自动复位，否则再次发出故障信号，此时故障指示灯 FAULT 会亮。

### 3. 技术参数

直流固态继电器模块技术参数如表 2-76 所示。

表 2-76　直流固态继电器模块技术参数

| | 参数 | 设定值 |
|---|---|---|
| 输入特性 | 使能电压 | 24（1 ± 15%）V DC |
| | 工作电流 | 12~25 mA DC |
| 输出特性 | 直流电压 | 24（1 ± 15%）V DC |
| | 负载电流 | 0.4~4 A |
| | 触发保护电流 | 5~6.5 A |
| | 隔离电压 | 1000 V AC |
| 电源 | 工作电压 | 24（1 ± 15%）V DC |
| | 工作电流 | 200 mA（最大值） |

4. 模块接线

图 2–82 所示为直流固态继电器模块接线图。与交流固态继电器模块接线图不同的是，其上端既连接到负载，也连接电源。下端为使能和报警回路。

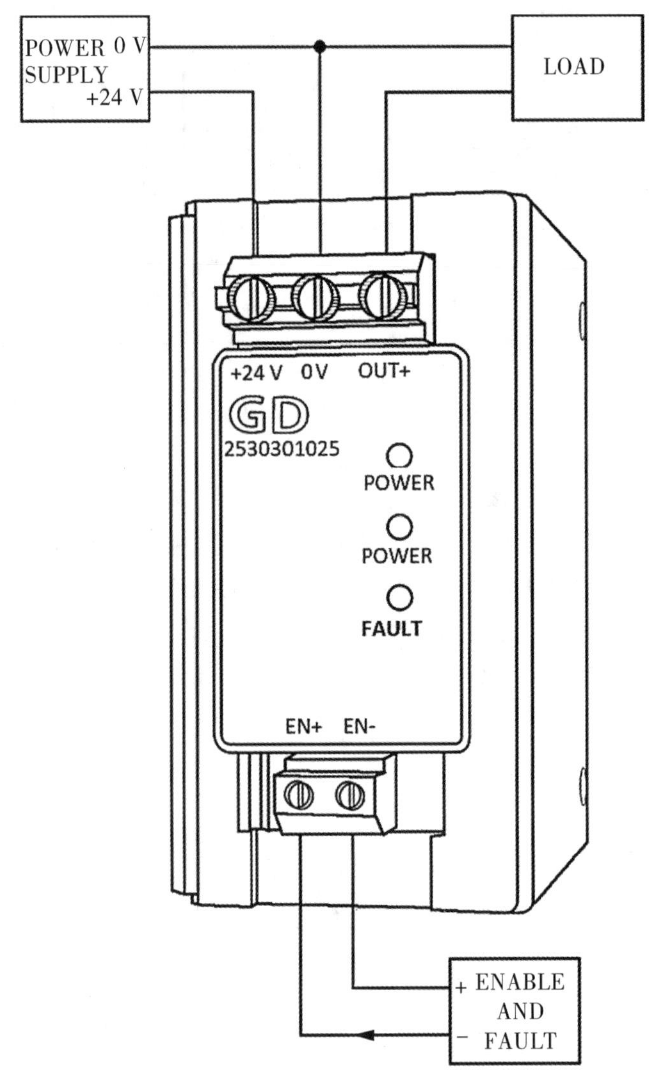


图 2–82　直流固态继电器模块接线图

由于直流固态继电器模块输出的是直流电压，当执行器为电感性负载时，为避免产生电磁干扰，在输出与负载之间一般要接入一个抑制电磁干扰的保护回路。根据负载执行器的执行速度，如果负载使用慢速感应执行器，建议使用由一个二极管组成的抑制电路，即将二极管反向偏置与负载并联，如果电流反向流过电路，电流将绕过负载流过二极管，从而保护电路中的负载不被反向电流损坏。其接线方式如图 2–83 所示。

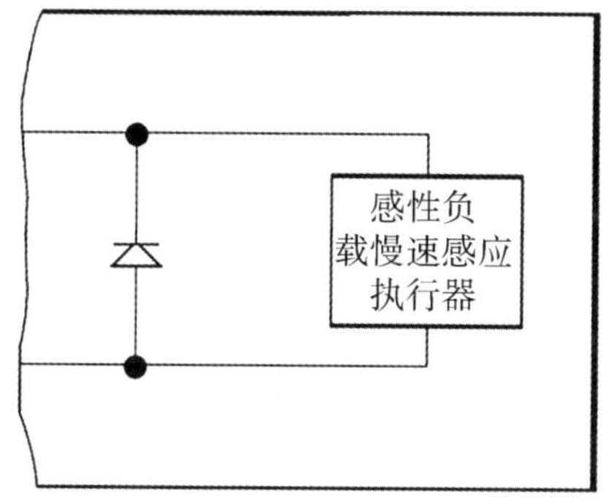


图 2-83　感性负载慢速感应执行器接线图

如果负载使用快速感应执行器，建议使用由一个二极管和一个齐纳二极管组成的抑制电路，齐纳二极管可以有效降低感性负载的反向电压，可以提高响应速度。其接线方式如图 2-84 所示。

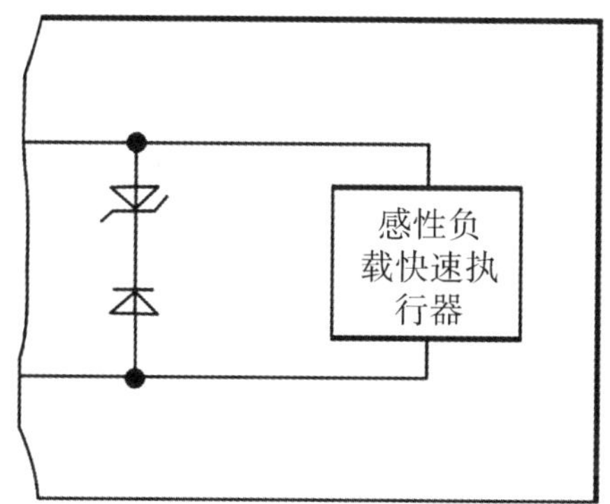


图 2-84　感性负载快速执行器接线图

## 四、驱动器模块

### （一）PMC 直流电机驱动器

#### 1. PMC 直流电机驱动器功能结构

PMC 直流电机驱动器用于驱动直流电机的运行。通过 GD 专用的整流模块为驱动器提供 120 V DC 的直流动力电源，可通过频率或电压输入的方式控制电机的运行速度。

PMC 直流电机驱动器的外形及接口板卡如图 2-85 所示。面板上的 6 个指示灯用于驱动器运行状态及诊断显示，5 个可调电位器用于调整相关设置，DB-9 接口用于信号测试；底端的接口与驱动器接口板卡的 J1 和 J2 对接，通过接口板卡的接线端子连接控制信号、电源及电机，其中 TB1 接线端子接控制信号、TB2 接线端子接电机及电机速度信号反馈，M1 及 M2 接线端子接 120 V DC 的直流动力电源。

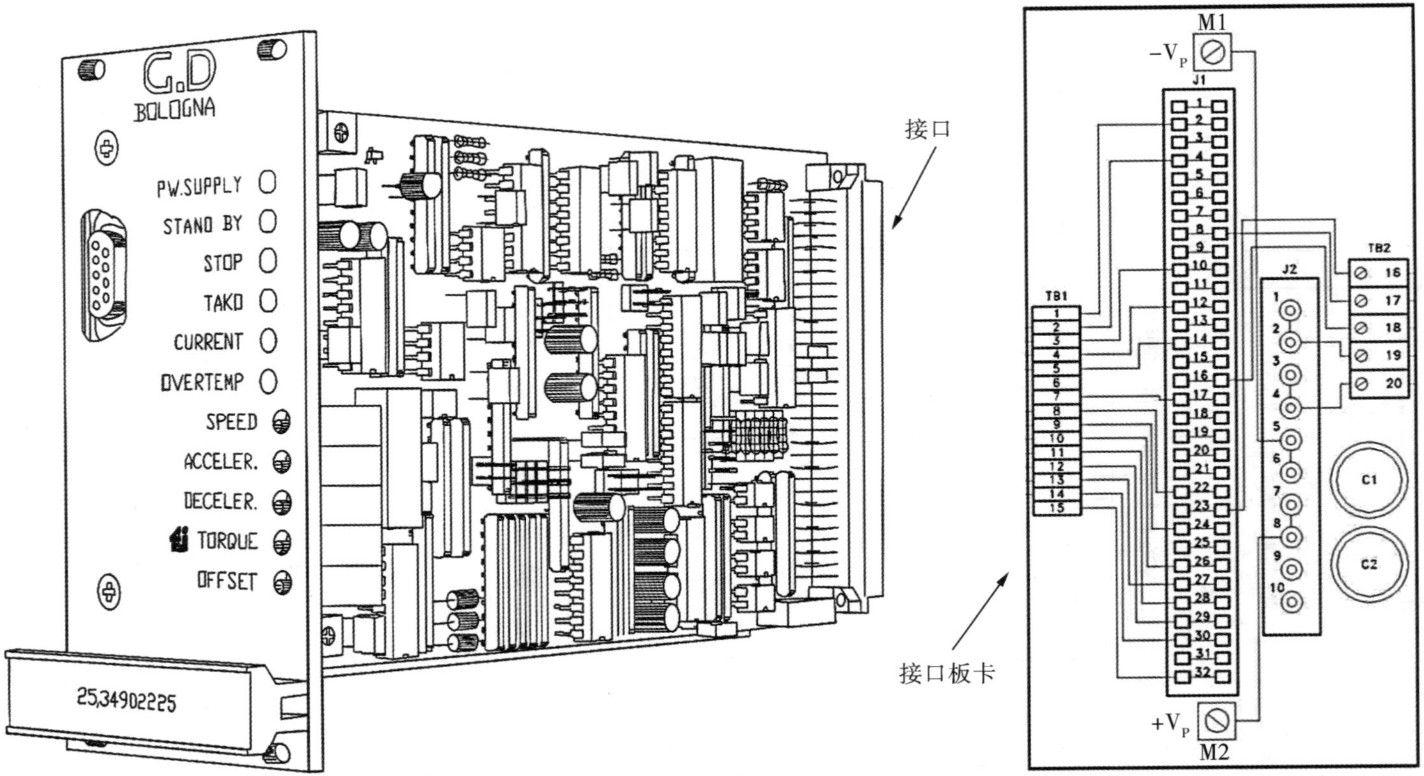

图 2-85　PMC 直流电机驱动器外形及接口板卡示意图

## 2. PMC 直流电机驱动器工作原理

PMC直流电机驱动器原理框图如图 2-86 所示。当驱动器正常供电并且没有故障时驱动器会输出一个驱动器准备好的信号（DROK），当使能驱动器信号（STBY）有效且没有停机信号（STOP）时，驱动器根据输入频率或电压的参考速度值（REF）改变输出电压来控制直流电机的转速。

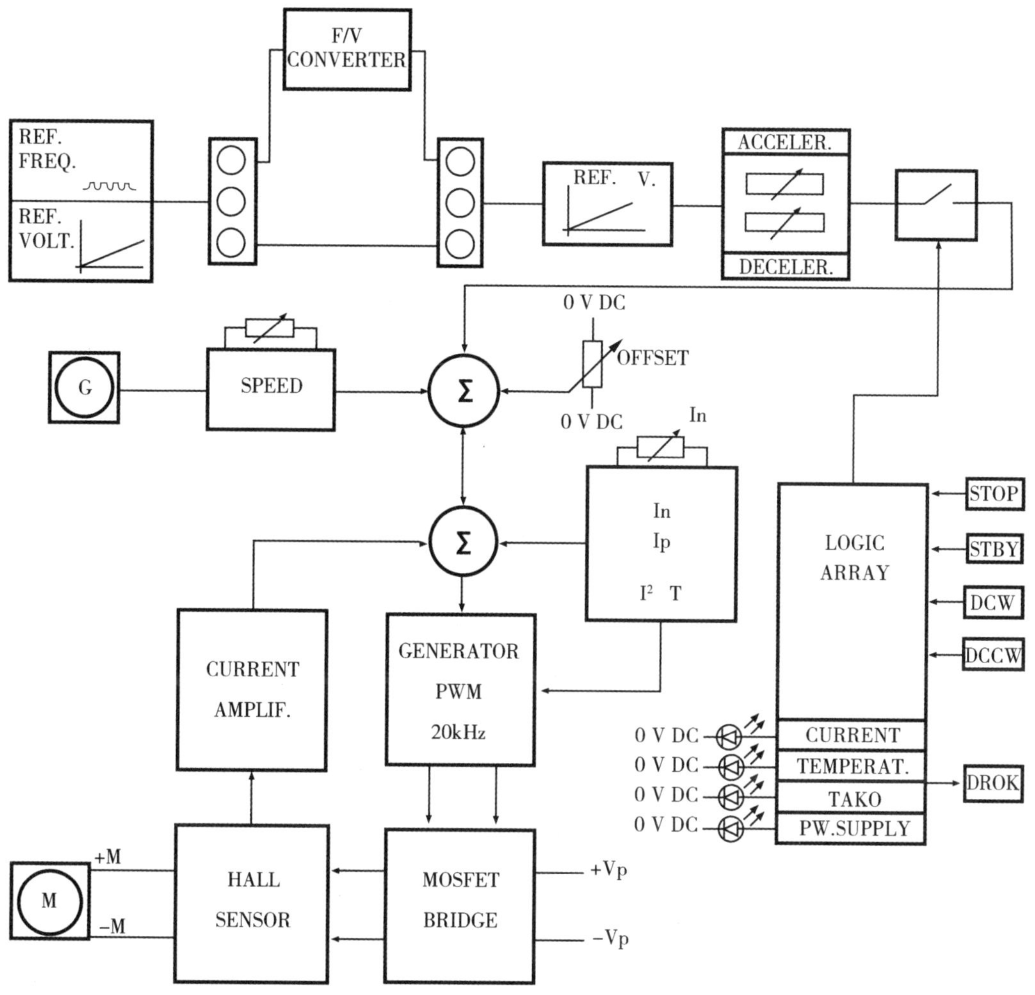


图 2-86 PMC 直流电机驱动器原理框图

图 2-87 所示为 PMC 直流电机驱动器与电机及控制信号的连接图。频率作为速度给定参考值，TB2 接线端子的 16、17、18 脚分别接测速反馈的负极、正极、屏蔽线，19 和 20 脚经滤波器后接电机的负极和正极。注意，不能接错，否则可能引起驱动器报电机故障。

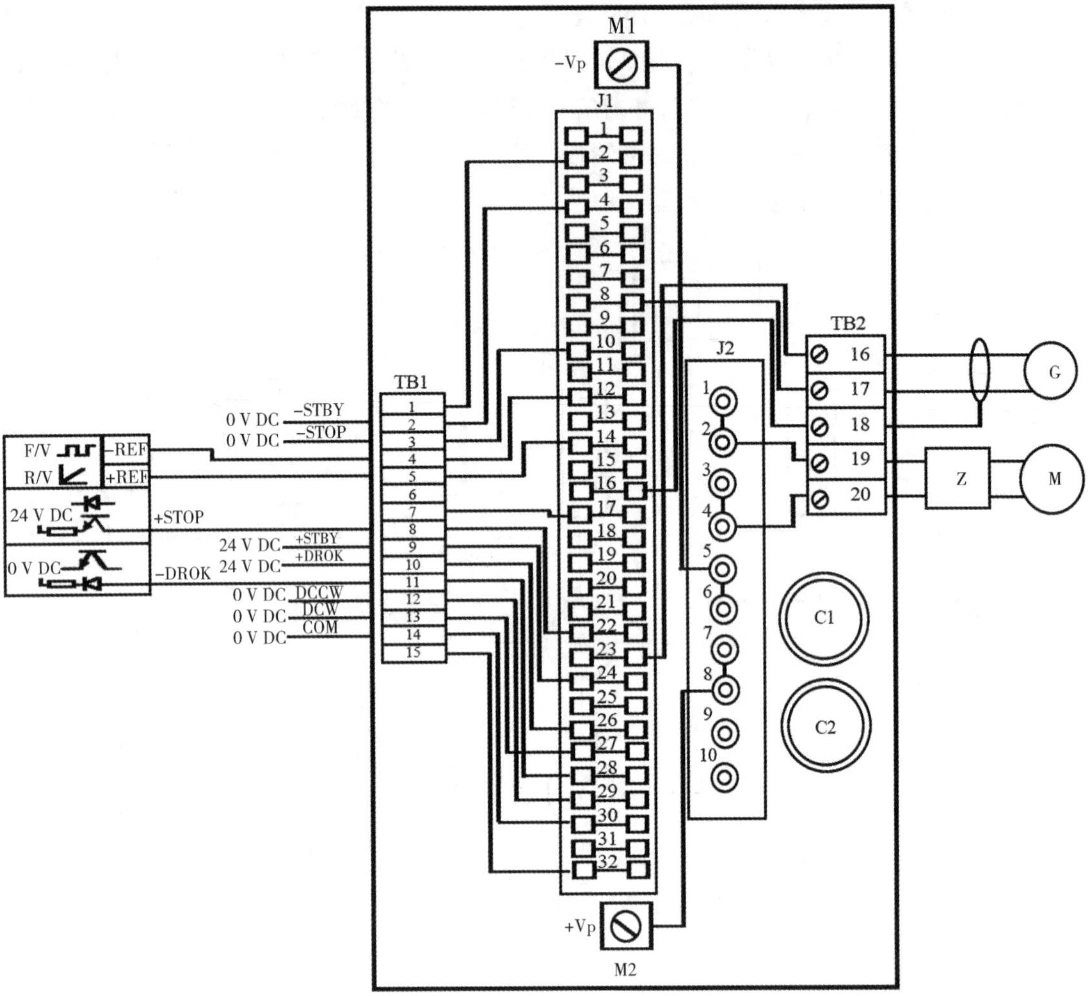

图 2-87　PMC 直流电机驱动器与电机及控制信号的连接图

PMC 直流电机驱动器的速度参考值可以是频率或电压，频率与电压的转换关系如图 2-88 所示，2 kHz 的参考对应于 0 V DC 电压，3 kHz 对应 +10 V DC，1 kHz 对应 −10 V DC。

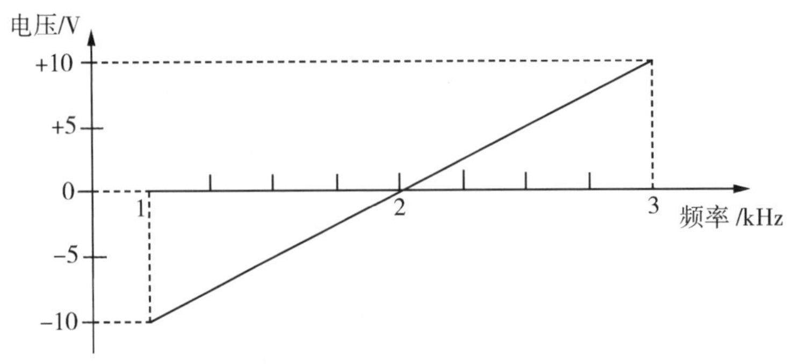


图 2-88　频率与电压的转换关系

输入频率与电机转速的关系如图 2-89 所示。

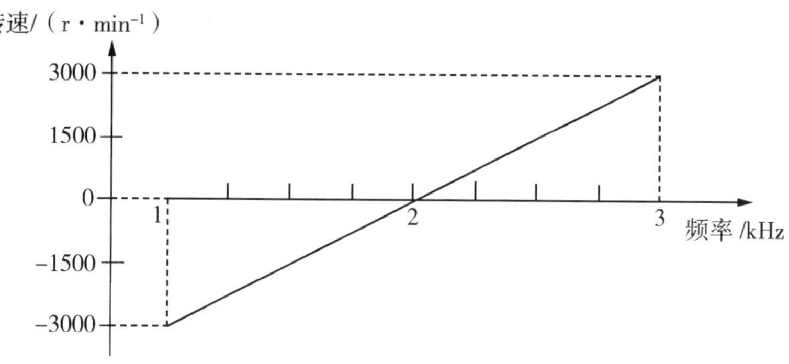


图 2-89　输入频率与电机转速的关系

输入电压与电机转速的关系如图 2-90 所示。

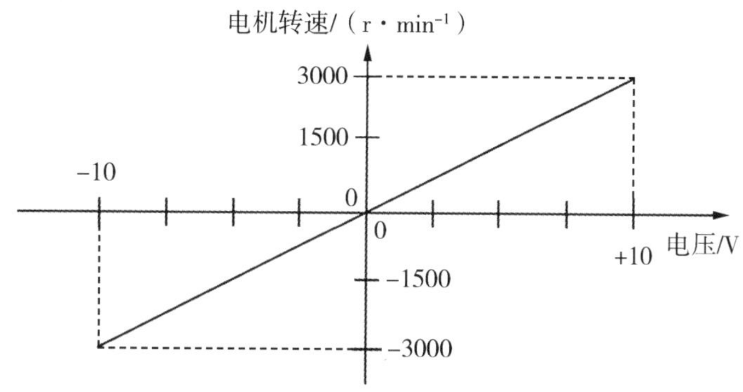


图 2-90　输入电压与电机转速的关系

### 3. PMC 直流电机驱动器前面板显示与调节方法

PMC 直流电机驱动器前面板上的指示灯、电位器旋钮以及信号测试口的引脚顺序如图 2-91 所示。

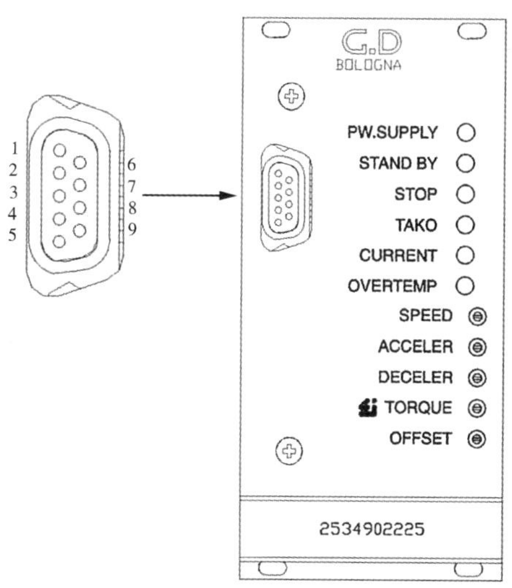


图 2-91　PMC 直流电机驱动器前面板

PMC 直流电机驱动器前面板指示灯的状态及含义如表 2–77 所示。

表 2–77　PMC直流电机驱动器前面板指示灯状态及含义

| 指示灯 | 颜色 | 状态 | 含义 |
|---|---|---|---|
| PW.SUPPLY | 绿 | 亮 | 有电源电压 |
| | | 灭 | 无电源电压 |
| STAND BY | 绿 | 亮 | 驱动器有使能信号 |
| | | 灭 | 驱动器无使能信号 |
| STOP | 黄 | 灭 | 电机运行 |
| | | 亮 | 电机停止 |
| TAKO | 红 | 灭 | 正常状态 |
| | | 亮 | 电机未转或测速反馈故障 |
| CURRENT | 红 | 灭 | 正常状态 |
| | | 亮 | 输出短路或驱动内部过流 |
| OVERTEMP | 红 | 灭 | 正常状态 |
| | | 亮 | 驱动器内部过热 |

PMC 直流电机驱动器前面板有 5 个可以调整的电位器旋钮，顺时针方向调整值变大。其中 ACCELER 用于设定加速度，主要影响电机的加速时间。DECELER 用于设定减速度，主要影响电机的减速时间。TORQUE 用于调整电机额定电流，电流的大小将会影响转矩的大小。OFFSET 用于微调电机零速漂移，当停止灯（STOP）亮时，电机抖动或转动时，应调节此电位器，方法是通过精密电压表测量信号测试接口的 5 脚和 6 脚，调整 OFFSET 电位器旋钮使其电压为 0 V DC。

## （二）步进电机驱动器模块

### 1. 步进电机驱动器功能结构

步进电机驱动器用于驱动步进电机的运行。步进电机的驱动控制结构如图 2–92 所示，整流电源模块为驱动器提供直流母线电源，通过专用的步进电机控制板卡控制步进电机驱动器驱动电机运行。

步进电机驱动器的外形及接口板卡如图 2–93 所示。面板上的 13 个指示灯用于驱动器运行状态及诊断显示，底端的接口与驱动器接口板卡对接，通过接口板卡的接线端子连接控制信号、电源以及电机，其中 IN- 和 IN+ 接线端子接控制信号，ABCD 接线端子与电机对接，V+ 及 V- 接线端子接 48~90 V DC 动力电源。

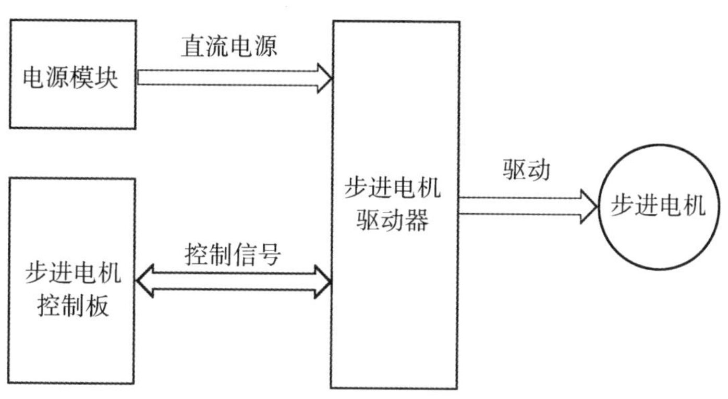


图 2-92 步进电机驱动控制结构

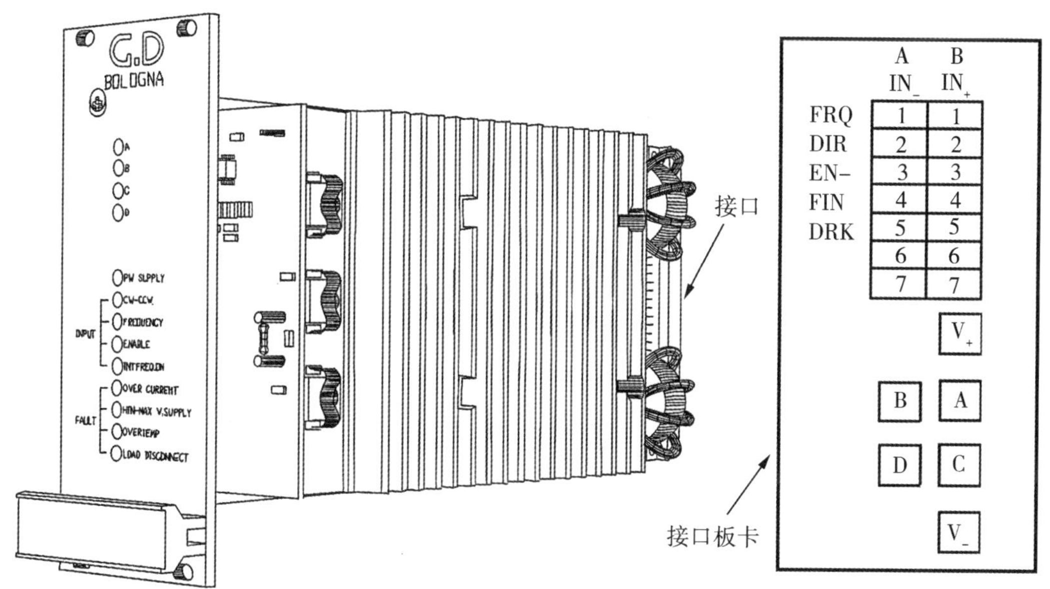


图 2-93 步进电机驱动器外形及接口板卡示意图

## 2. 步进电机驱动器工作原理

驱动器可分为三部分，分别为逻辑电路（LOGIC）、电源电路（POWER）和诊断电路（DIAGNOSTICS），如图 2-94 所示。逻辑电路接收并输出电机控制信号，电源电路传送并放大逻辑电路的输出信号至电机。诊断电路与逻辑电路相连，可判断输出电流值是否在范围内，超出范围则驱动器进入报警状态。

驱动器驱动模式有半步驱动、半步大电流驱动、四拍驱动、八拍驱动 4 种模式。步进电机旋转一周为 360°，脉冲个数为 200 个，故在半步驱动下旋转一周为 400 个脉冲，四拍驱动下旋转一周为 800 个脉冲，八拍驱动下旋转一周为 1600 个脉冲。故在半步驱动模式下，一个脉冲对应电机旋转 0.9°，四拍模式下一个脉冲对应电机旋转

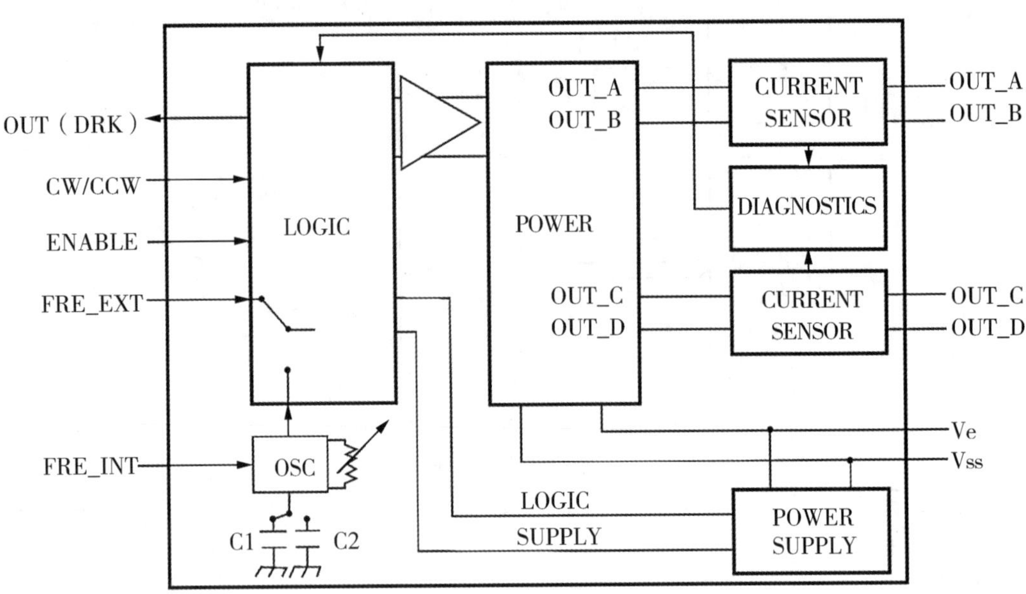


图 2-94　步进电机驱动器原理框图

0.45°，八拍驱动模式下，一个脉冲对应电机旋转 0.225° 。更高的脉冲将使电机拥有更好的运动精度。如表 2-78 所示，可以通过拨码开关 DIP-SWITCH 7 和 DIP-SWITCH 8 选择电机的驱动模式（主板靠近 EPROM 的位置）。

表 2-78　拨码开关设置关联表

| DIP-SWITCH 7 | DIP-SWITCH 8 | 驱动模式 |
|---|---|---|
| 0 | 0 | 半步驱动 |
| 1 | 0 | 半步大电流驱动 |
| 0 | 1 | 四拍驱动 |
| 1 | 1 | 八拍驱动 |

在半步驱动模式下，电机的两对绕组（A、B 和 C、D）并不总是同时得电的，当电流仅通过单一绕组，对比在两对绕组都通电的情况，电机将损失部分力矩。半步大电流驱动可以减少损失的力矩，原理是当一对绕组未得电时，通过增加通电绕组电流的方式来增加力矩。半步驱动不适用于谐波信号较多的情况，由于此时电机负载较高，电机在启动或停止时可能产生振动问题。该现象多出现于频率 100~600 Hz。使用四拍或八拍驱动可有效减少该现象的产生。若启动或停止时电机频率在 600 Hz 以上，半步驱动将不会产生振动问题。

步进电机运动的速度取决于驱动器的频率。驱动器的频率可以来自外部，也可以通过内部的频率生成器生成。当采用内部频率时，如图 2–94 所示，FRE_INT 输入将启用，FRE_EXT 禁用。若采用外部频率，则 FRE_EXT 将启用。

如图 2–95 所示，可通过 W3 跳线配置高频率或低频率模式。短接 W3 跳线的 FI 和 L 可选择低频率 25~400 Hz，短接 W3 跳线的 FI 和 H 可选择高频率 370~5100 Hz。在确定以高频率或低频率运行后，可以通过调节旋钮 RP1 选择合适的频率。

W1 跳线可配置频率来源模式，即选用内部频率或外部频率。短接 FE 和 EXT 为选择外部频率，短接 FE 和 INT 为选择内部频率。若采用外部频率，脉冲的频率必须大于 20 kHz。

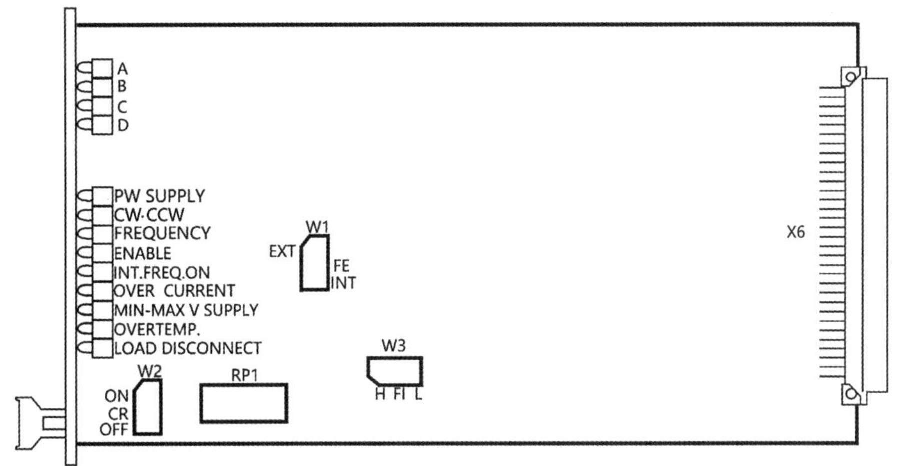


图 2–95 步进电机驱动器跳线示意图

图 2–96 所示为步进电机驱动器与电机及控制信号的连接示意图。

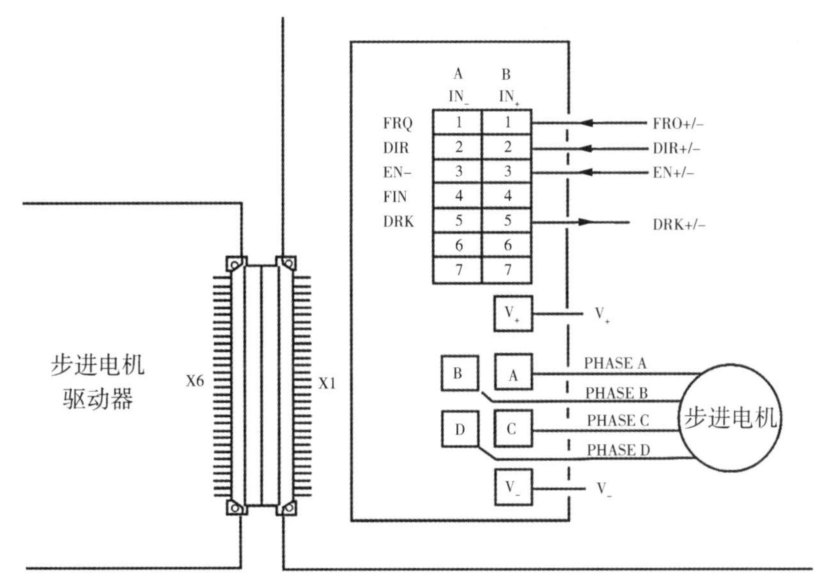


图 2–96 步进电机驱动器与电机及控制信号的连接示意图

### 3. 步进电机驱动器面板状态指示灯

步进电机驱动器面板状态指示灯及其含义如表 2-79 所示。主要有相位指示灯 A、B、C、D，电源指示灯（PW.SUPPLY），输入指示灯（INPUT），故障指示灯（FAULT）四种类型。

表 2-79　步进电机驱动器面板指示灯状态及含义

| 指示灯 | 颜色 | 状态 | 含义 |
|---|---|---|---|
| A | 绿 | 亮 | 该相位激活 |
| B | | | |
| C | | 灭 | 该相位未激活 |
| D | | | |
| PW.SUPPLY | 黄 | 亮 | 有电源电压 |
| | | 灭 | 无电源电压 |
| INPUT CW-CCW | 黄 | 亮 | 电机正转 |
| | | 灭 | 电机反转 |
| INPUT FREQUENCY | 黄 | 亮 | 电机已接收到外部频率信号 |
| | | 灭 | 电机未接收到外部频率信号（1 s 未接收到，指示灯熄灭） |
| INPUT ENABLE | 黄 | 亮 | 驱动器使能 |
| | | 灭 | 驱动器未使能 |
| INPUT INT. FREQ.ON | 黄 | 亮 | 内部频率发生器启用 |
| | | 灭 | 内部频率发生器未启用 |
| FAULT OVER CURRENT | 红 | 灭 | 正常状态 |
| | | 亮 | 电流过载 |
| FAULT MIN MAX V SUPPLY | 红 | 灭 | 正常状态 |
| | | 亮 | 电压超出预设范围 |
| FAULT OVER TEMP | 红 | 灭 | 正常状态 |
| | | 亮 | 电源超出最高温度 |
| FAULT LOAD DISCONNECT | 红 | 灭 | 正常状态 |
| | | 亮 | 负载或线圈断路 |

## （三）伺服驱动器模块

### 1. 无刷电机驱动器功能结构

无刷电机驱动器用于驱动无刷电机（伺服电机）的运行。无刷电机的驱动控制结构如图 2–97 所示，整流电源模块为驱动器提供直流母线电源，通过专用的无刷电机运动控制板卡控制无刷电机驱动器驱动电机运行。驱动器的速度参考值可通过频率、电压或电流的方式给定。一般 G.D 公司会根据用户型号在出厂时已经固化速度给定方式，用户无须进行配置。

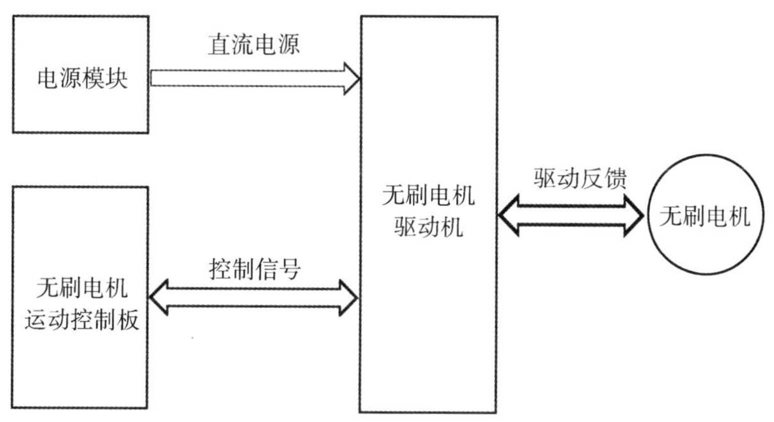


图 2–97 无刷电机驱动控制结构图

无刷电机驱动器的外形如图 2–98 所示。面板上的 10 个指示灯用于驱动器运行状

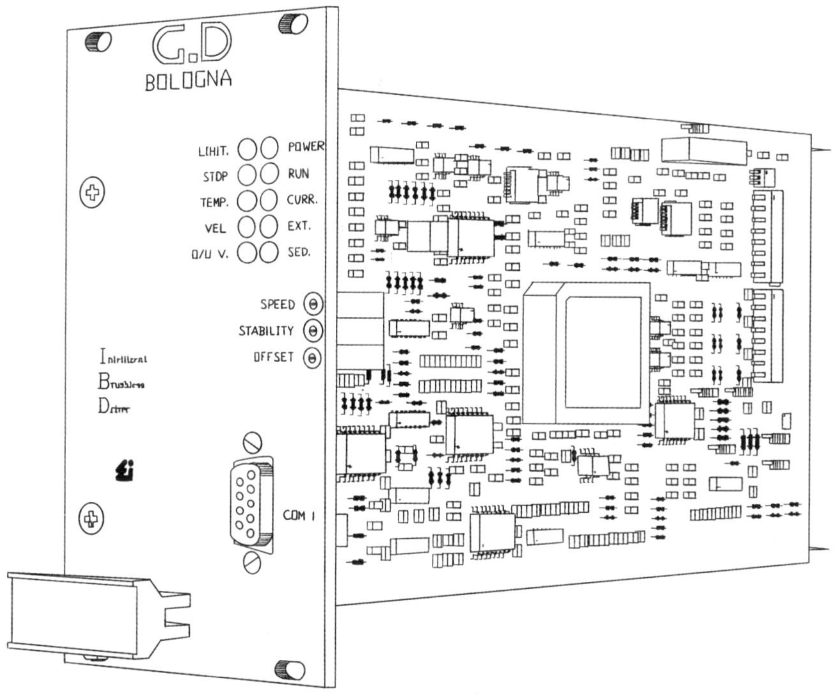


图 2–98 直流无刷电机驱动器外形图

态及诊断显示，3 个可调电位器用于调整相关设置，DB-9 接口用于信号测试；底端的接口与驱动器接口板卡对接，通过驱动器接口板卡的接线端子与控制信号、电机以及直流动力母线电源连接。

无刷电机驱动器有两种不同的规格尺寸，主要区别在于驱动器的厚度不一样，分别为 12 TE 和 8 TE 规格（1 TE=5.08 mm），不同规格尺寸对应的接口板卡的接线方式也略有不同，图 2-99 为两种不同规格的驱动器对应的接口板卡接线端子示意图。

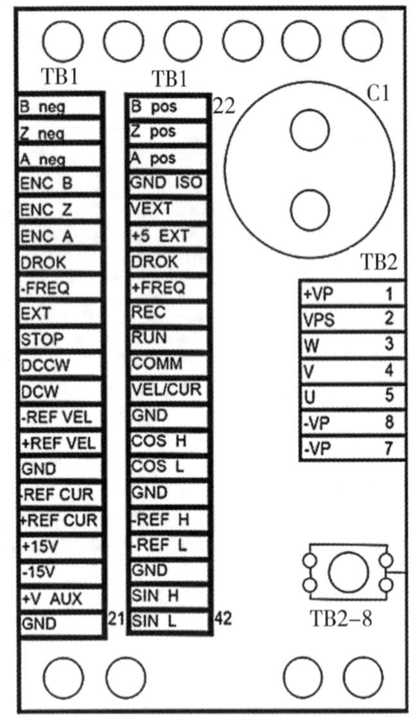


12 TE规格的接口板卡

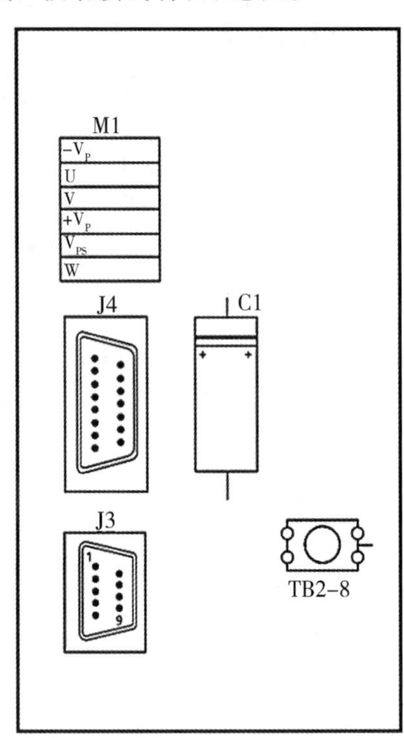


8 TE规格的接口板卡

**图 2-99　不同规格的接口板卡示意图**

12 TE 规格的接口板卡 TB1 接线端子用于控制信号、编码器信号、工作电源的连接，TB2 接线端子用于直流动力母线电源及电机 U/V/W 三相的连接。8 TE 规格的接口板卡 J4 为 15 针的 DB-15 型接口，用于控制信号、工作电源的连接，J3 为 9 针的 DB-9 型接口，用于电机编码器信号的连接，M1 接线端子用于直流动力母线电源及电机 U/V/W 三相的连接。因不同规格的驱动器其功能与应用方法基本一样，这里以 12TE 规格的驱动器及其接口板卡为主进行介绍。

### 2. 直流无刷电机驱动器工作原理

图 2-100 所示为直流无刷电机驱动器原理框图。当驱动器正常供电并且没有故障时驱动器会输出一个驱动器准备好的信号（DROK），驱动器使能运行时，驱动器根据输入参考速度值和编码器反馈值产生脉宽调制信号（PWM）驱动 MOSFET 管的导通

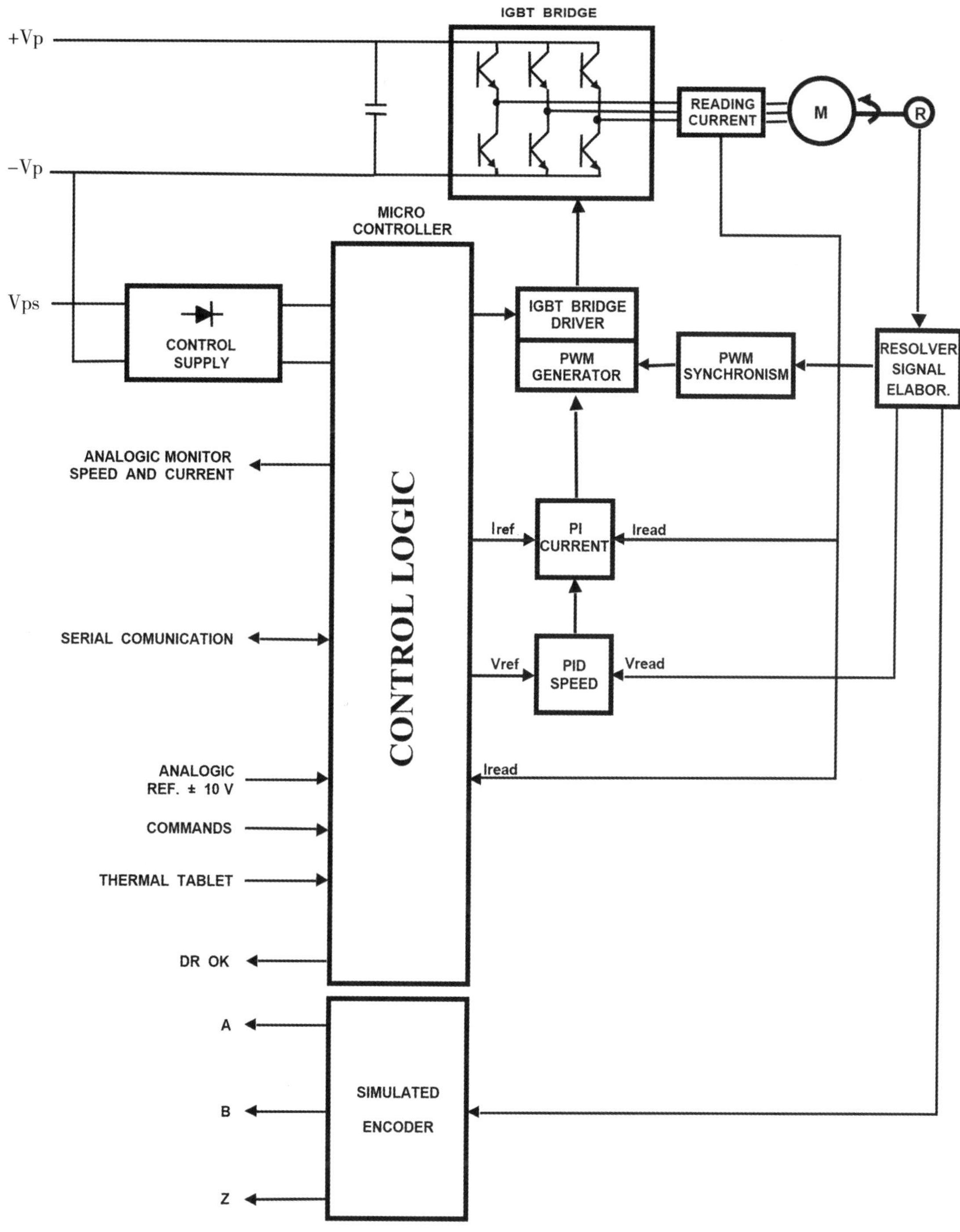


图 2-100 直流无刷电机驱动器原理框图

和关断来调节电机速度，并通过编码器转换电路把电机自带的增量型编码器信号转为ABZ 相编码器信号输出。

当以频率为输入信号时，端子 +REF FREQ 和 -REF FREQ 接收频率信号。频率信号断开，驱动器立即进入预设的停止状态。频率与电机速度的关系如图 2-101 所示。在 2 kHz 时，电机处于等待状态（即速度为 0），3 kHz 处于正转的最高速度，1 kHz 处于反转的最高速度，电机旋转的方向可以由程序设定。若所接收到的频率超出了预设的范围，驱动器将进入停止状态。

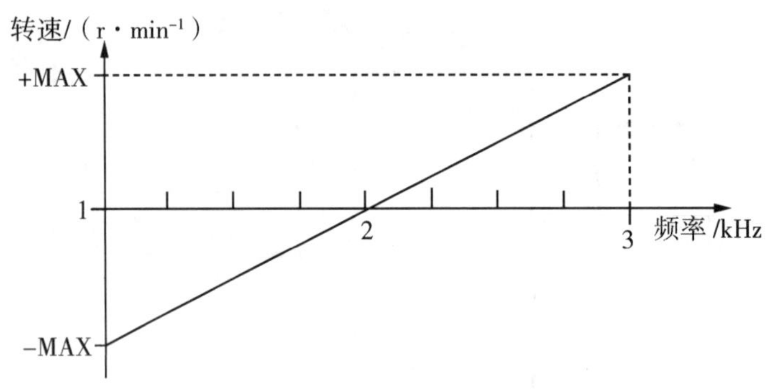


图 2-101　频率参考值与电机转速的关系

### 3. 驱动器的接线

无刷电机驱动器与电机及控制信号的连接如图 2-102 所示。

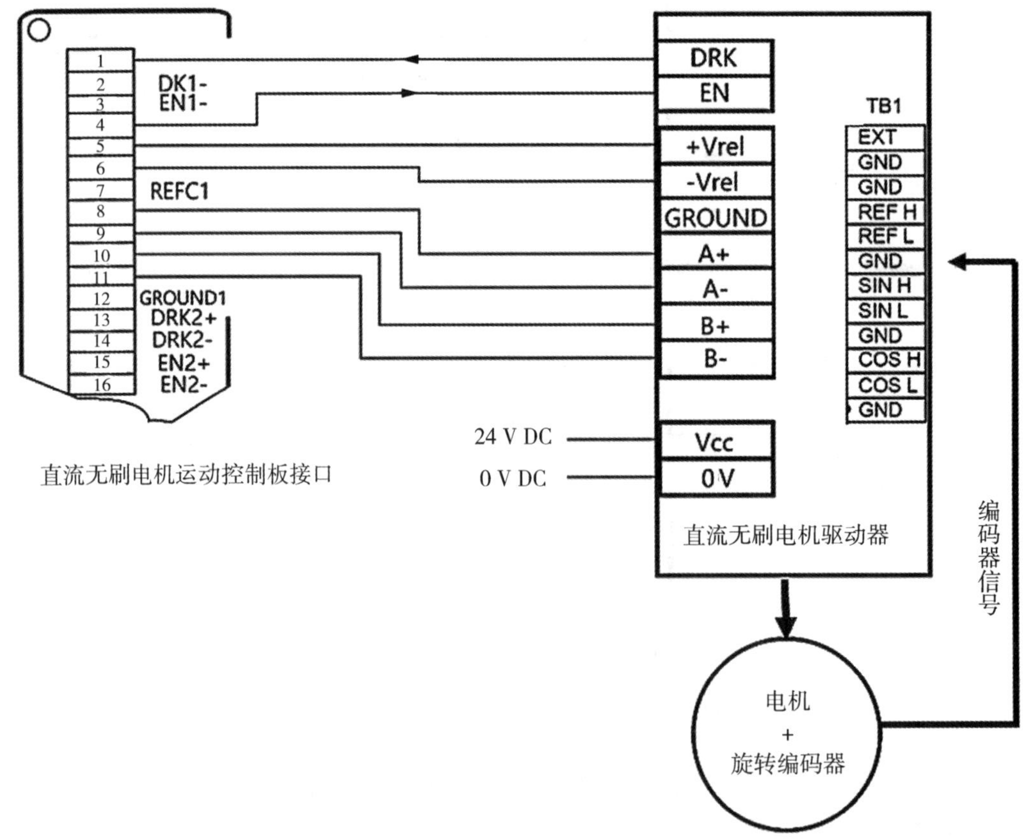


图 2-102　无刷电机驱动器与电机及控制信号的连接示意图

（1）电源电路接线。驱动器的电源接线如图 2-103 所示。变压器 T 将三相交流电压转为 100 V AC 连接到电源模块的输入端（1、2、3）。电源模块通过整流输出直流 140 V DC（即输出端子 $+V_P$、$-V_P$ 两端电压）连接到驱动器背板接线输入的 $+V_P$、$-V_P$ 接线端子。电机三相端子 U、V、W 连接到驱动器背板，接地端子 PE 与电源共地。

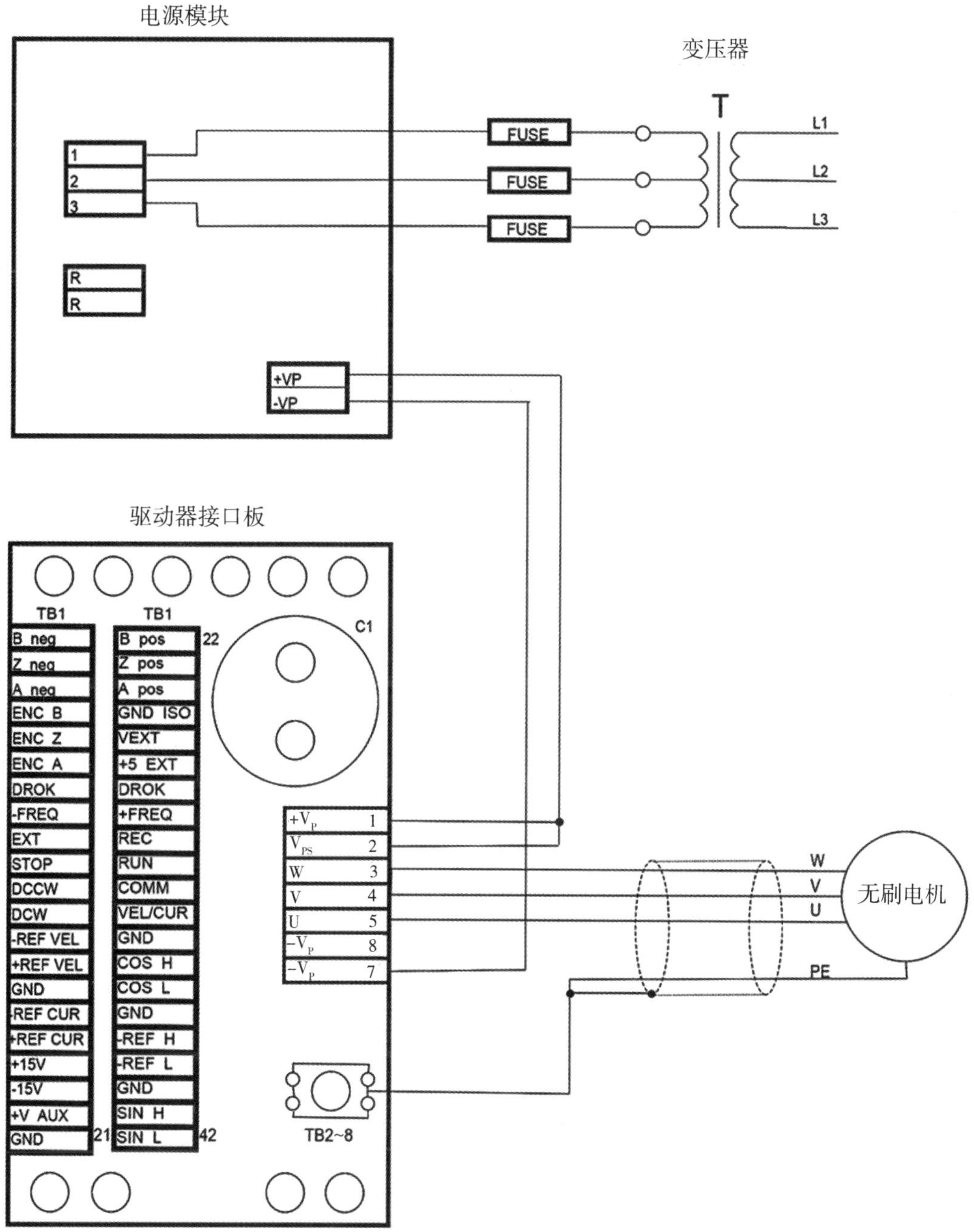


图 2-103 驱动器电源接线示意图

（2）输入信号电路接线。驱动器输入信号电路主要由接口板背板中的 TB1 端子与驱动器控制芯片连接构成，如图 2–104 所示。当驱动器使用频率输入，若频率输入信号断开时，驱动器会立即停止。

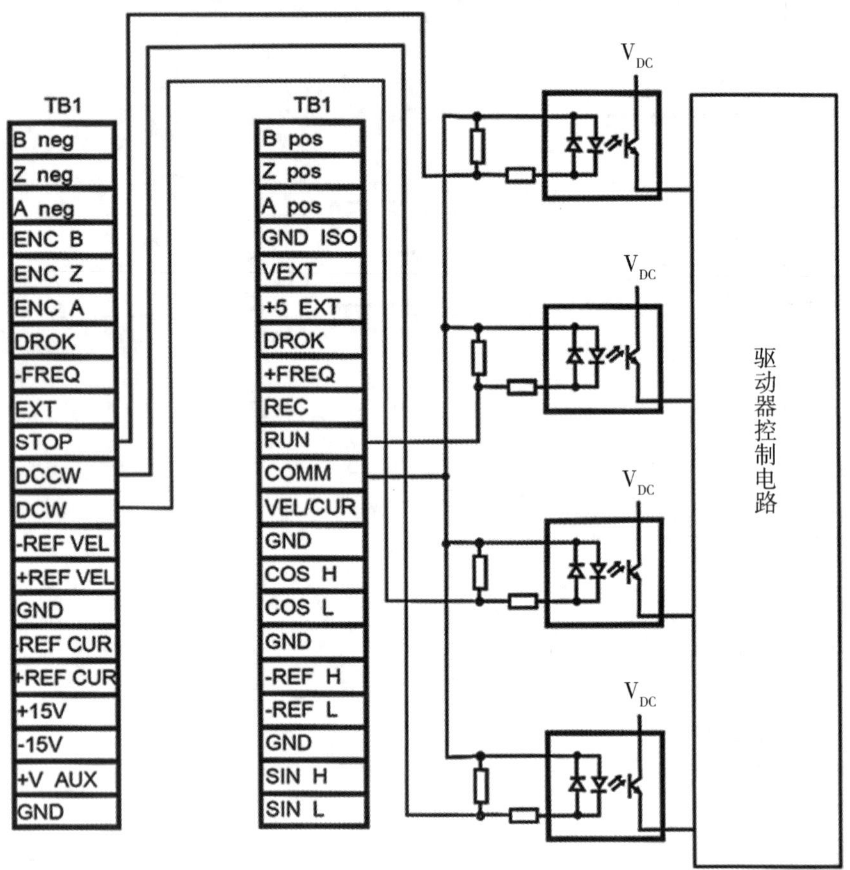


图 2–104　驱动器输入信号电路接线图

（3）驱动器 DRIVE OK 电路接线。驱动器 DRIVE OK 电路接线如图 2–105 所示，准备好信号（DROK）为继电器输出，主要用于报警，当驱动器处于异常状态，例如温度、电流、转速异常报警时，该电路就会断开。

（4）电机编码器接线。电机编码器接口接线如图 2–106 所示，其中 EXT 为电机温度传感器输入，SIN、COS、REF 为编码器信号。

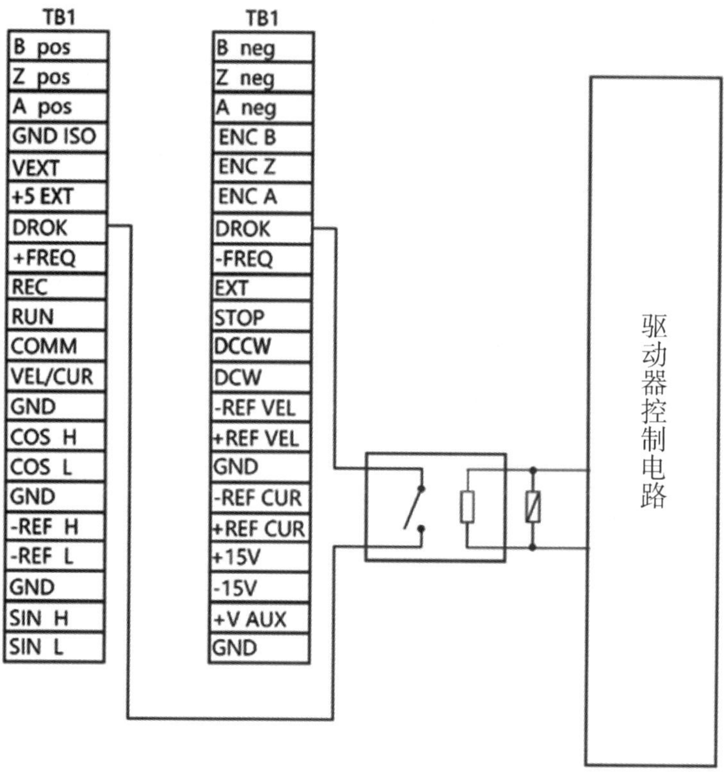


图 2-105 驱动器 DRIVE OK 电路接线图

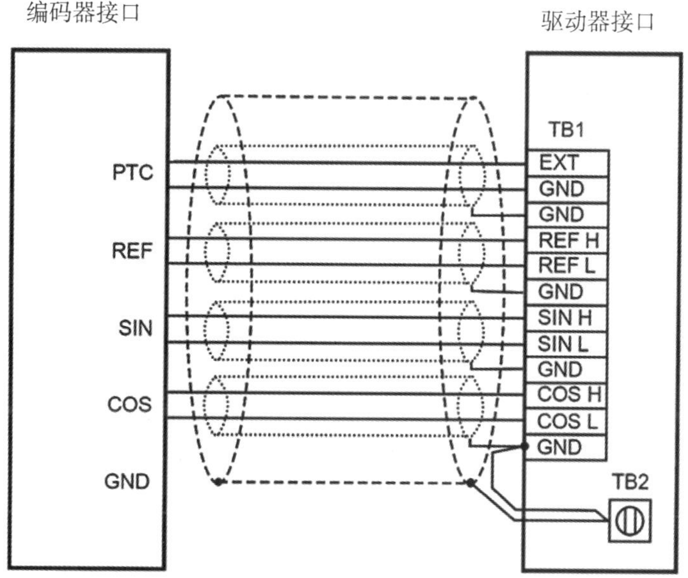


图 2-106 电机编码器接口接线图

（5）驱动器输出的编码器信号与控制板卡的接线。驱动器输出的编码器信号与控制板卡的接线如图 2–107 所示。

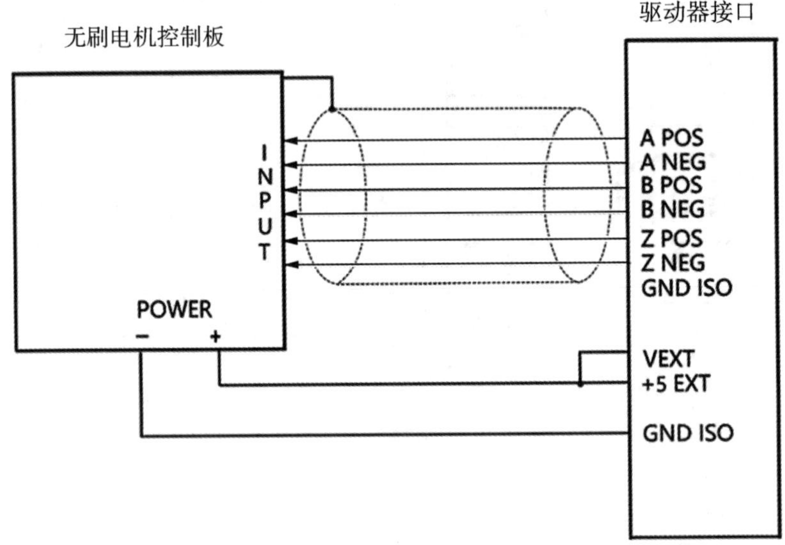


图 2–107　驱动器输出的编码器信号与控制板卡接线图

### 4. 无刷电机驱动器面板显示及调节方法

无刷电机驱动器面板上的指示灯、电位器旋钮以及信号测试接口的引脚顺序如图 2–108 所示。

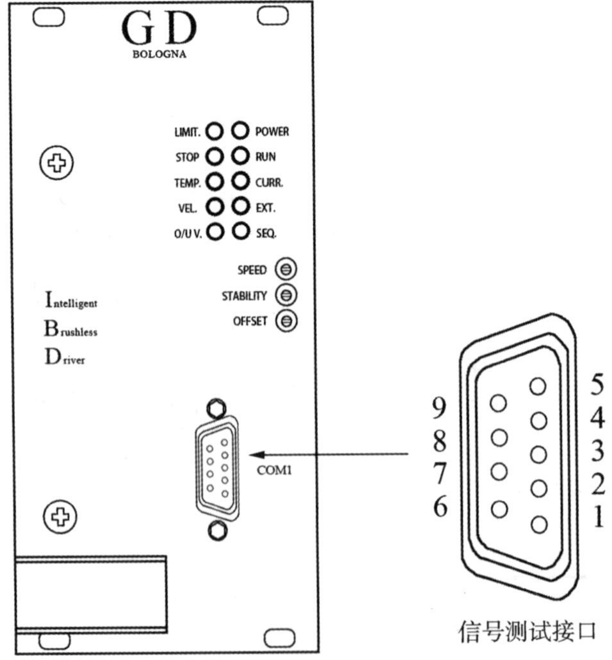


图 2–108　无刷电机驱动器信号测试接口的引脚顺序

（1）直流无刷电机驱动器面板指示灯。直流无刷电机驱动器面板指示灯的状态及含义如表 2-80 所示。

**表 2-80 直流无刷电机驱动器面板指示灯状态及含义**

| 指示灯 | 颜色 | 状态 | 含义 |
|---|---|---|---|
| POWER | 绿 | 亮 | 有电源电压 |
| | | 灭 | 无电源电压 |
| RUN | 绿 | 亮 | 正常运行状态 |
| | | 灭 | 驱动器故障 |
| CURR. | 红 | 灭 | 驱动器处于正常运行状态 |
| | | 亮 | 驱动器电源短路或故障 |
| EXT. | 红 | 灭 | 外部无故障 |
| | | 亮 | 外部故障 |
| SEQ. | 红 | 灭 | 正常状态 |
| | | 亮 | 相位使能顺序错误 |
| LIMIT. | 黄 | 灭 | 正常状态 |
| | | 亮 | 未检测到速度参考值 |
| STOP | 黄 | 灭 | 正常状态 |
| | | 亮 | 电机处于停止状态 |
| TEMP. | 红 | 灭 | 驱动器温度正常 |
| | | 亮 | 驱动器温度过高 |
| VEL. | 红 | 灭 | 正常状态 |
| | | 亮 | 转速跟踪误差过大 |
| O/U V. | 红 | 灭 | 正常状态 |
| | | 亮 | 电路电压过高 |
| | | 闪烁 | 电路电压较低 |

（2）直流无刷电机驱动器面板电位器旋钮。直流无刷电机驱动器面板上有 3 个可以调整的电位器旋钮，顺时针方向调整值变大。其中 SPEED 为速度调节旋钮，可以微调实际电机转速，使其与输入速度参考值相匹配。STABILITY 为速度环调节旋钮，可以改变速度环的幅频特性，调高可以增加系统稳定性。OFFSET 用于微调电机零速漂移，当输入速度参考值为零时，出现电机抖动或转动，则应调节此电位器使电机处于停止

状态。

（3）信号测试接口引脚定义。无刷电机驱动器面板上的COM1信号测试接口用于测试或获取相关信号，具体定义如表2-81所示。

表2-81　COM1信号测试接口引脚定义

| 引脚 | DIP-SWITCH 8 |
|---|---|
| 1 | 电机实时速度的模拟量输出（5 V DC） |
| 2 | 串口通信TX信号 |
| 3 | 串口通信RX信号 |
| 4 | 模拟量信号公共端 |
| 5 | 串口通信DO/RI信号 |
| 6 | 速度参考值模拟量输出（5 V DC） |
| 7 | 内部使用信号 |
| 8 | 电机实时速度的模拟量输出（5 V DC） |
| 9 | 串口通信DO/RI信号 |

### 5. 直流无刷电机驱动器常见故障及维修措施

直流无刷电机驱动器常见故障及维修措施如表2-82所示。

表2-82　直流无刷电机驱动器常见故障及维修措施

| 问题 | 可能的原因 | 维修措施 |
|---|---|---|
| TEMP. 指示灯亮 | 驱动器内部温度过高 | 检查导轨的散热风扇是否工作正常 |
| CURR. 指示灯亮 | 驱动器内部或外部电源电路故障 | 1. 检查电机与驱动器的连接<br>2. 必要时更换驱动器 |
| SPEED 指示灯亮 | 1. 速度检测器损坏或未连接<br>2. 转子机械卡顿运行不顺<br>3. 实际速度高于设定速度<br>4. 驱动器输入电压过低<br>5. 驱动器输出电流超出限制 | 1. 检查速度检测器的接线<br>2. 必要时更换电机<br>3. 必要时更换输入电源<br>4. 必要时更换驱动器 |
| EXT. 指示灯亮 | 1.电机温度过高<br>2. 电机温度传感器损坏<br>3. 外部输入电源报警 | 1. 检查驱动器和电机的连接线路<br>2. 必要时更换电机<br>3. 必要时更换驱动器 |
| O/U V. 指示灯亮 | 1. 输入电压不在阈值内<br>2. 电源电压超出输入电压范围<br>3. 负载惯性过大 | 1. 检查电源电压是否正确<br>2. 检查电源到驱动器的连接<br>3. 更换驱动器 |
| SEQ. 指示灯亮 | 1. 电机编码器故障或连接错误<br>2. 驱动器故障 | 1. 检查电机编码器与驱动器的连接<br>2. 必要时更换驱动器或电机 |

## 本章思考题

1. CPU 控制板卡对比输入 / 输出板卡，接口有什么不同？跳线有什么不同？

2. 编码器板卡逻辑电路的主要功能是什么？采集电路应如何连接到接口板卡？

3. 模拟量板卡与数字量板卡的主要区别是什么？

4. 步进电机控制板卡如何连接到步进电机？

5. 直流无刷电机运动控制板卡接口板卡可以连接几种类型的编码器？具体有什么不同？

6. 高速频压转换模块与频压转换模块参数中最大的区别是什么？

7. 直流固态继电器模块与交流固态继电器模块在故障状态下的指示灯有何不同？

8. PMC 直流电机驱动器的“OVERTEMP”指示灯亮，其含义是什么？

# 第三章 GdePlus 系统软件

学习要点

1. GdePlus 编程软件安装及使用。
2. GdePlus 软件参数备份和程序下载。

GdePlus 是一款用于开发和调试 MICRO Ⅱ系统程序的集成工具，采用 GDL 作为程序开发语言。GdePlus 是 GDE 的升级版本，其中 GDE 是 GD 语言开发环境的缩写。GdePlus 软件可以为 MICRO Ⅱ系统开发应用程序，并将该应用程序下载至控制器当中。通过 GdePlus 软件还可以实现程序在线调试、保存与恢复设备参数等功能。

## 第一节 GdePlus 软件概述

### 一、安装环境

GdePlus 软件基于 Windows 的用户界面进行开发，可以运行在 Microsoft Windows XP 和 Windows 7（32 bit）操作系统上。GdePlus 软件可以用不同的颜色标注程序代码的关键字，可以在没有预先对项目进行编译的情况下，直接在个人计算机上显示出设备概要图，以便检查设备画面的图形布局。GdePlus 软件还提供了一个交叉引用工具，方便查找应用程序当中的 GDL 模块和对象。

#### （一）GdePlus 软件版本

GdePlus 软件有两个版本，分别是 USER（用户版本）和 DEVELOPER（开发人员版本），两个版本均可显示程序代码、在控制器上加载应用程序、调试以及执行交叉引用功能，其中只有开发人员版本允许用户编译 GDL 项目。在用户版本中，禁用了所有可以更改项目组成文件的命令，禁用菜单显示为灰色，仅开发人员版本允许的命令则由标签“仅开发人员”明确标记出来。

开发人员版本又分为单机版和 CRC 版本，CRC 版本是 GdePlus 开发人员电气技术办公室标准版本，带有 CRC 计算工具，用于 CRC 求值和保存标识。CRC 是应用程序的唯一标识，将应用程序下载到控制器时，也会同时传输 CRC 值，以便控制器的固件对程序版本进行识别（即使不带有 CRC 标识，也不会影响应用程序下载和运行）。

### （二）软件安装的硬件需求

GdePlus 软件是基于早期的操作系统开发的，现在的计算机硬件和系统发展迅速，通常能满足软件安装需求。以下以编者的计算机硬件和操作系统（Windows XP）为例来介绍 GdePlus 开发人员版本的安装。安装 GdePlus 软件版本（V7.1.2）的最低推荐配置如表 3-1 所示。

**表 3-1　安装 GdePlus 软件的最低推荐配置**

| 硬件 / 软件 | 要求 |
| --- | --- |
| 处理器 | Intel® Core ™ i3-6100U，2.30 Gi Hz |
| 内存 | 1 GiB |
| 硬盘 | SATA（SSD 固态硬盘也可以）配备 40 GiB 可用空间 |
| 网速 | 100 Mib/s |
| 屏幕分辨率 | 1024 × 768 像素 |
| 操作系统 | Windows XP、Windows 7（32 bit） |

## 二、软件安装步骤

GdePlus 软件安装过程如下。

### （一）启动安装程序

在 GdePlus 安装文件夹中，双击 SETUP 文件，会出现欢迎界面，如图 3-1 所示。

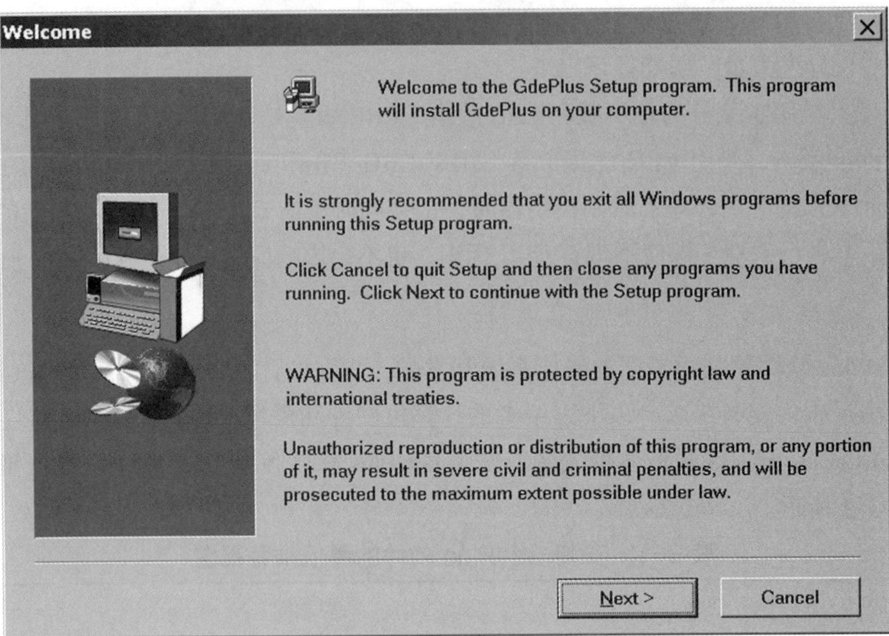


图 3-1　GdePlus 欢迎界面

## （二）用户信息和序列号

用户信息窗口显示以下注册信息：Name（用户名）、Company（公司）和 Serial（软件序列号）。用户根据个人需求填写相关信息，如图 3-2 所示。

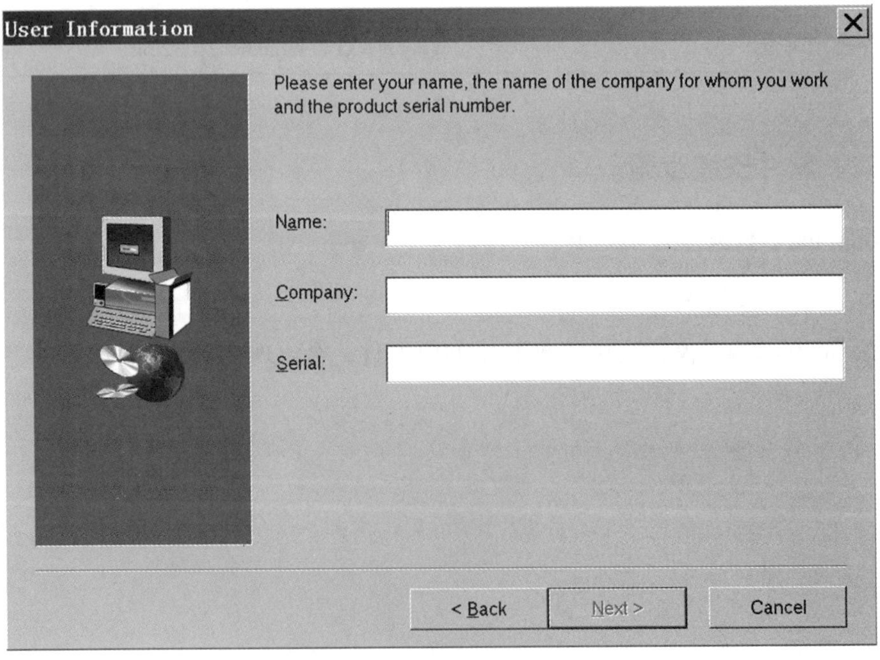

User Information
Please enter your name, the name of the company for whom you work and the product serial number.
Name:
Company:
Serial:
< Back
Next >
Cancel

图 3-2　用户信息和序列号

## （三）选择目录

### 1. 安装目录

在用户信息中，单击“Next”（下一步），弹出安装目录选择界面，用户可以根据需求选择 GdePlus 软件安装路径，路径默认为“C:\GdePlus”，如图 3-3 所示。

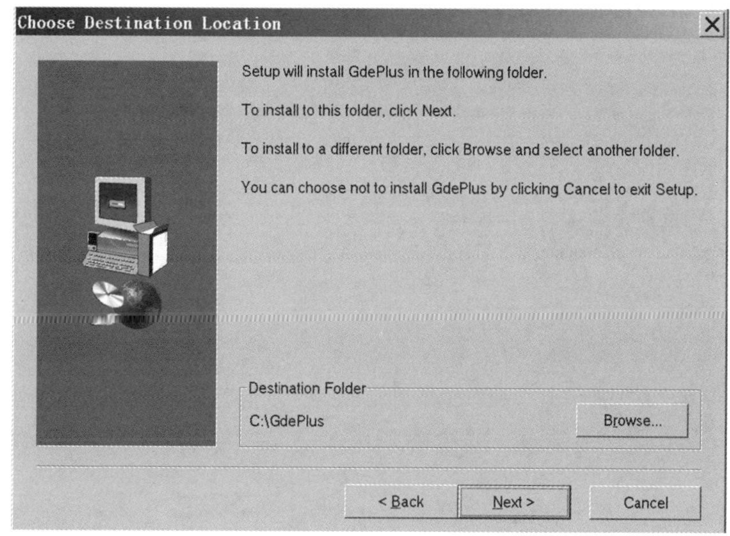


图 3-3　安装目录

### 2. 根目录

在安装目录中，单击“Next”（下一步），弹出创建根目录界面，系统默认为“C:\Root”，如图 3-4 所示。根目录下将存放所有的 GDL 项目，每个 GDL 项目均会在根目录下建立一个新文件夹。

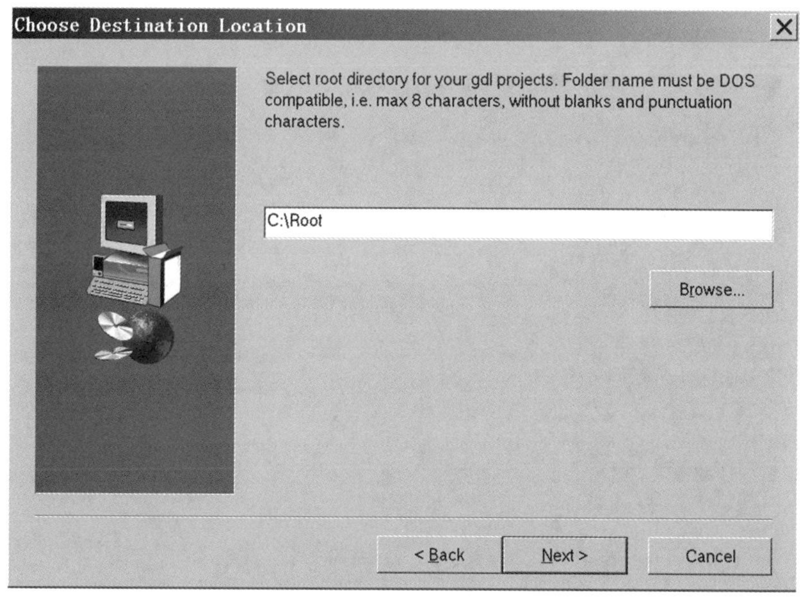


图 3-4　根目录

### 3. 固件目录

在根目录中，单击“Next”（下一步），弹出创建固件目录界面，系统默认为“C:\FwGde”，如图 3-5 所示。固件文件夹里面存放了固件文件（扩展名为 .esa），当下载程序时，GdePlus 会根据实际情况将固件下载到 CPU 和 OPC。这个目录也可以保持为空，或稍后通过磁盘还原 GDL 项目来写入。

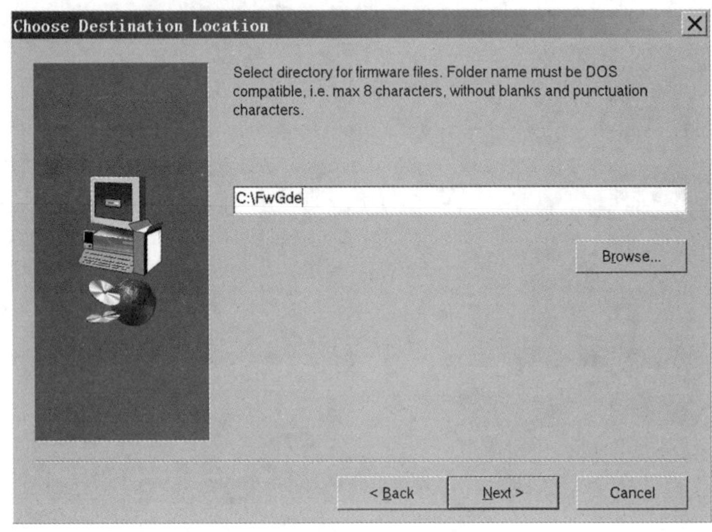


图 3-5　固件目录

### 4. 临时目录

在固件目录中，点击“Next”（下一步），弹出创建临时目录界面，系统默认为“C:\Temp”，如图 3-6 所示。临时文件夹用于存放临时文件，若用户选择一个位于 RAM 驱动器上的目录，GdePlus 的运行效率会更高。当前普遍使用固态硬盘，已无须再选择 RAM 驱动器来提高速度。

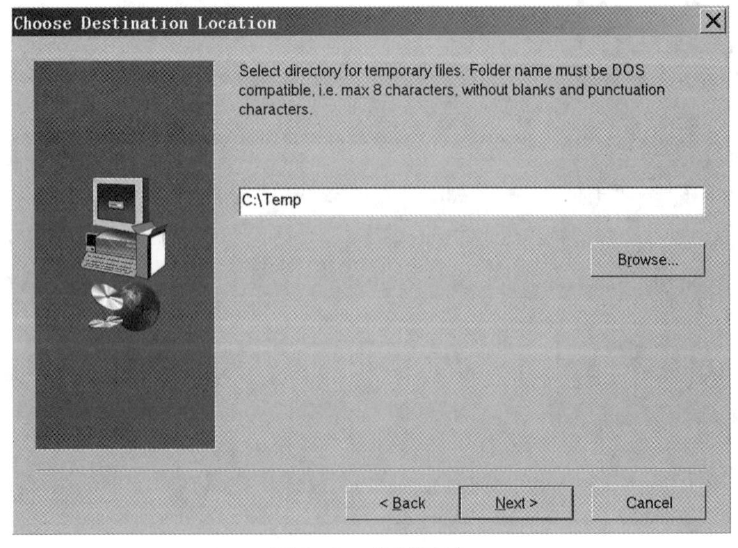


图 3-6　临时目录

用户选择临时目录后，单击“Next”（下一步），弹出选择文件压缩程序路径界面，如图 3-7 所示。如果文件压缩程序“PkZip”已经存在于硬盘上的某个目录中，则可以使用它来压缩或解压缩 GDL 项目，GdePlus 软件可以利用压缩程序来压缩文件以节省磁盘空间。安装程序会要求用户提供 PkZip 的安装路径，如果没有输入路径，GdePlus 将使用 ARJ 而不是 PkZip 来解压缩 GDL 项目。在安装 GdePlus 后，用户还可以更改 PkZip 的相关设置。

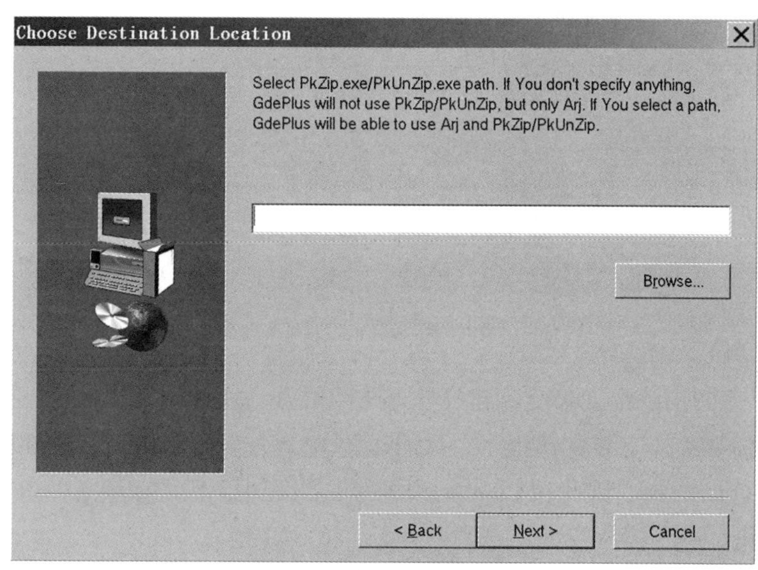

图 3-7 压缩文件目录

为了与 GDE 兼容，任何文件名和目录都必须遵循 MS-DOS 格式，文件名最多可以有 8 个字符，另外加上 3 个字符的扩展名，文件名中间不能带标点符号或空格，只允许使用字母或数字字符。

## 三、适配器配置

要将计算机连接到 MICRO Ⅱ控制器，必须通过配置适配器才能实现。适配器也可以称为 GDLAN 网卡，大部分 GDLAN 网卡需要安装在计算机主板中，并安装相关驱动。但 AI-SRVR（以太网 -GDLAN 转换器）是一个外置的适配器，其通过以太网口来与计算机进行通信，因此针对 AI-SRVR 适配器不需要安装专用驱动程序。

### （一）安装 GDLAN 网卡驱动

在安装完文件目录后，单击“Next”（下一步），GdePlus 安装程序会弹出选择安装 GDLAN 网卡驱动的界面，如图 3-8 所示。若用户选用 AI-SRVR 适配器作为通信接口，则无须勾选 GdeBox、Pcm20E pcmcia card、Pci board 和 Isa board 选项。

用户可以安装多张不同类型的通信网卡，每次启动 GdePlus 软件都可以选择当前要使用的网卡。通常情况下只需安装一个网卡，即使多个 GdePlus 软件处于运行状态，

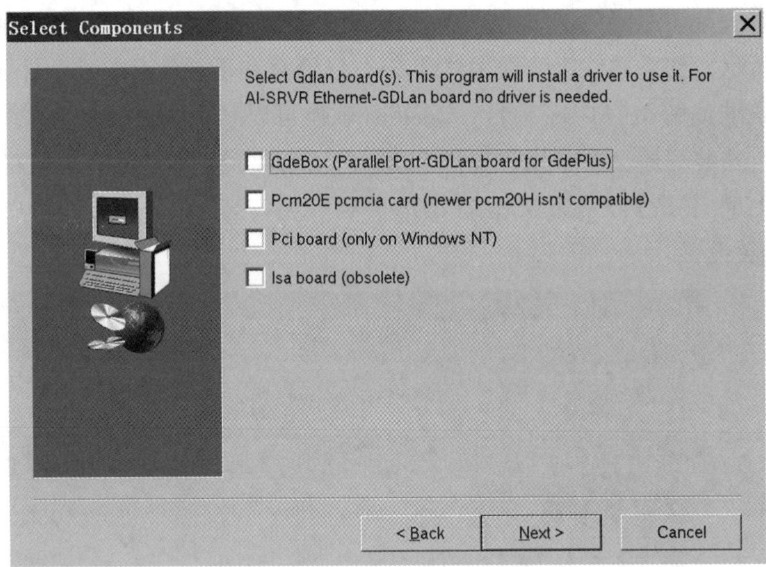


图 3-8　GDLAN 网卡安装

也只能有一个连接到 GDLAN。建议选择 AI-SRVR 适配器，使用计算机以太网口进行通信而不需要额外安装驱动程序，只需设置 IP 地址。GdePlus 软件可以直接通过以太网端口访问 GDLAN，因此在 GdePlus 软件安装过程中不需要收集 AI-SRVR 适配器的相关配置信息。

下面简单介绍四种 GDLAN 网卡。

### 1. GdeBox

GdeBox 是早期使用的用户终端设备，其硬件驱动可以安装在多种操作系统上，在 Windows NT 系统中，GdeBox 使用并行端口与 PC 连接。因 PC 并行端口一般用于驱动打印机设备，所以在使用前必须先禁用并行端口驱动程序。若在 Windows NT 操作系统中安装了 GdeBox，GdePlus 会自动禁用 Windows NT 的并行端口驱动程序，因此在 Windows NT 系统中，不能同时使用并行端口驱动打印机和 GdeBox。如果要使用 Windows 并行端口驱动打印机程序，则需禁用 GdeBox 驱动程序并重新启动系统。

### 2. Pcm20E Pcmcia card

PCM20E 板卡可以安装在具有 Pcmcia 接口的计算机上，使用时必须在 GdePlus 软件里面为 PCM20E 板卡指定地址。GdePlus 的安装程序会根据操作系统版本给出一个默认地址，用户必须确认该地址是否为操作系统用来访问板卡的实际地址，必要时进行修改。

### 3. Pci board

如果使用 PCI板卡并且在 Windows NT 中安装了 GdePlus，则“HMI Protocal based on pci board”（人机界面协议）选项可用，如图 3-9 所示。这种协议允许 GdePlus 软件和 G.D 公司开发的 HMI 在同一台计算机上同时使用该板卡。要使用该协议需在

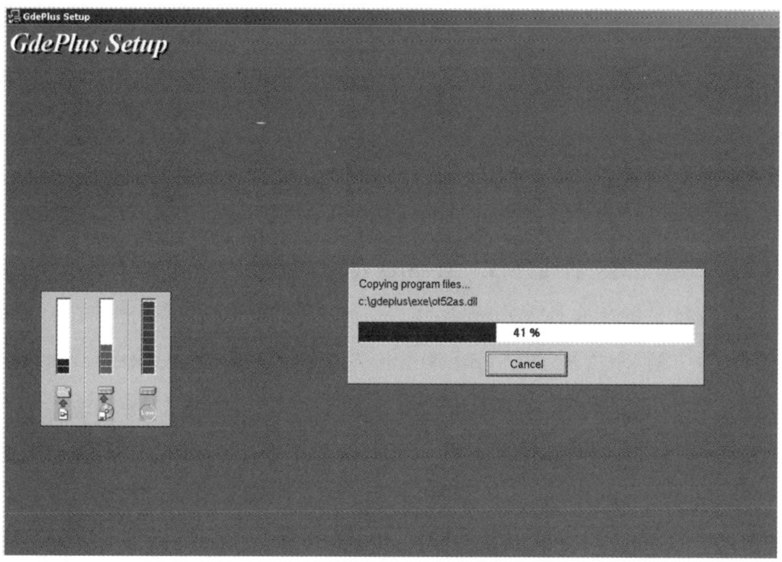


图 3-9 GdePlus 软件安装过程

GdePlus 软件连接到 GDLAN 之前启动网络消息路由专用程序。

### 4. Isa board

Isa 板卡仅供 G.D 公司内部使用，需要 G.D 公司提供技术支持，这里不作介绍。

## （二）重启计算机

选择好 GDLAN 网卡，单击“Next”（下一步），软件将进入安装过程，如图 3-9 所示。安装结束后会提示系统需要重启，如图 3-10 所示。可在不重启的情况下直接运行 GdePlus 软件，但建议用户安装软件后重启计算机，以免出现其他问题。

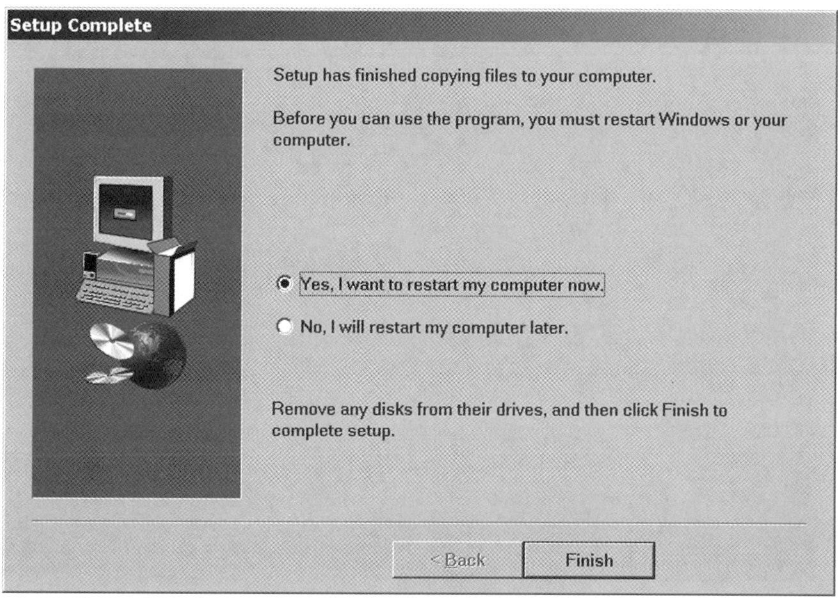


图 3-10 GdePlus 软件安装完成

### （三）GDLAN 连接设置

启动 GdePlus软件后，通过菜单命令“Options”→“Setup:GDLAN Connection”，打开“GDLAN Setup”对话框，如图 3-11 所示。选择“AI-SRVR”选项，如果没有安装相关驱动，GdeBox、PCM20E、PCI、ISA、HMI 界面选项是灰色的，如图 3-11 所示，这 5 种 GDLAN 网卡现在已很少在个人计算机上使用，当前用户一般选用 AI-SRVR 作为连接 GDLAN 的适配器。下面将以 AI-SRVR 适配器为例进行介绍。

在“AI-SRVR Ethernet IP Address：”一栏里填入适配器的 IP 地址，例如：10.11.18.151；在“AI-SRVR TCP Port Number：”一栏里填入 5001，此端口号为 AI-SRVR 默认值。对话框里面的“GDLAN Address”一栏则用于配置本地计算机在 GDLAN 网络里的地址，正常选择 Auto 即可。

在一个复杂的以太网中，如果连接到错误的 AI-SRVR 适配器，会导致连接到错误的 GDLAN 和错误的 MICRO Ⅱ控制器。因此必须输入正确的 TCP/IP 地址，即要连接的设备地址。G.D 公司不建议将 AI-SRVR 适配器接入工厂以太网中，以免工厂以太网上过多的数据包造成干扰。最好使用网线将安装有 GdePlus 软件的计算机直接连接到 AI-SRVR 适配器，即仅用两个节点构成一个简单的网络。

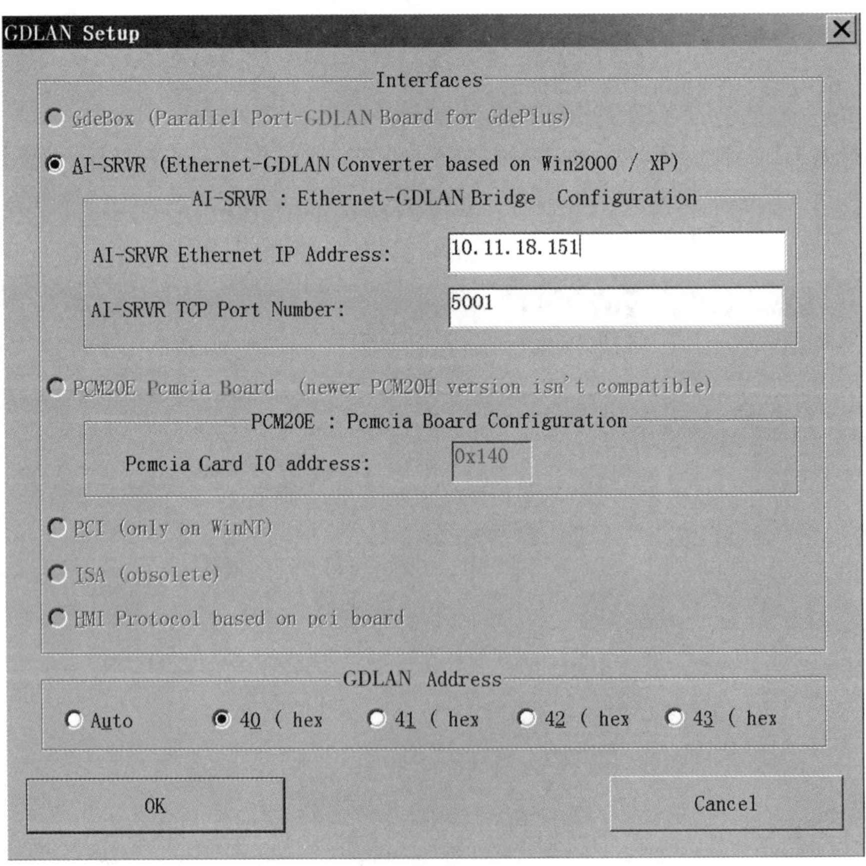


图 3-11 GDLAN 连接设置

在断开以太网电缆之前，建议通过菜单命令“Gdlan”→“Leave GDLAN”，断开 GdePlus 与 AI-SRVR 适配器的连接。如果没有执行该命令就断开以太网连接，AI-SRVR 将不能正确断开连接资源，因资源数量有限，故可能会出现无法再连接或连接不稳定的现象。在这种情况下，必须重新启动 AI-SRVR 适配器。

## 四、软件界面

GdePlus 软件编程环境主要由工具栏、对象调试窗口、工作窗口、项目窗口、信息窗口以及状态栏等构成，如图 3-12 所示。

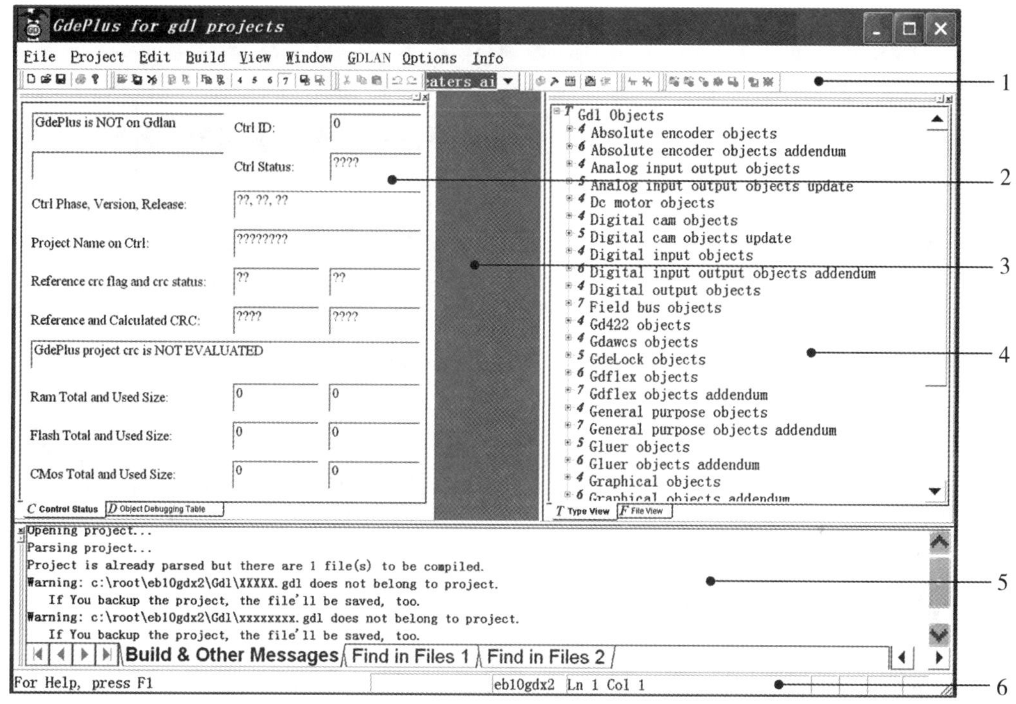


1. 工具栏 2. 对象调试窗口 3. 工作窗口 4. 项目窗口 5. 信息窗口 6. 状态栏

图 3-12 GdePlus 软件编程界面

### （一）工具栏

GdePlus 软件有 6个预设工具栏。可使用“自定义工具栏”命令来添加或删除当前工具。通过菜单命令“Options”→“Customize Toolbars”，可以预设“File”“Project”“Edit”“Build”“GDLAN”和“Controller”6 个工具栏，如图 3-13 所示。

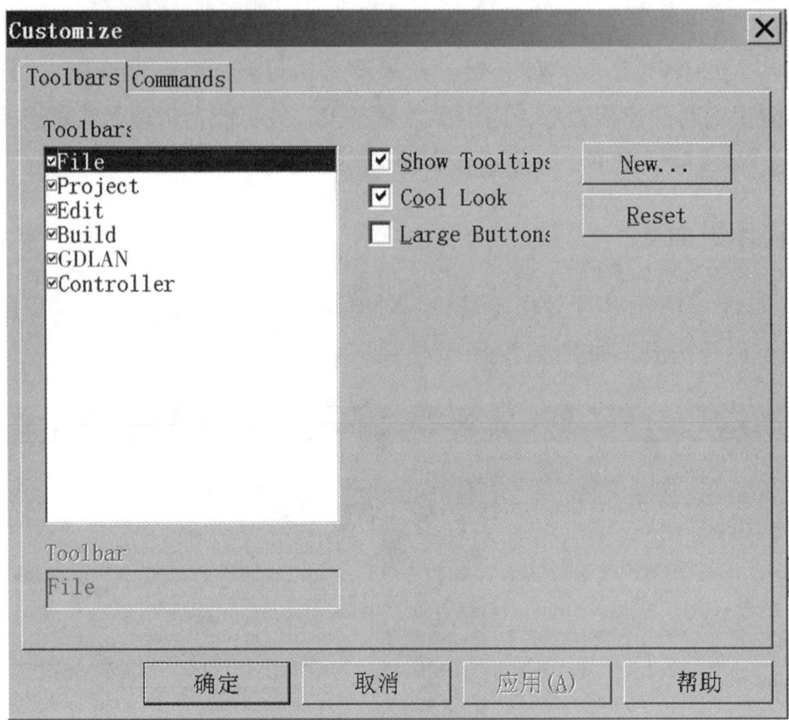


图 3-13　工具栏自定义窗口

通过菜单命令“Options”→“Customize Shortcut”，可以设置项目命令快捷方式，例如“Edit：Find Next”（查找）设置成 F3 快捷键，方便用户快速查找，如图 3-14 所示。

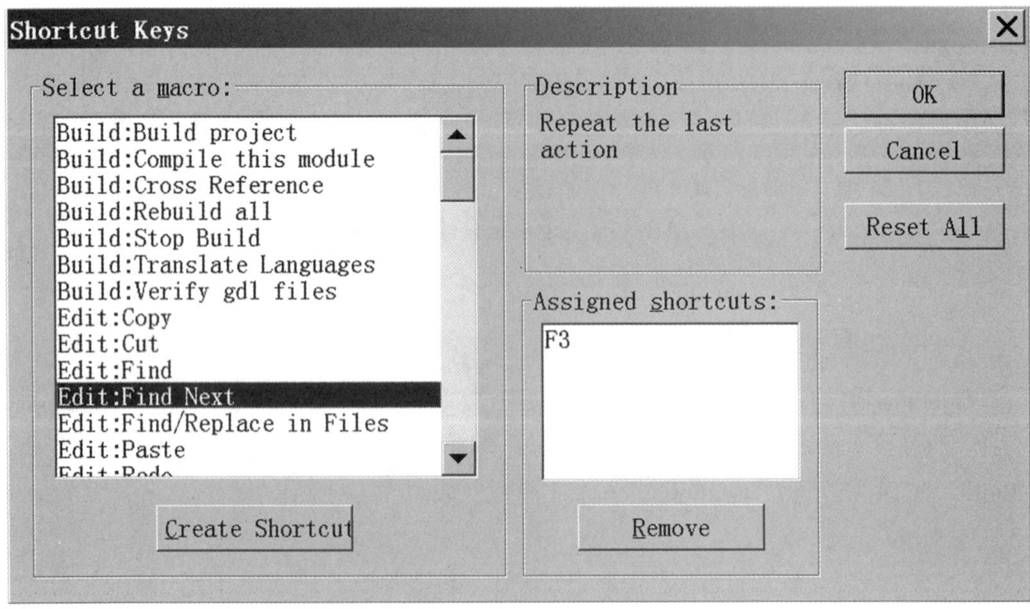


图 3-14　快捷键自定义窗口

### （二）对象调试窗口

当进行 GDL 项目调试时，通常需要用到“对象调试窗口”，对象调试窗口分为两个页面：“Control Status”（控制状态）和“Object Debugging Table”（对象调试表），如图 3-15 所示。

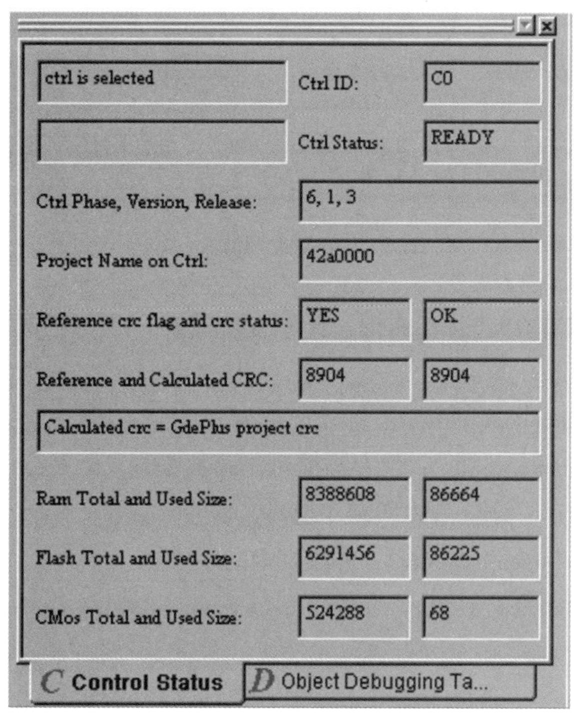


图 3-15　对象调试窗口

控制状态页面显示所选择控制器的状态。GdePlus 软件会周期性查询控制器的运行状态信息，当发现控制器不存在时，则会显示一连串的问号“？？？”。如果控制器没有及时应答或此时用户已经退出 GDLAN 在线状态，将会在圆括号里面显示控制器的最后可用状态信息值，并且前面带了一个问号“？”。如果 GdePlus 发送的上一个请求获得了控制器的响应，则状态信息显示时就不会突出显示或带有其他标记。

对象调试表里面的 GDL 对象可以辅助用户调试项目程序，GdePlus 软件会定期访问控制器并自动更新这些对象的值。对象调试表中的每一行都是一个 GDL 对象变量，同一对象的变量可以重复添加，以便用户在分析程序时将重要变量保持在彼此附近，如图 3-16 所示。

对象调试表可以保存为文件，然后导入到不同的 GDL 项目中使用，若新项目中不存在对应的对象，则该变量将以蓝色“V”突出显示，并且其值为“？？？”。相反，若存在对应的对象变量，则用红色“V”突出显示，并且它们的值由 GdePlus 软件定期更新。

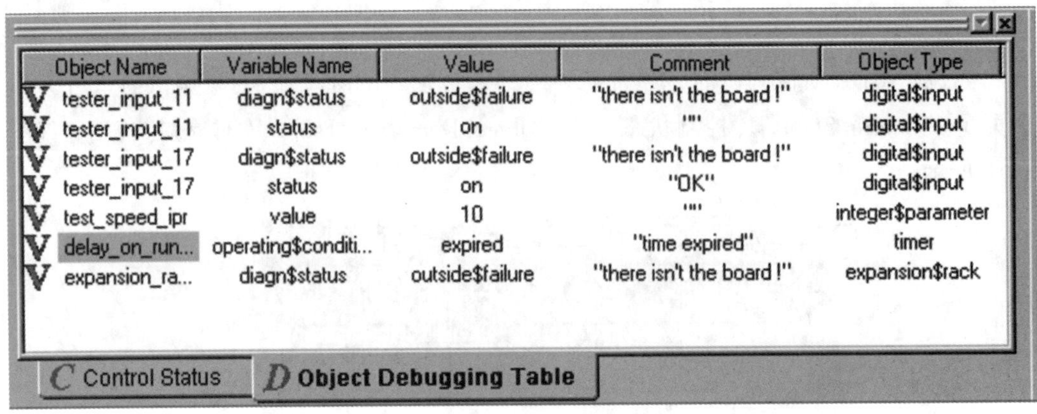

| Object Name | Variable Name | Value | Comment | Object Type |
|---|---|---|---|---|
| tester_input_11 | diagn$status | outside$failure | "there isn't the board !" | digital$input |
| tester_input_11 | status | on | "" | digital$input |
| tester_input_17 | diagn$status | outside$failure | "there isn't the board !" | digital$input |
| tester_input_17 | status | on | "OK" | digital$input |
| test_speed_ipr | value | 10 | "" | integer$parameter |
| delay_on_run... | operating$conditi... | expired | "time expired" | timer |
| expansion_ra... | diagn$status | outside$failure | "there isn't the board !" | expansion$rack |



图 3-16　对象调试表

在对象调试表窗口内单击鼠标右键，会弹出如图 3-17 所示的菜单，主要菜单命令有以下几项。

- “Open Object Debugging File”：打开对象调试文件。
- “Save the Table into a File”：保存当前对象调试表。
- “Close the Table”：删除表内所有变量。
- “Edit Object Debugging Fields”：修改表中的字段。
- “Edit Object Instance”：显示“object declaration and status window”（对象声明和状态窗口）。
- “Delete Selected Variables from Table”：删除所选择的变量。
- “Allow Docking”：允许窗口并行排列。
- “Hide”：隐藏窗口。
- “Float In Main Window”：主窗口悬浮。

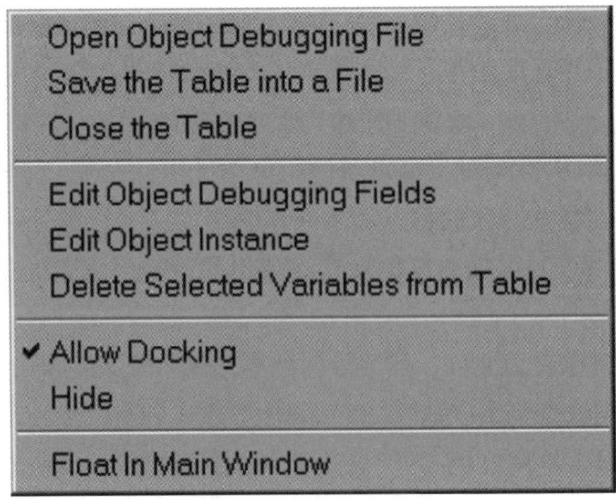


图 3-17　右键菜单

### （三）工作窗口

在工作区域内，GDL 文件窗口可以随意拖拉，GDL 文件窗口最小化或最大化可能会覆盖其他 GDL 文件窗口。

#### 1. 编辑 GDL 文件

在编辑 GDL 文件时，允许用户使用 Windows 常用菜单快捷键来复制、剪切、粘贴、查找和替换 GDL 中文本信息，如图 3-18 所示。GDL 程序的关键字、引号之间包含的字符串以及由成对字符“|#”和“#|”分隔的注释以不同的颜色突出显示。颜色、字体、字符大小、Ctrl+ 字母和 Alt+ 字母的快捷键可由用户通过“Options”菜单自定义。

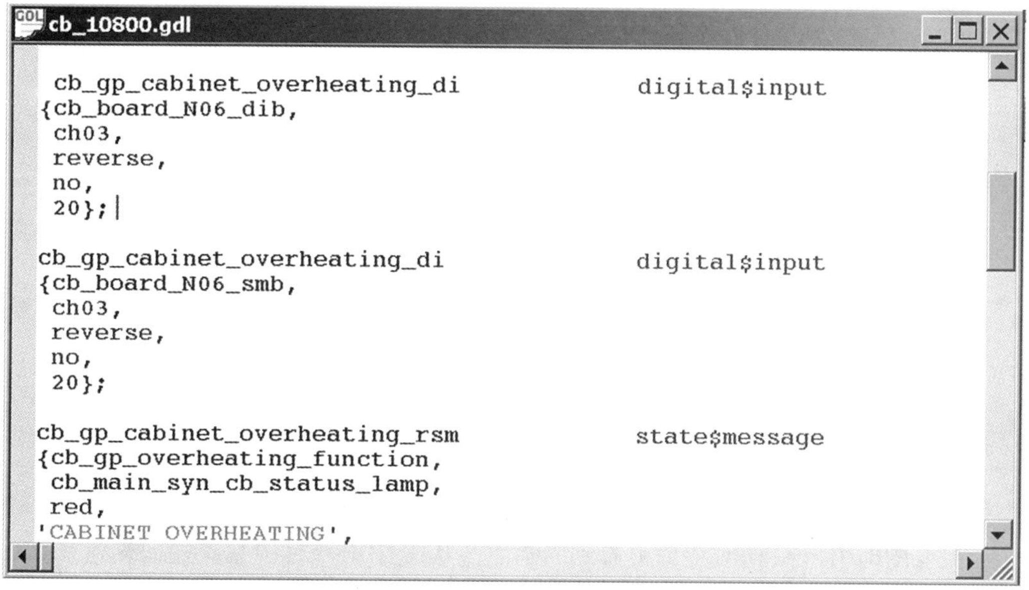

```
cb_10800.gdl

 cb_gp_cabinet_overheating_di             digital$input
{cb_board_N06_dib,
 ch03,
 reverse,
 no,
 20};

cb_gp_cabinet_overheating_di              digital$input
{cb_board_N06_smb,
 ch03,
 reverse,
 no,
 20};

cb_gp_cabinet_overheating_rsm             state$message
{cb_gp_overheating_function,
 cb_main_syn_cb_status_lamp,
 red,
'CABINET OVERHEATING',
```

图 3-18　GDL 文件窗口

当 GDL 项目处于打开状态，并且在文件编辑器中单击鼠标右键选择 GDL 对象的名称或 GDL 类型（例如 digital$input），按“F1”键 GdePlus 软件将显示对象声明和状态窗口。例如：打开对象 cb_gp_thermic_breaker_di 的对象声明和状态窗口，可以查看此对象相关状态信息，如图 3-19 所示。

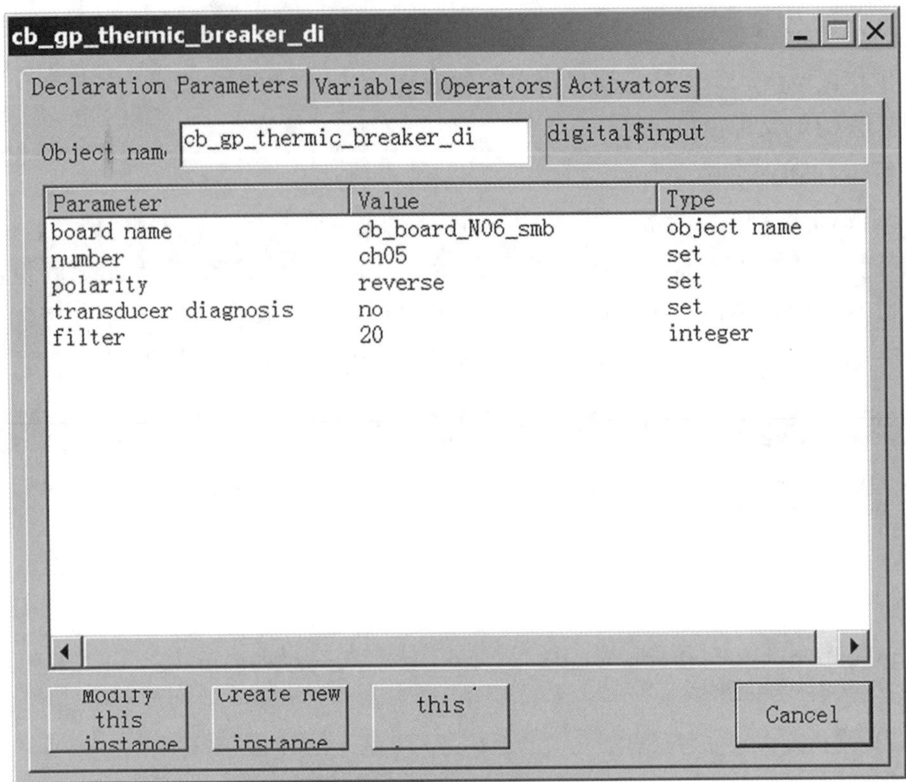


图 3-19　对象声明和状态窗口

## 2. 显示概要图

概要图即用户在 OPC 界面上看到的画面，其在 GDL 项目中编译并下载到 MICRO Ⅱ CPU 中。概要图可通过在“synoptic”对象类型的对象实例上单击鼠标右键并选择“Draw Synoptic”选项来打开，如图 3-20 所示。

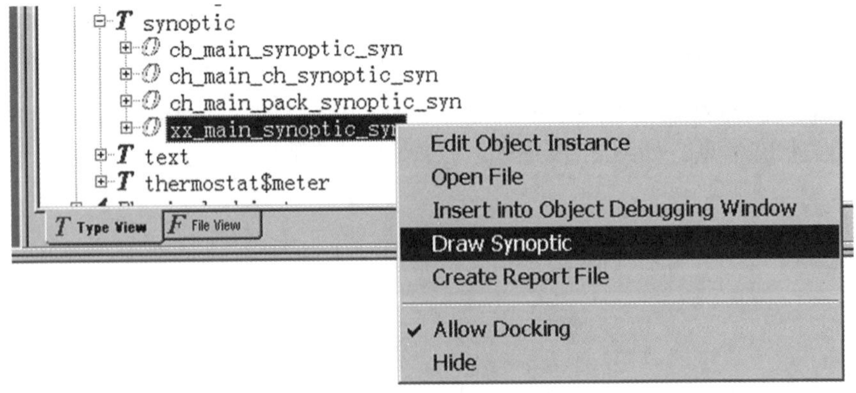


图 3-20　显示概要图

绘制概要图时，用户可以选择概要图中的图形对象，通过单击鼠标右键弹出如下菜单："Bring to Front（置顶）、Send to Back（置底）和 Properties（属性）"，如图 3-21 所示。

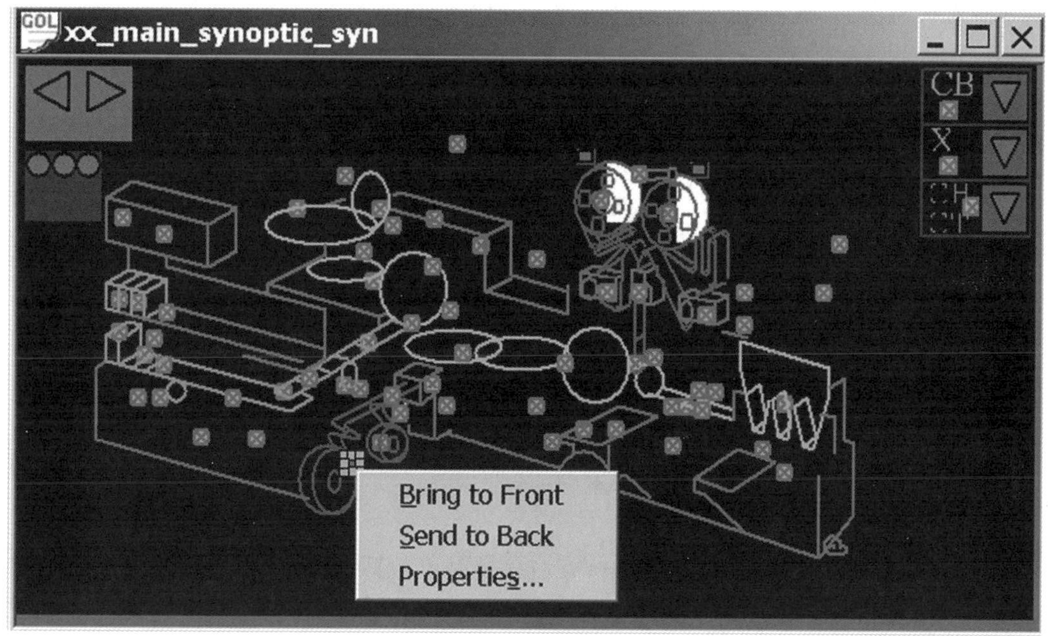


图 3-21 概要图

"Bring to Front"或"Send to Back"：允许用户将所选对象置顶或置底。此操作仅对 GdePlus 软件显示的概要图产生影响，但不影响 OPC 上的概要图显示。

"Properties"：显示对象声明和状态窗口。修改 GDL 对象的声明参数必须重新执行解析编译。

（四）项目窗口

项目窗口最下方有两个可以切换查看窗口的页标签：Type View（类型视图）和 File View（文件视图），分别用于查看 GDL 项目的对象和文件，如图 3-22 所示。双击里面的对象或者文件即可在工作窗口中打开 GDL 文件。

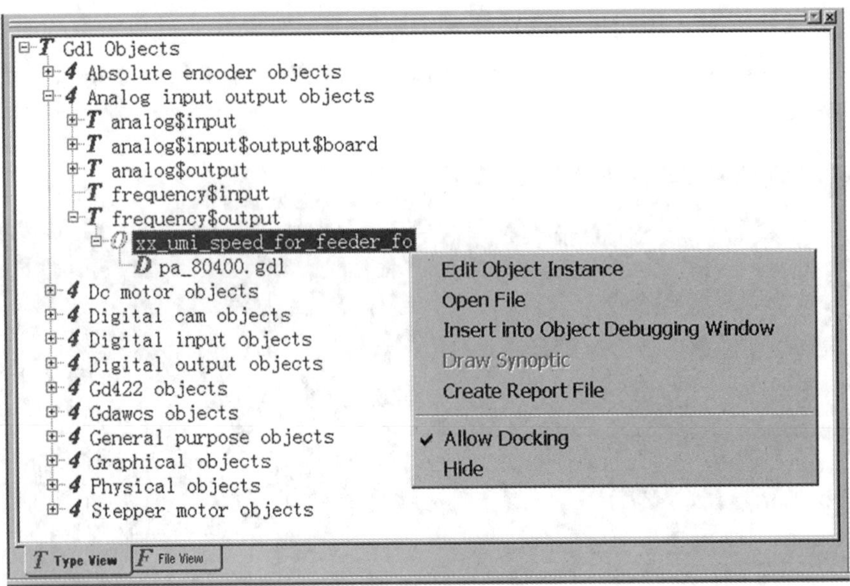


图 3-22　项目窗口

1. Type View（类型视图）

该视图显示了 GDL 项目支持的所有对象类型（包括未使用的对象类型）。这些对象类型按类别分组，例如：一般类型、图形、数字输入等。每种类型的左边有一个数字，标识了该对象类型的等级。当展开类型时，将显示 GDL 项目中使用了该类型的所有 GDL 对象。如果在项目中没有声明或使用某个类型的对象，则该类型下的对象为空。

对象类型的等级分 4、5、6 和 7 四种，可以通过工具栏的按钮或菜单命令“Project”→“Phase 4/ Phase 5/ Phase 6/ Phase 7”来切换等级，如图 3-23 所示。例如：当用户选择了第 4 等级，则类型视图里面的对象类型只会显示第 4 等级的所有对象类型，若选择了第 6 等级，则会同时显示第 4、第 5、第 6 等级的所有对象类型，即每个等级都包含了前面所有等级的对象类型。

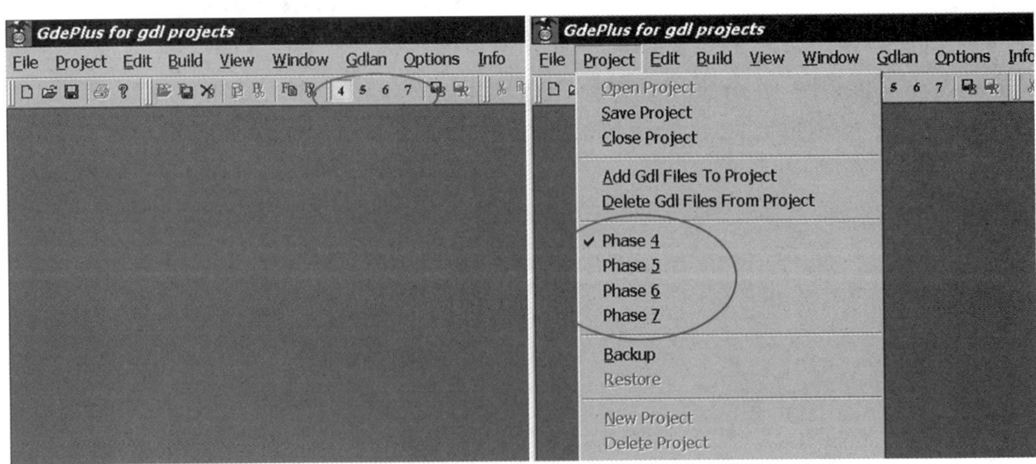


图 3-23　对象等级的切换

GdePlus 软件通过划分对象等级来管理 GDL 项目，以便其可以更有效地对声明的对象进行检查。此外，若 GDL 项目中含有高等级对象，则此时无法切换至低等级，在低等级下声明高等级的对象则编译器会报错。对用户而言，当类型视图里面的对象类型过多时也不便于查找对象，因此建议在 GDL 项目没有使用到高等级的对象时，切换等级。用户可以在类型视图中查看高等级对象类型下是否有声明对象，如果第 N 等级的所有对象都为空，或者项目中没有声明或使用等级 N 的对象，则可以为 GDL 项目指定一个较低的等级。ZB45 和 ZB25 包装机组一般只使用等级 4 的对象类型，X6 和 X6S 包装机组则使用等级 7 的对象类型。

当展开类型视图时，可以看到总的大类别前用蓝色数字标识了对象类型等级，如“Digital input objects”类别前标识“4”，表示该类别里面的对象类型均为等级 4。其下面的对象类型前面用蓝色字符“*T*”进行标识，表示这是一个对象类型，如“digital$input”。展开该对象类型，可以看到下面有很多对象，前面均用青色字符“*O*”进行标识，表示这是一个对象，如“cb_gp_24VDC_output_VSC_f_di”。展开该对象，则可以看到两个文件，红色“*D*”表示该文件声明了此对象，绿色“*U*”表示该文件引用了此对象，如图 3-24 所示。

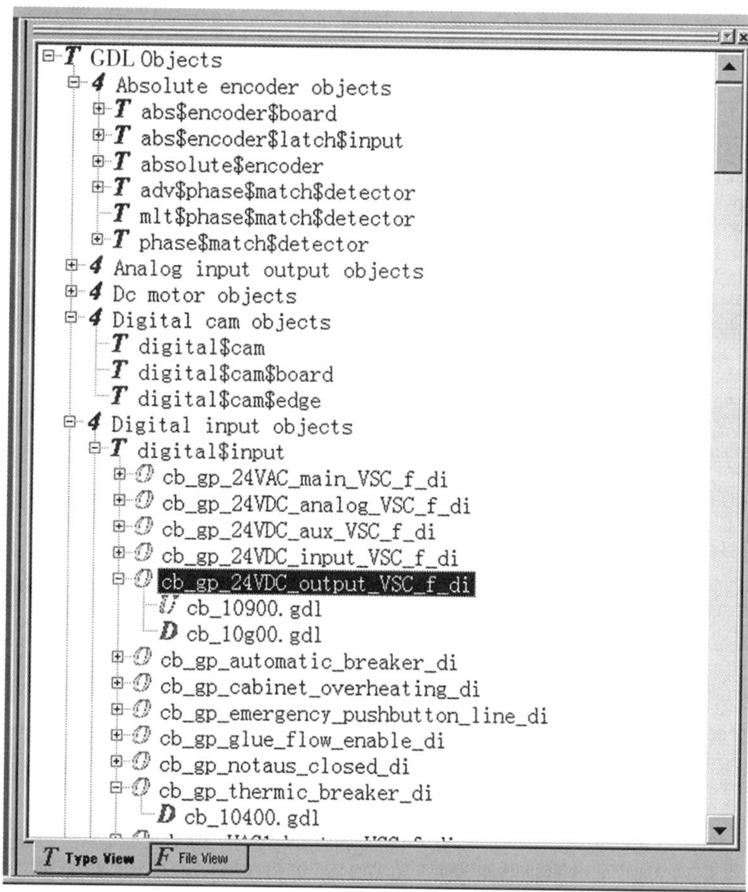


图 3-24 类型视图窗口

## 2. File View（文件视图）

文件视图里面显示了当前打开项目的所有文件，每个文件前面均以蓝色字符“*F*”作为标识，表示这是一个文件。展开文件将显示文件中声明或引用的对象。与类型视图一样，前缀“*D*”表示声明对象，“*U*”表示引用对象，如图 3-25 所示。

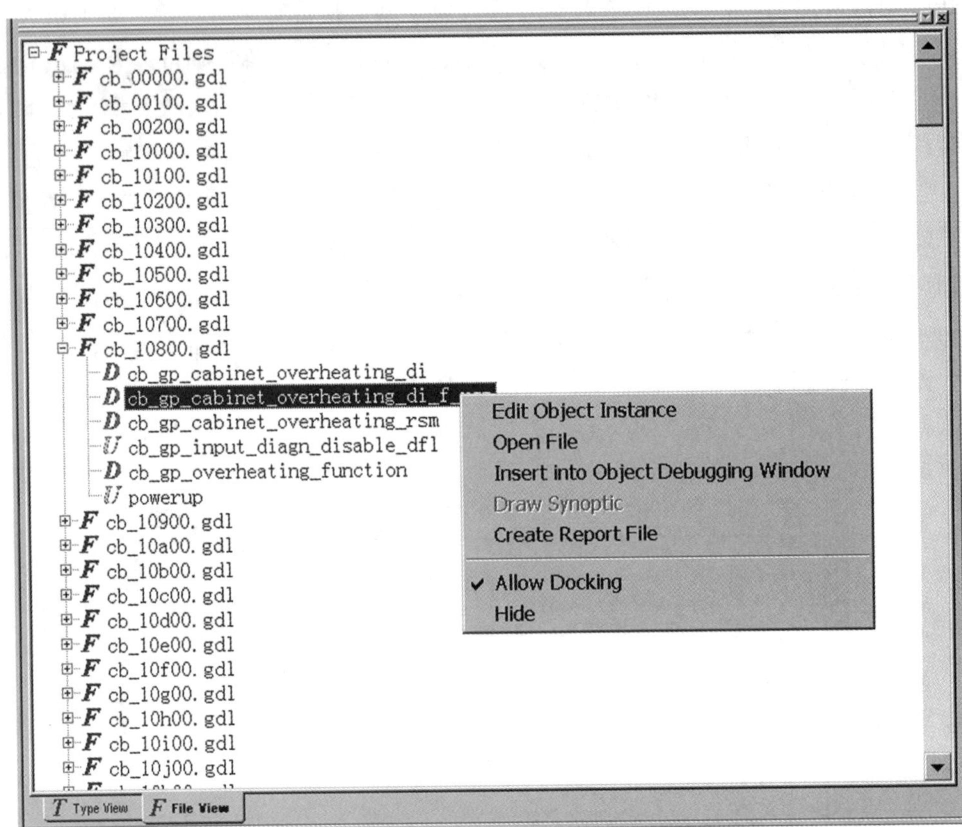


**图 3-25　文件视图窗口**

文件视图以树形结构显示项目中所有的文件，从而便于 GDL 文件的导航和识别。在选择视图中的一个元素之后（如对象、类型或文件），可以通过单击鼠标右键弹出菜单。常见菜单项介绍如下。

- “Edit Object Instance”：打开对象声明和状态窗口，显示和修改所选 GDL 对象的声明。
- “Open File”：打开对象所在的文件（也可以通过双击鼠标打开），并且光标自动定位到该对象声明或使用的地方。
- “Insert into Object Debugging Window”：在“Object Debugging Window”调试窗口中加入该对象的状态变量（可能有多个）。
- “Draw Synoptic”：绘制概要图。在 GDL 文件工作区绘制概要图。仅当选定的 GDL 对象是概要图类型时，此命令才可用。

- “Create Report File”：创建所选对象的报告文件。

（五）信息窗口

信息窗口显示 GdePlus 执行命令的结果，如图 3-26 所示。根据要显示的消息类型，此窗口又分为 3 个子窗口，分别是：“Build & Other Messages”（生成和其他消息）、“Find in Files 1”（在文件 1 中查找）和“Find in Files 2”（在文件 2 中查找）。“Build & Other Messages”窗口主要用于显示 GDL 项目编译和校验信息，以及网络连接、控制器选择等其他信息。而“Find in Files 1”和“Find in Files 2”窗口则用于显示字符串搜索结果。

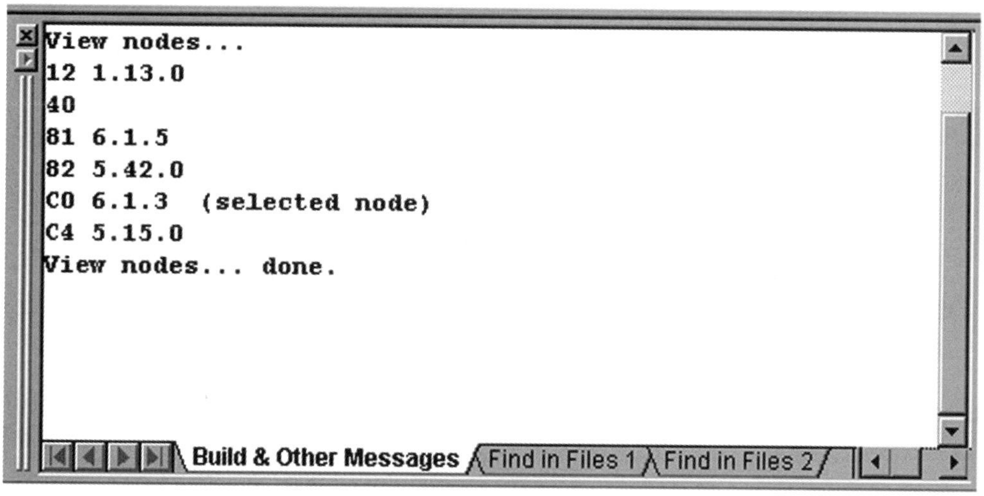

```
View nodes...
12 1.13.0
40
81 6.1.5
82 5.42.0
C0 6.1.3  (selected node)
C4 5.15.0
View nodes... done.
```

Build & Other Messages　Find in Files 1　Find in Files 2

图 3-26　信息窗口

（六）状态栏

状态栏显示当前 GdePlus 已打开项目的状态信息，用户可以隐藏状态栏。与其他窗口不同的是状态栏总是停靠在 GdePlus 软件工作区的下边缘，不能移动，只能隐藏。

（七）对象声明和状态窗口

对象声明和状态窗口用于辅助 GDL项目开发。该窗口由 4 个选项卡组成，分别为：“Declaration Parameters”（参数声明页面）、“Variables”（状态变量页面）、“Operators”（操作符页面）和“Activators”（激励器页面）。

**1. 参数声明页面**

在参数声明页面中列出了对象所有参数的名称、参数的值和参数的类型，如图 3-27 所示。如果对象尚未声明，则其值将显示为字符“？？？”。

在参数声明窗口“Value”栏，单击鼠标右键，在弹出的菜单中选择“edit”命令，可以为参数赋值。在参数声明页面下方有 3 个按钮，分别是：“Modify this instance”

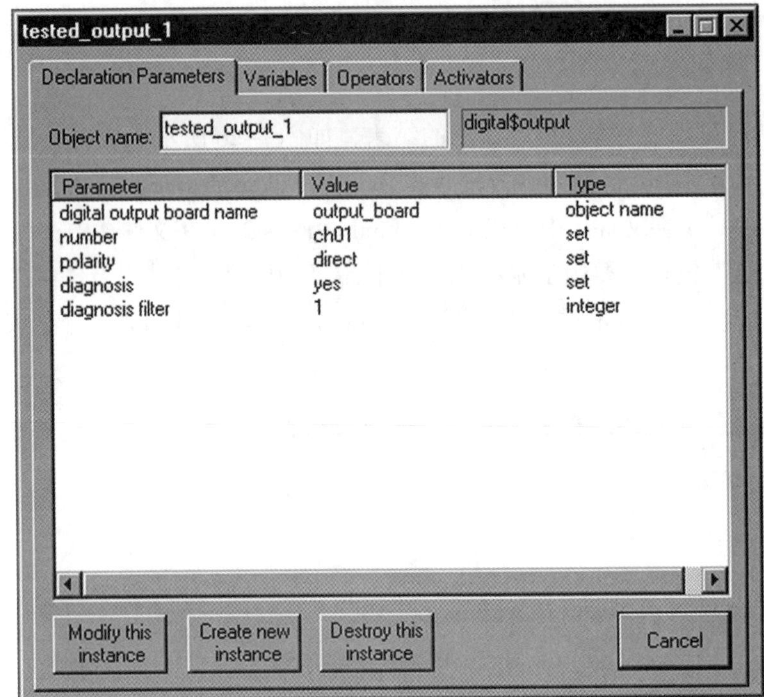


图 3-27　参数声明页面

“Create new instance”和“Destroy this instance”，这 3 个功能只有在开发人员版本中才可用，其功能具体如下。

- “Modify this instance”：修改对象声明。点击此按钮打开包含声明该对象的 GDL 文件，并进行参数修改。仅当对象已声明时，此命令才可用。
- “Create new instance”：声明一个新的 GDL 对象。GdePlus 软件自动将新对象的声明添加到已打开的 GDL 文件中。
- “Destroy this instance”：删除对象声明。经用户确认后，GdePlus 软件将删除该对象的“declare”声明和所有的“use”引用，但 GDL 过程中的对象必须由用户手动删除。

### 2. 状态变量页面

在对象声明和状态窗口的状态变量页面中列出了 GDL 对象变量的所有名称、当前值、变量类型。当 GdePlus 软件已连接到控制器并且 MICRO Ⅱ系统处于运行状态时，GdePlus 软件会定期更新窗口内的变量值，否则显示“？？？”，如图 3-28 所示。

当控制器处于强制状态时，可以对访问类型带有“f”标识的变量值进行强制。通过鼠标右键单击此窗口中要强制变量的“Value To Force”一栏，从弹出的菜单中选择“Edit”项输入值，然后再次单击鼠标右键，并选择“force”命令进行强制，如图 3-29 所示。

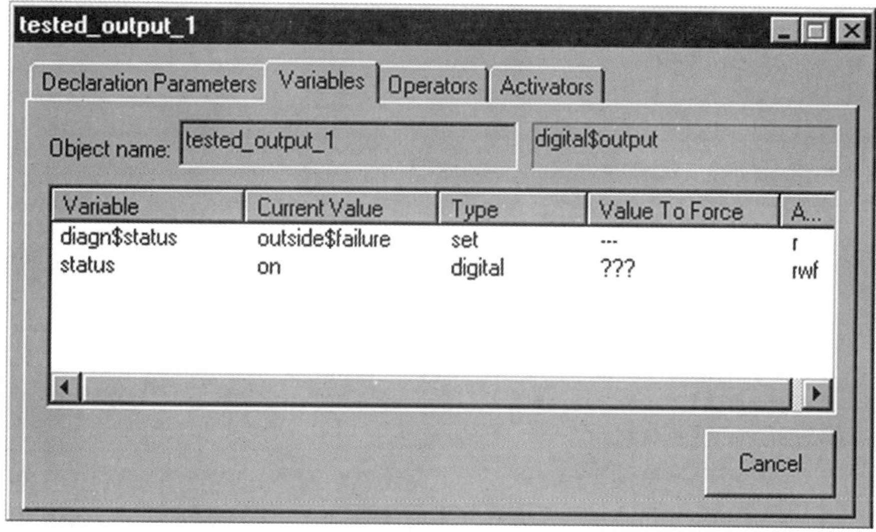


图 3-28 状态变量页面

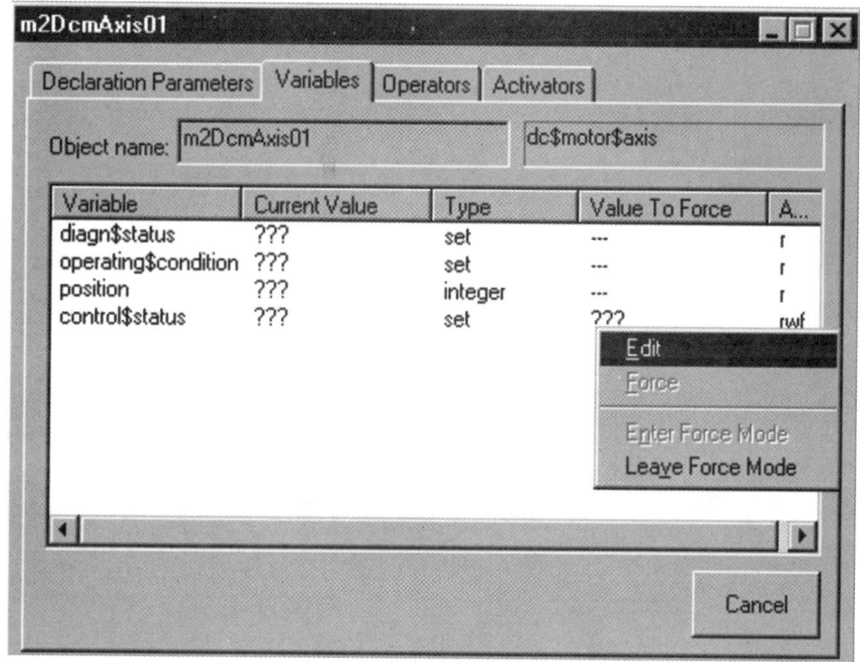


图 3-29 强制变量值

如果控制器未处于就绪状态，可以通过菜单命令“Gdlan”→“Enter Force Mode”或通过此对象状态窗口的弹出菜单，选择“Enter Force Mode”来进入强制模式。

要退出强制模式并返回到就绪状态，可通过菜单命令“Gdlan”→“Leave Force Mode”或通过此对象状态窗口弹出菜单中的命令“Leave Force Mode”来实现。

3. 操作符页面

对象声明和状态窗口的操作符页面允许用户强制 GDL 对象的操作符。与状态变量类似，要强制对象的操作符，该对象的访问类型必须含有“f”标识，即允许强制。如图 3–30 所示。

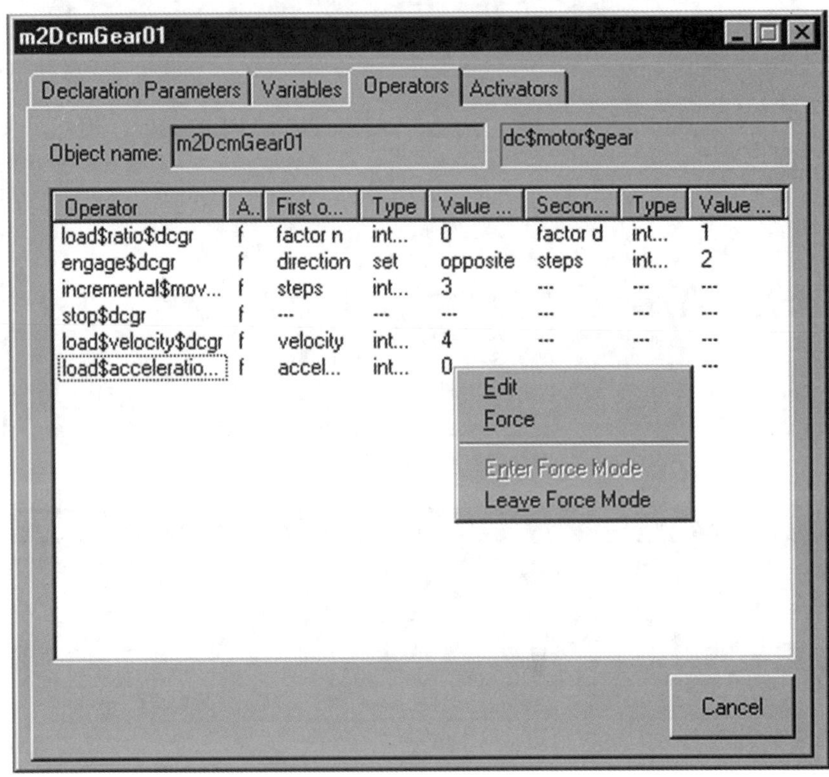


图 3–30　对象操作符页面

### 4. 激励器页面

对象声明和状态窗口的激励器页面显示当前对象的激励器列表。点击激励器前面的加号，会显示出当前使用该激励器的 GDL 过程列表，如图 3–31 所示。

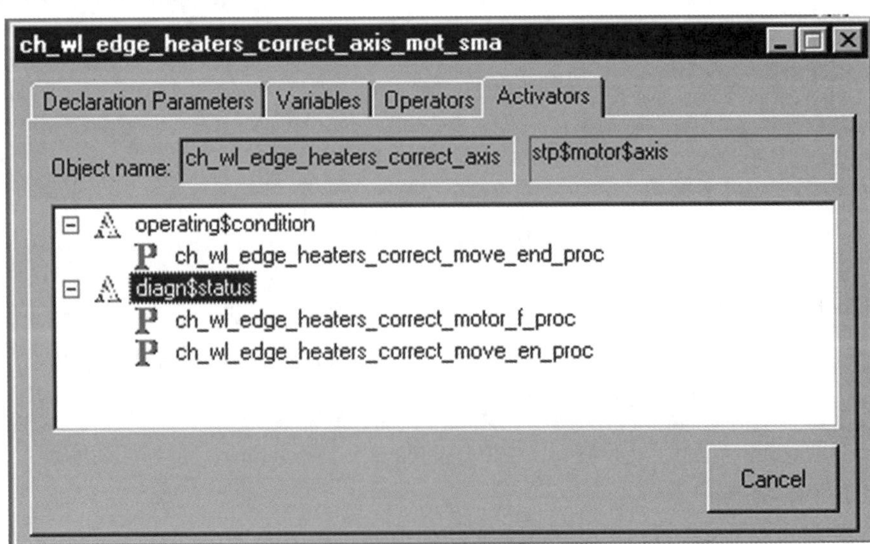


图 3–31　对象激励器页面

### （八）主要菜单介绍

在 GdePlus 软件中有以下菜单：File（文件菜单）、Project（项目菜单）、Edit（编辑菜单）、Build（生成菜单）、View（视图菜单）、Window（窗口菜单）、Gdlan（网络菜单）、Options（选项菜单）、Info（信息菜单）。下面将针对各菜单进行介绍与说明。

#### 1. File（文件菜单）

此菜单包含了处理当前文档的相关命令，如图 3-32 所示。

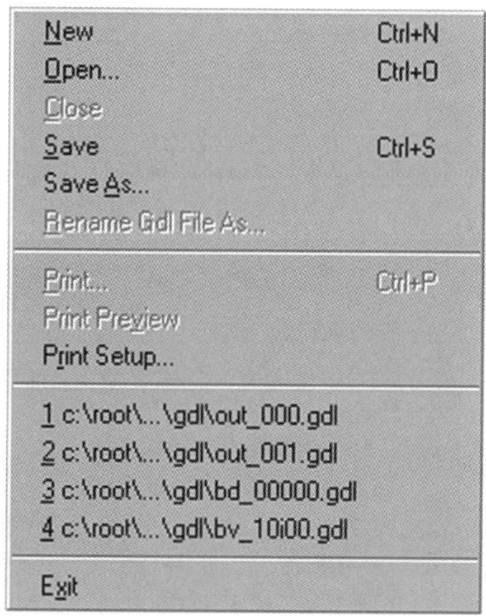


图 3-32　文件菜单

“File”菜单由以下命令组成。

（1）“New”（仅限开发人员版本）：创建新文档。如果当前打开了一个项目，GdePlus 软件会询问用户是否要在项目中插入新文件，并要求用户输入文件名称，默认情况下扩展名为“.GDL”。确认后 GdePlus 软件会自动在文件中插入一些 GDL 语言关键字，如果不将新文档插入当前项目，GdePlus 软件将会创建一个空白的文档。

（2）“Open”：打开一个文件。GdePlus 软件会要求用户输入要打开的文件路径。在“用户”版本中，打开的文件是不可修改的。

（3）“Close”：关闭活动文档。如果文档在更改后没有保存，GdePlus 软件会询问用户是否要保存。

（4）“Save”（仅限开发人员版本）：保存活动文档。如果尚未指定文件名，GdePlus 软件会让用户输入文件名。

（5）“Save As”（仅限开发人员版本）：将当前文档以指定名称进行保存。GdePlus 软件会弹出一个窗口让用户输入保存路径和文件名，并使用该文件名将当前文档另存为新文件，而原始文件保持不变。如果原始文件是 GDL 项目的一部分，则原始文件继续是项目的一部分，而新文件不是，即构成项目的文件列表不会被“另存为”修改。

（6）“Rename Gdl File As”（仅限开发人员版本）：该命令允许用户对文档重命名。执行后文档将使用这个新名称取代原始文件名。如果原始文件不是GDL项目的一部分，则此命令不可用。

（7）“Print”：打印文档。

（8）“Print Preview”：显示打印文件预览。

（9）“Print Setup”：允许用户选择和设置已安装打印机的参数。

（10）“Exit”：退出GdePlus软件。退出时如果存在已修改但尚未保存的文档，程序将询问用户是否要保存。

### 2. Project（项目菜单）

项目菜单图3-33包含了整个GDL项目实施过程中常用的命令。项目打开与关闭时，可用的菜单选项不同。

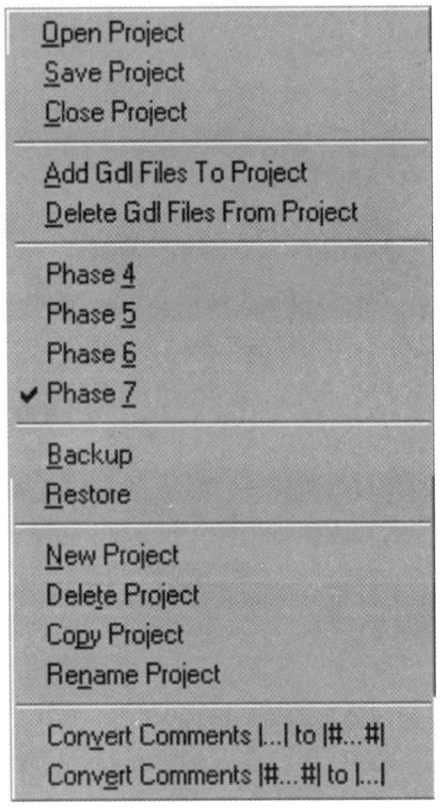


图3-33　项目菜单

“Project”菜单由以下命令组成。

（1）“Open Project”：打开一个已经存在的项目。软件弹出存放于根目录的项目列表，并允许用户从中选择一个项目。

（2）“Save Project”：保存当前打开的项目。保存所有打开的文件和当前项目的内部变量。

（3）“Close Project”：关闭当前打开的项目。如果项目或某些打开的文档已更改但未保存，程序会询问用户是否要在关闭之前保存这些文档。

（4）“Add Gdl Files To Project”：将 GDL 文件添加到当前打开的项目。GdePlus 软件会打开当前项目文件夹中的 GDL 文件列表，并询问用户要选择哪些文件加入当前的项目，列表里面已经是项目成员文件的用红色“$V$”高亮显示，而不是项目成员文件的则用蓝色“$X$”高亮显示。

（5）“Delete Gdl Files From Project”：从当前项目以及文件夹中删除文件。GdePlus 软件会让用户选择要删除的文件。注意，删除文件除了从项目里面移除该文件，也会同时删除项目文件夹里面对应的文件。

（6）“Phase 4/Phase 5/Phase 6/Phase 7”：选择 GdePlus 软件当前的对象等级。

（7）“Backup”：备份打开的项目。

（8）“Restore”：还原一个项目。

（9）“New Project”：创建一个新项目。

（10）“Delete Project”：删除一个项目。

（11）“Copy Project”：复制一个项目。

（12）“Rename Project”：重命名一个项目。

（13）“Convert Comments |...| to |#...#|”与“Convert Comments |#...#| to |...|”：对注释符号进行转换。

### 3. Edit（编辑菜单）

编辑菜单包含用于修改 GDL 文件的命令，如图 3-34 所示。

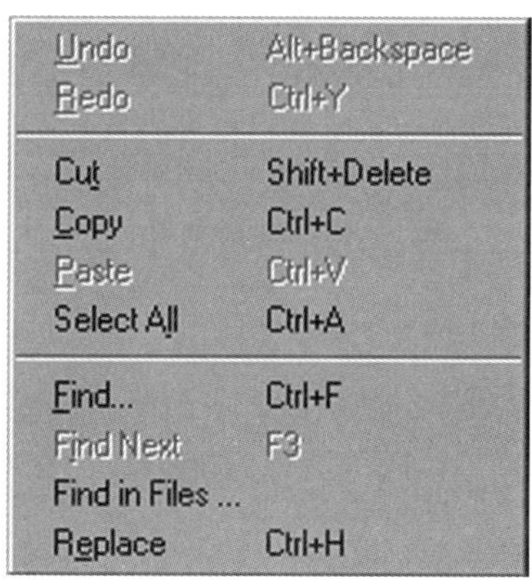


图 3-34　编辑菜单

“Edit”菜单由以下命令组成。

（1）“Undo”：撤销上一步的操作。

（2）“Redo”：撤销上一次的“Undo”命令。

（3）“Cut”：剪切选定的字符并将其粘贴到剪贴板。

（4）“Copy”：复制选定的字符并将其粘贴到剪贴板。

（5）“Paste”：粘贴复制的文档内容。

（6）“Select All”：选择文档中所有字符。

（7）“Find”：在当前的文档中查找字符串。

（8）“Find Next”：查找输入字符串下一次所出现的位置。

（9）“Find in Files”：在当前项目文件夹下的所有文件中查找字符串。

（10）“Replace”：用一个新字符串替换原来的字符串。

4. Build（生成菜单）

此菜单包含用于生成当前项目的命令，生成项目的操作分为两个步骤：parse（解析）和 compile（编译）。前者负责项目语法的分析，后者用于编译 GDL 文件并生成应用程序。所有的项目都必须经过解析和编译后才能下载到控制器中。项目生成过程被分成两个阶段，可以使用户更快地识别 GDL 对象的声明错误，而无须等待后续的编译操作完成。当执行“Build”菜单里面的命令时，如图 3-35 所示，GdePlus 软件会自动保存所有打开的文档。

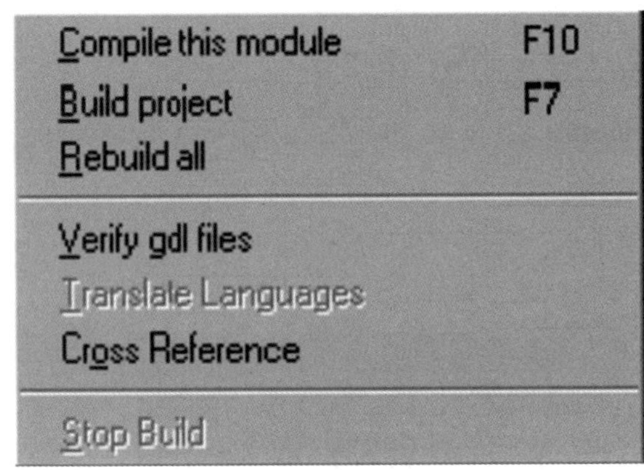


图 3-35　生成菜单

“Build”菜单由以下命令组成。

（1）“Compile this module”（仅限开发人员版本）：在当前打开的 GDL 文件上执行解析和编译。

（2）“Build project”（仅限开发人员版本）：对整个项目内未执行解析和编译的 GDL 文件进行解析和编译。

（3）“Rebuild all”（仅限开发人员版本）：对整个项目内的所有 GDL 文件重新解析和编译。

（4）“Verify gdl files”（仅限开发人员版本）：对 GDL 文件执行交叉检查。在 GDL

项目下载到控制器之前，必须先执行此操作，否则当下载应用程序时，会显示警告信息。

（5）“Translate Languages”（仅限开发人员版本）：此命令允许用户在下载程序前加载一个语言包，用于对程序内的信息进行翻译，如英语转换为中文，语言包的扩展名是“.LDB”。

（6）“Cross Reference”：创建一个包含 GDL 项目相关信息的数据库。数据库采用“Microsoft Access 97”格式，由多张表组成，这些表分别存储了 GDL 项目的不同内容，如链、机器参数、机器相位以及 I/O 和信息之间的关系等。

（7）“Stop Build”（仅限开发人员版本）：停止正在进行的解析和编译操作。

### 5. View（视图菜单）

此菜单包含的命令允许用户显示或隐藏 GdePlus 软件工作环境中的窗口，如图 3–36 所示。

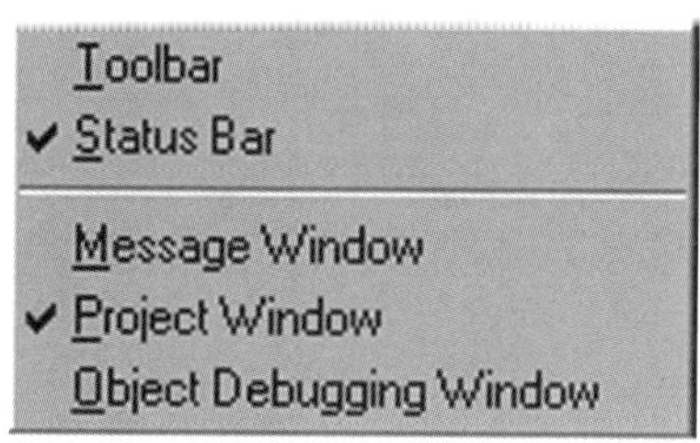


图 3–36　视图菜单

“View”菜单包含以下命令。

（1）“Toolbar”：自定义工具栏。通过弹出的窗口，可以根据需要选择工具栏。

（2）“Status Bar”：显示或隐藏状态栏。

（3）“Message Window”：显示或隐藏信息窗口。

（4）“Project Window”：显示或隐藏项目窗口。

（5）“Object Debugging Window”：显示或隐藏对象调试窗口。

### 6. Window（窗口菜单）

窗口菜单包含的命令允许用户排列已打开的 GDL 文件窗口，如图 3–37 所示。

图 3–37　窗口菜单

“Window”菜单由以下命令组成。

（1）“Cascade”：将打开的窗口错位叠放在一起，使每个窗口的标题可见。

（2）“Tile”：将打开的窗口占据工作区的所有可用空间，且不相互重叠。

（3）“Arrange Icons”：对最小化文档的图标进行排序。

## 7. GDLAN（网络菜单）

此菜单包含用于连接和断开 GDLAN 的菜单命令，如图 3-38 所示。允许用户更新所选控制器上的应用程序以及控制程序的执行。

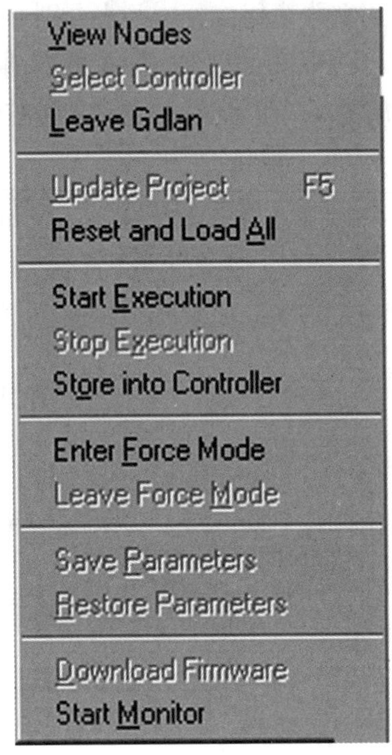


图 3-38 网络菜单

“GDLAN”菜单由以下命令组成。

（1）“View Nodes”：查看网络上所有节点。

（2）“Select Controller”（仅限开发人员版本）：选择网络上运行的控制器。

（3）“Leave Gdlan”：断开与 GDLAN 网络的连接。

（4）“Update Project”（仅限开发人员版本）：更新控制器上的应用程序。GdePlus 软件在下载应用程序之前会执行以下检查：

- 如果控制器正在运行，则停止运行；
- 如果控制器处于“强制”状态，则释放；
- 如果要下载的项目比控制器上的固件新，会自动更新固件；
- 如果要下载的项目与控制器上已有的项目相同，则需要用户确认后再下载；
- 如果控制器上的应用程序与要下载的可执行文件只存在部分不同，则只下载这些模块，以加快更新操作。

（5）“Reset and Load All”：重新下载控制器上的应用程序。将执行下列操作：

- 复位控制器;
- 如有必要，更新文件 fw.cfg 中指定的设备固件;
- 下载所有的程序模块。

（6）“Start Execution”：执行控制器上的应用程序。

（7）“Stop Execution”：停止控制器执行。

（8）“Store into Controller”：将当前可执行文件存储在控制器上。当控制器处于就绪状态时，此命令才可用。

（9）“Enter Force Mode”：进入强制状态。当控制器处于就绪状态时，此命令才可用。如果控制器处于强制模式，则可以通过对象的“对象状态窗口”强制某些对象的变量和运算符。

（10）“Leave Force Mode”：离开强制状态并进入准备状态。当控制器处于强制状态时，此命令才可用。

（11）“Save Parameters”：备份参数。上传并存储控制器里面的数字型和整数型参数的当前值。此命令仅在控制器处于运行状态时可用。

（12）“Restore Parameters”：还原参数。从文件中读取数字型和整数型参数的值，并发送到控制器。此命令仅在控制器处于运行状态时可用。

（13）“Download Firmware”（仅限开发人员版本）：更新固件。

（14）“Start Monitor”：启动监控状态。

### 8. Options（选项菜单）

选项菜单包含的命令允许用户自定义 GdePlus 软件工作环境，如图 3-39 所示。

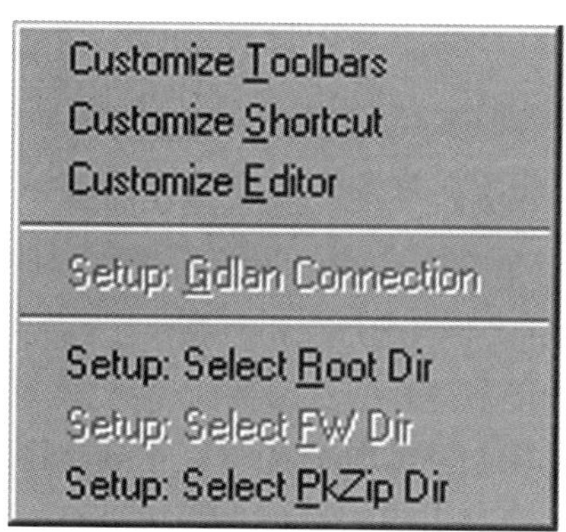


图 3-39 选项菜单

“Options”菜单由以下命令组成。

（1）“Customize Toolbars”：个性化工具栏。GdePlus 有 6 个预设工具栏，这些工具栏可以通过添加和删除图标、更改图标的外观和大小来进行修改。

（2）“Customize Shortcut”：自定义快捷方式。GdePlus 软件允许用户将功能键 F1~F10、Ctrl+ 字符、Alt+ 字符作为快捷键来关联相关命令。这样用户可以直接通过快捷键来激活命令。

（3）“Customize Editor”：自定义编辑器。GdePlus 软件允许用户自定义编辑器的字体类型和大小，以及关键字、注释和文本的颜色。

（4）“Setup:Gdlan Connection”：设置网络参数。

（5）“Setup:Select Root Dir”：选择根目录。用户可以指定根目录的路径。

（6）“Setup:Select FW Dir”：选择保存固件文件（*.esa）的目录。

（7）“Setup:Select PkZip Dir”：选择包含 PkZip 程序的目录。如果路径为空，GdePlus 软件将使用自带的 ARJ 程序来解压缩 GDL 项目。如果用户指定了 PkZip 程序路径，则可以选择 PkZip 或者 ARJ 程序来解压缩 GDL 项目。

#### 9. Info（信息菜单）

信息菜单仅有“About GdePlus”项，提供有关正在使用的 GdePlus 软件版本的信息。启动 GdePlus 软件后，通过菜单命令“Info”→“About GdePlus...”，可以了解 GdePlus 软件的版本号。

## 第二节　GdePlus 软件使用

### 一、通信配置

在 AI-SRVR 适配器与 MICRO Ⅱ控制器通信前，需要进行相应的通信配置：设置 GDLAN 网络参数、个人计算机 IP 地址以及连接 GDLAN 网络。用户只有完成 GdePlus 软件与 MICRO Ⅱ控制器的通信配置，才可以对 MICRO Ⅱ控制器进行程序下载、保存参数与恢复参数等相关操作。

#### （一）设置 AI-SRVR 适配器参数

AI-SRVR 适配器实际上是一个 GDLAN网络服务器，该适配器可以将 GDLAN 网络上的数据包与 Ethernet 网络数据包进行互相转换，并转发给计算机客户端。使用 AI-SRVR 适配器前（以 AI-SRVR-1/CXB 型号为例），首先需要对其进行配置，可以通过以太网网口或者串行端口连接 AI-SRVR 适配器，并设置其 IP 地址、子网掩码以及适配器工作模式等参数，建议通过以太网端口来进行设置。AI-SRVR 适配器上有默认的 AI-SRVR IP 地址，可以通过默认的 IP 地址进行连接（例如：10.11.18.151），并在 CMD 命令窗口下使用 Telnet 会话来进行设置。更详细的配置方法可参考 AI-SRVR 适配器说明书。

通过 GdePlus 软件菜单命令“Options”→“Setup:GDLAN Connection”，可以配置与 AI-SRVR 适配器通信的 IP 地址以及通信端口号，如图 3-40 所示。

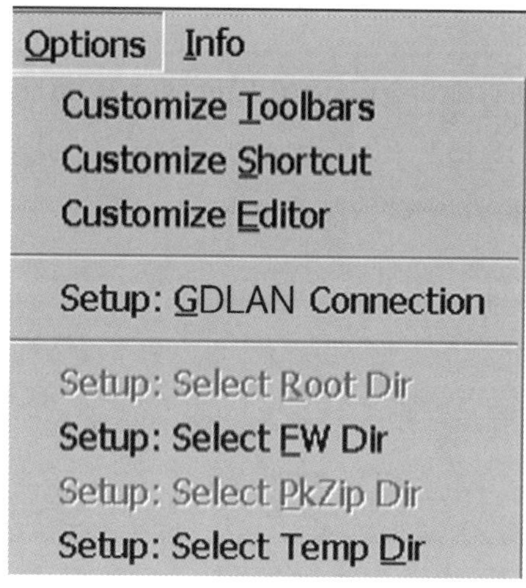


图 3-40 适配器设置选项菜单

接着在弹出的对话框“GDLAN Setup”中输入 AI-SRVR 适配器的 IP 地址与 TCP 端口号，如图 3-41 所示（默认的 AI-SRVR TCP 端口号：5001）。

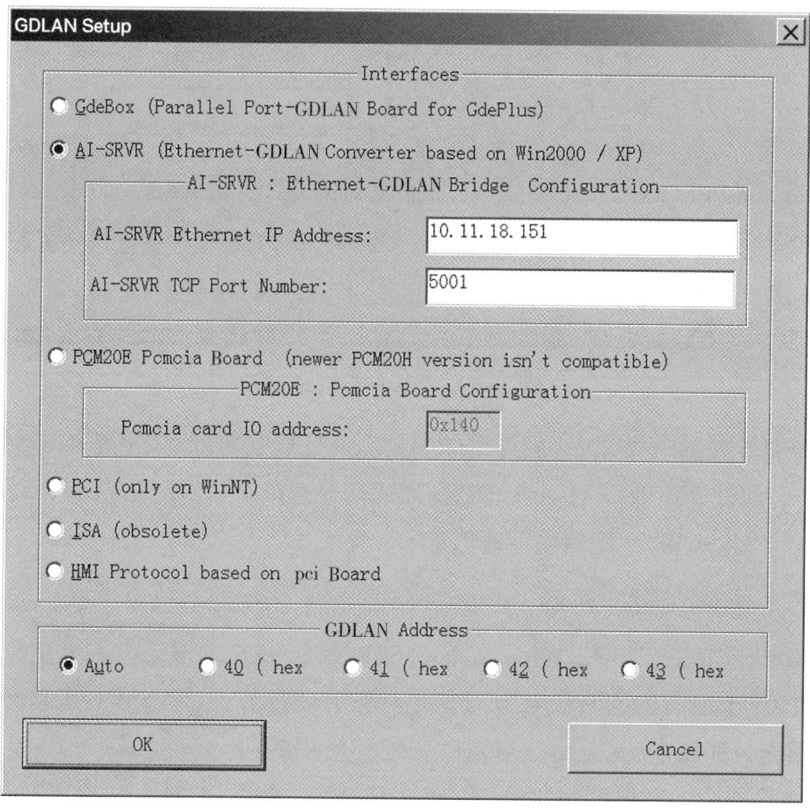


图 3-41 AI-SRVR 适配器设备 IP 设置

## （二）设置计算机 IP 地址

计算机的网卡 IP 地址必须与 AI-SRVR 以太网的 IP 地址处于同一网段。例如：可以设定其 IP 地址为 10.11.18.152，子网掩码为 255.0.0.0，其默认网关和 DNS 服务器无须进行设置，默认为空，如图 3-42 所示。

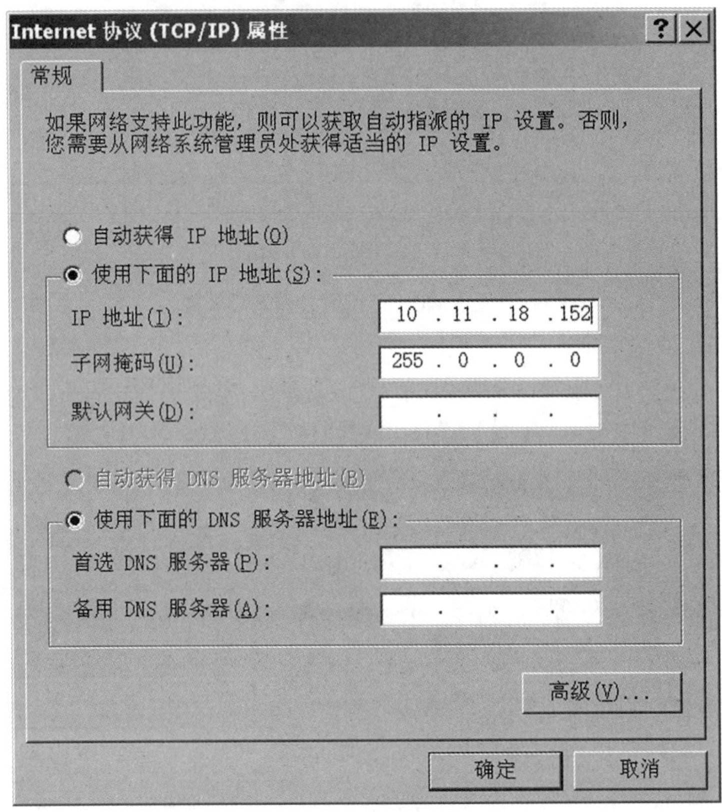


图 3-42　个人计算机 IP 设置

设置完计算机和 GdePlus 软件里面的相关地址后，通过 RJ45 端子网线连接两者的网络端口，测试计算机与 AI-SRVR 适配器通信是否正常，使用 ping 命令测试网络，确保计算机与 AI-SRVR 适配器物理通信正常。

## （三）连接 GDLAN 网络

在菜单“GDLAN”中，“View Nodes”菜单命令可以浏览 GDLAN 上所有的网络设备节点，并对相关设备节点进行操作，如图 3-43 所示。与该命令配套使用的还有“Select Controller”菜单命令和“Leave GDLAN”菜单命令，用于连接和断开与 GDLAN 的通信。

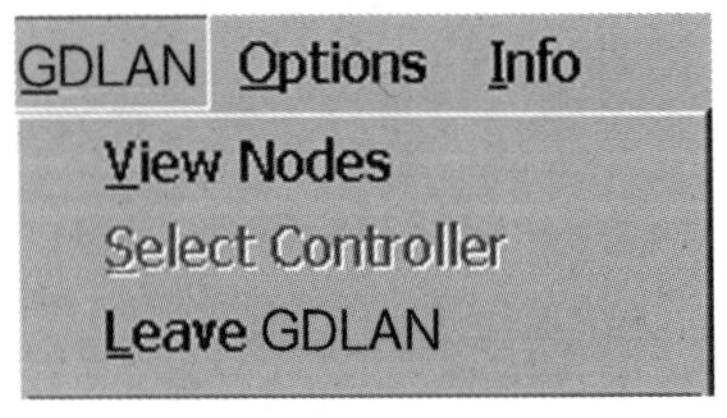


图 3-43　连接网络

### 1. 查看节点

如果计算机硬件接口已经通过适配器连接到 GDLAN 网络，通过执行菜单命令“View nodes”会在信息窗口中显示所有可以访问的 GDLAN 网络节点。GdePlus 软件会在信息窗口中显示出控制器、OPC 和计算机的节点地址，如图 3-44 所示。各节点地址的含义如下：41 指计算机，81 指主机 OPC，82 指辅机 OPC，C0 指 MICRO Ⅱ控制器（CPU）。

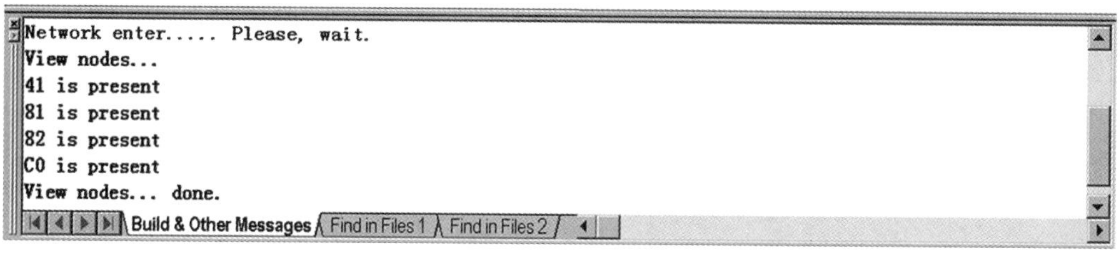

Network enter..... Please, wait.
View nodes...
41 is present
81 is present
82 is present
C0 is present
View nodes... done.
Build & Other Messages
Find in Files 1
Find in Files 2

图 3-44　显示 GDLAN 上的网络节点

### 2. 连接控制器节点

菜单命令“Select Controller”允许用户选择一个控制器进行连接，GdePlus 软件会弹出一个窗口，里面列出了当前可访问的控制器节点，如图 3-45 所示。这里用户可以选择的控制器节点只有 C0，单击 C0 并按下“Select”按钮，GdePlus 软件就会连接到 C0 节点。如果网络节点连接成功，信息窗口栏会提示“done”（完成）。

Controller Map And Select
C0
Select
Cancel

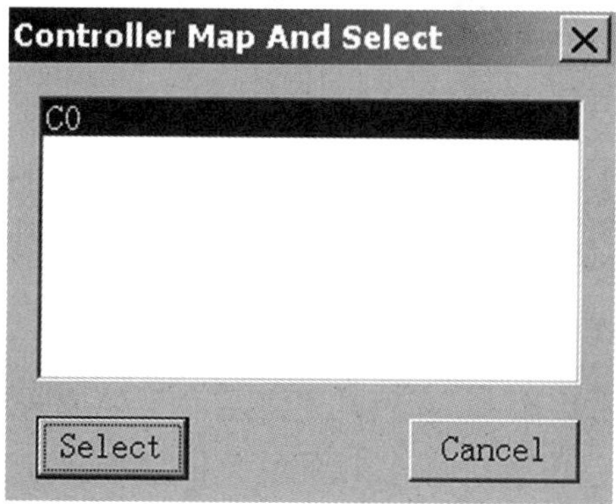

图 3-45　选择连接 MICRO Ⅱ CPU

## 二、参数上传

MICRO Ⅱ控制器参数可以存储或备份在计算机上，恢复参数时可以通过备份文件来还原设备相关参数，以保证设备正常运行。

### （一）系统状态要求

MICRO Ⅱ系统必须在控制器处于运行状态时才可以进行参数备份。如果系统处于停止状态，可通过“GDLAN”下的菜单命令“Start Execution”启动 MICRO Ⅱ系统运行。

## （二）备份参数

参数的备份通过菜单命令“GDLAN”→“Save Parameters”完成，执行该命令上传并存档控制器的数字型参数和整数型参数的当前值。用户需要提供保存参数文件的路径，如“C:\root\bb5gdx2”。图 3–46 所示为连接到 C0 控制器后的“GDLAN”菜单。

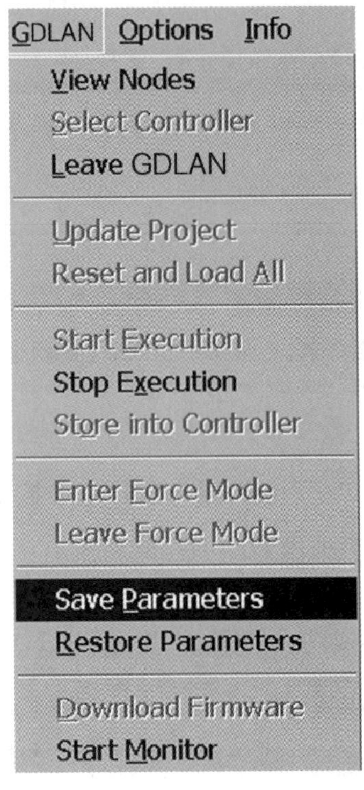


图 3–46　参数备份

## （三）记录禁用的红色信息

MICRO Ⅱ系统在正常生产中，有些红色报警信息需要人为免除（禁用）后，设备才可以正常运行。当程序下载后所有禁用的红色信息将会清除，因此程序下载前用户需要在 OPC 上的“配置”画面中查找禁用的红色信息，并做好记录，以便恢复设备时使用。

以 ZB45 包装机组为例，选择 OPC 菜单“配置”→“操作员站菜单”→“释放 / 禁用红色信息”，然后输入密码验证后会显示：A– 禁用的红色信息、B– 红色信息。用户选择 A 进入已禁用的红色信息（选择 B 是系统内部所有的红色信息），可以查看当前 MICRO Ⅱ系统所有禁用的红色信息。通过“选择”菜单可以选择不同的机器：0 指电气柜、1 指辅机、2 指 X2 小包机，分别查看对应机器所禁用的红色信息。如图 3–47 所示，此辅机禁用的红色信息为“* 传感器诊断故障：N08 03 3S223”和“* 传感器诊断故障：N08 15 3S234”。

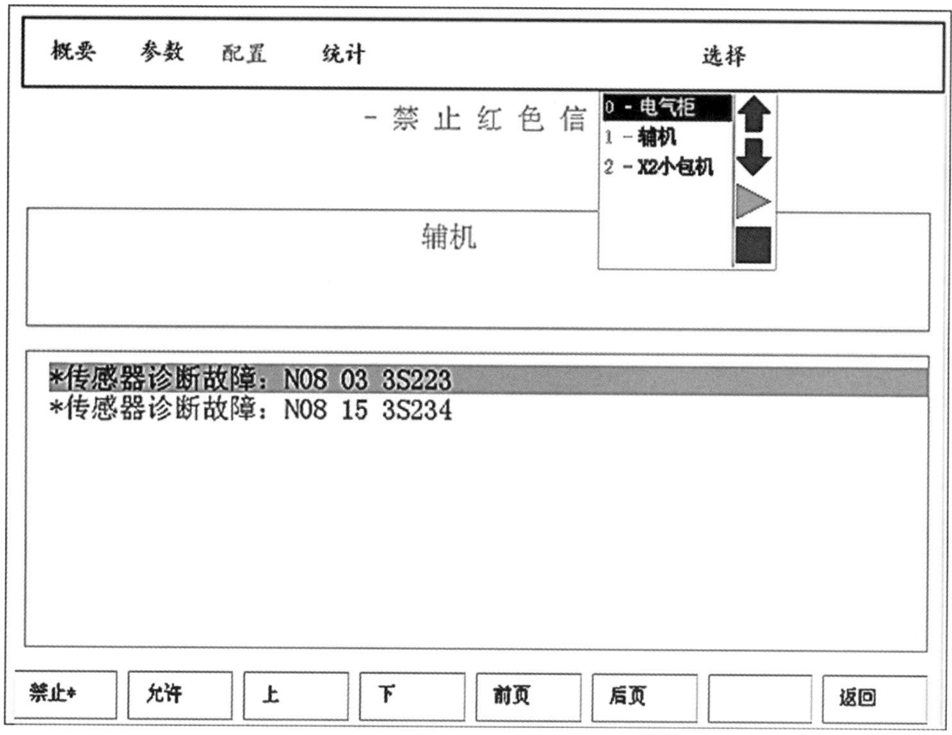


图 3-47 禁用的红色信息

## 三、参数恢复

MICRO Ⅱ系统可以通过执行恢复参数命令，将之前保存的参数还原到控制系统中。

### （一）系统状态要求

恢复 MICRO Ⅱ系统的参数必须在控制器处于运行状态时才可以进行。如果系统处于 STOP 状态，可以通过菜单命令“GDLAN”→“Start Execution”来启动 MICRO Ⅱ控制系统。

### （二）恢复参数

恢复参数可通过菜单命令“GDLAN”→“Restore Parameters”来完成，该命令从文件中读取数字型参数和整数型参数的值，并发送到控制器，用户必须提供包含数字型参数和整数型参数的文件路径。

恢复参数时控制器只会加载数字型参数或整数型参数的当前值，参数的默认值不会下载到控制器，参数默认值只能通过重新生成 GDL 项目进行修改。恢复参数命令如图 3-48 所示，参数恢复实例步骤如图 3-49 和图 3-50 所示。

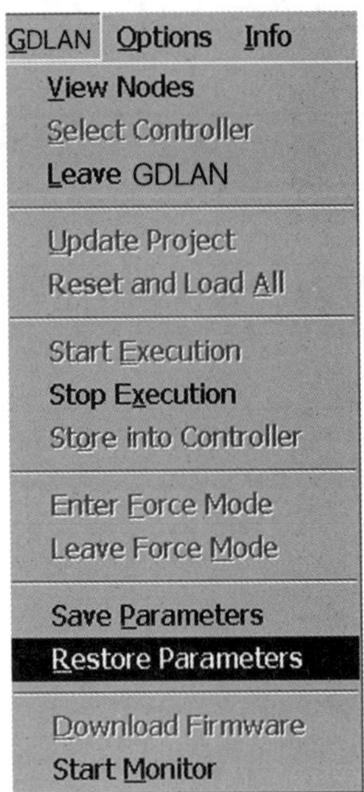


图 3-48　参数恢复

下面举例说明恢复参数的步骤。

（1）指定恢复参数路径。恢复参数路径一般在“C:\root”下，如图 3-49 所示为“C:\root\bb5gdx2”。

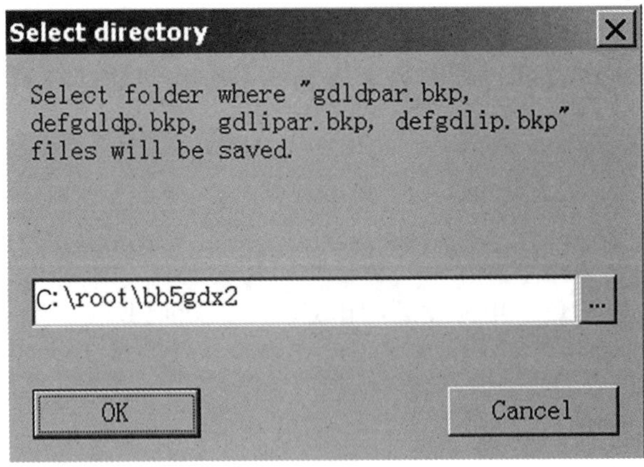


图 3-49　参数路径

（2）确认下载参数到控制器 C0。选择参数文件的路径后，GdePlus 软件会提醒用户参数将下载到控制器，如图 3-50 所示。

## （三）恢复禁用的红色信息

下载程序后会清除之前所有被禁用的红色信息，需要恢复原设备禁用的红色信息记录，否则之前禁用的红色信息会被触发并造成设备停机。用户需要根据下载之前记

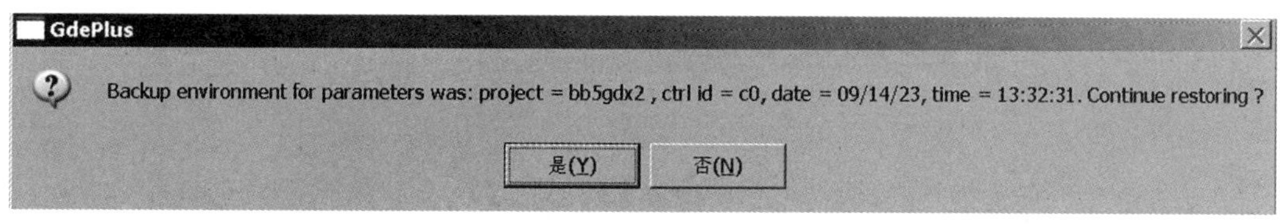


图 3-50 确认下载参数

录的禁用红色信息手动恢复之前的状态，这样设备才可以恢复到原来的运行状态。红色信息禁用后，相关的红色信息前面会出现一个“*”符号，代表此报警信息已被禁用，不会触发设备停机。

## 四、项目管理

项目的创建、删除、归档与恢复可以通过 GdePlus 软件的“Project”菜单命令来完成，项目的文件命名需要遵循相应的规则。

### （一）文件命名规则

在创建新文件时，首先确定新增加的功能是放在已有的组或功能里面，还是要新建一个组或功能，然后再创建新的 GDL 文件。每一个 GDL 文件的文件名在程序中都是唯一的，其命名规则可参照源程序，GDL 文件名的字符数最大为 8 个（不包含扩展名），举例如下。

（1）cb_00000.gdl：最前面的“cb”代表这一 GDL 文件里面所编写定义的内容与电气柜有关。后面的 5 位数字“00000”是与电气柜相关 GDL 文件的一个排列编号，不能重复。“.gdl”是 GDL 文件的扩展名，在创建时自动生成。

（2）ch_00000.gdl：最前面的“ch”代表这一 GDL 文件里面所编写定义的内容与辅机有关。

（3）xx_00000.gdl：最前面的“xx”代表这一 GDL 文件里面所编写定义的内容与主机有关。

### （二）文件创建方法

下面以创建 user_005.gdl 文件为例介绍文件创建方法。创建 GDL 文件时，建议按照 GDL 文件命名规则，通过菜单命令“File”→“New”对项目中各个 GDL 文件定义文件名，也可通过菜单命令“File”→“Save As...”对现有的 GDL 文件进行命名。新建 GDL 文件后，自动弹出窗口，在窗口中输入要创建的 GDL 文件名（扩展名“.gdl”不用输入，单击“OK”时自动生成），如图 3-51 所示。

通过菜单命令“Project”→“Add all files to Project”，可以将 GDL 文件添加到已打开的项目中。通过执行该命令，GdePlus 会弹出一个对话框，列出当前项目文件夹下所有文件，让用户选择要添加到项目中的文件。不管 GDL 文件是否属于该项目的成员，

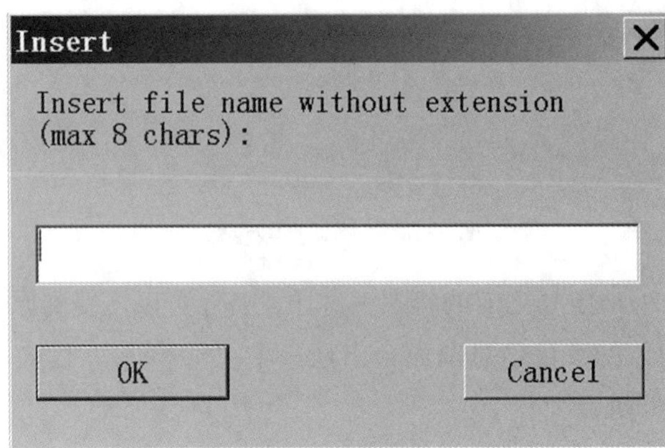


图 3-51　GDL 文件名

只要该 GDL 文件放置在项目文件夹下均会显示出来，其中已经属于项目成员的文件会用红色“*V*”高亮显示，不是项目成员的文件则用蓝色“*X*”高亮显示，如图 3-52 和图 3-53 所示。

同理，可以通过菜单命令“Project”→“Delete GDL files to Project”，从项目和项目文件夹中删除文件。

注意：如果某个文件不属于该项目，但位于 gdl、jet、ldb 或 project 文件夹中，则在对项目进行备份时，它将与其他文件一起保存，建议删除不属于该项目的文件。

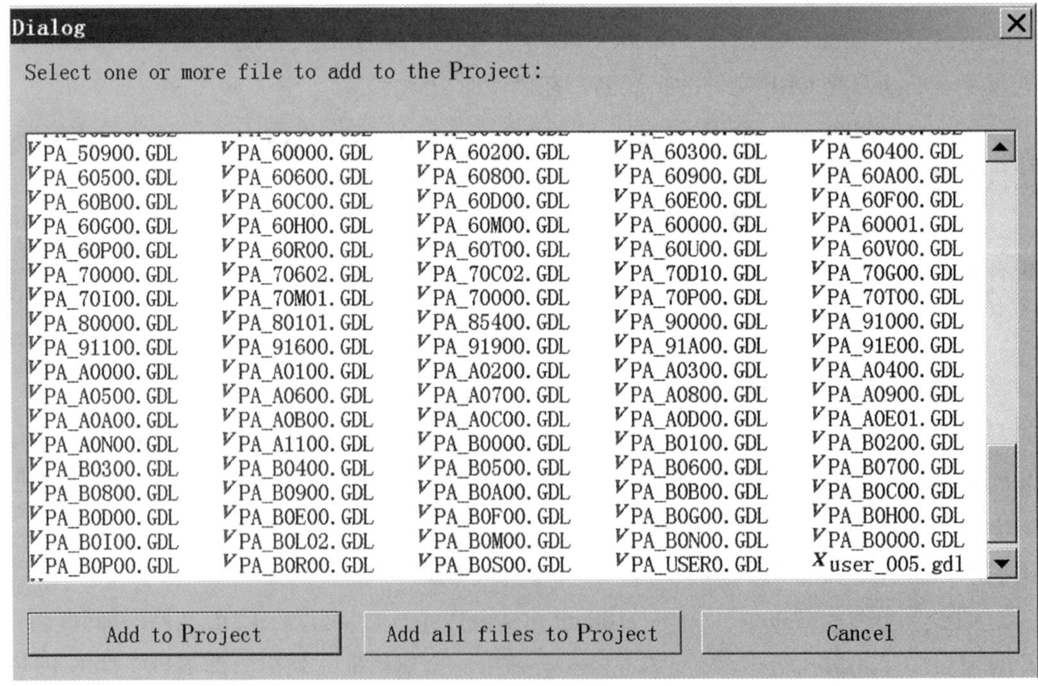


图 3-52　添加前的 GDL 文件

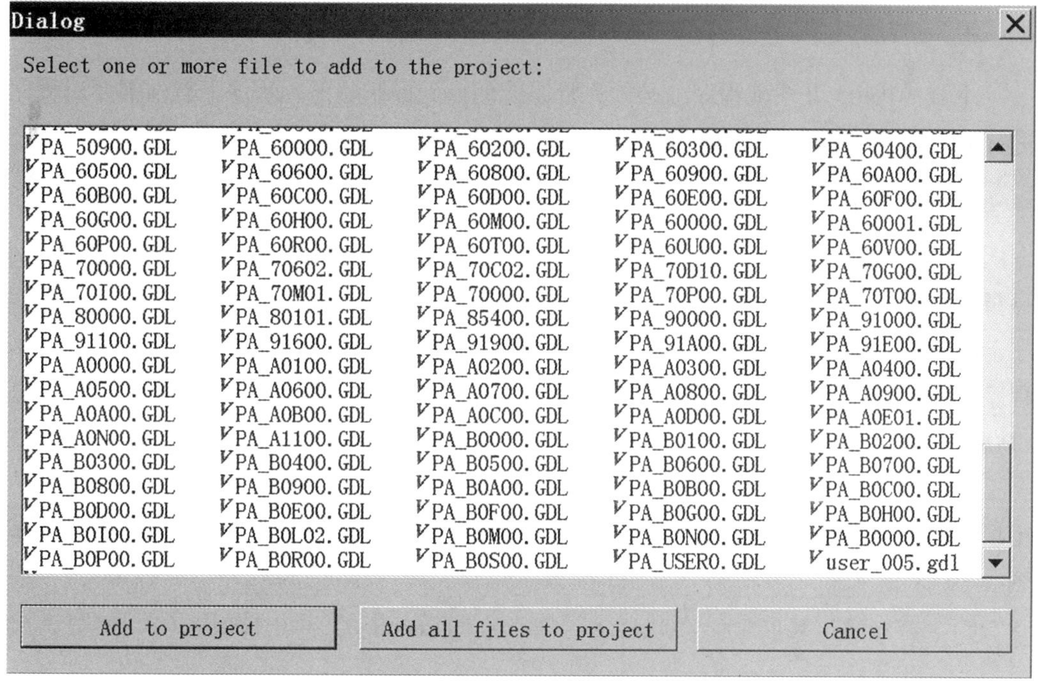


图 3-53 添加成功后的 GDL 文件

## （三）创建项目

在创建 GDL 程序项目时，首先确定项目名，其 GDL 程序项目的文件名在程序文件夹（root 目录）中都是唯一的，其命名可参照文件命名规则来做，GDL 程序的项目名称不能超过 8 个字符（不包含扩展名），如图 3-54 所示。用户通过菜单命令“Project”→“New Project”新建项目，或通过菜单命令“Project”→“Rename Project”修改已有的项目名称。在此菜单下还可通过菜单命令“Project”→“Delect Project”删除已存在的项目。

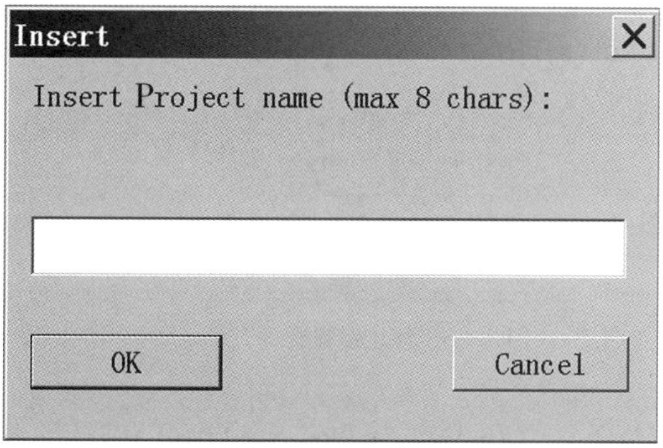

Insert

Insert Project name (max 8 chars):

OK　　Cancel

图 3-54 创建 GDL 项目名

## 五、程序下载与调试

下载 MICRO Ⅱ系统程序前必须先将系统切换到停止状态，程序下载前需要对程序进行解析、编译和校对，只有编译通过的程序才可以下载。

### （一）程序下载

下载程序前必须先通过菜单命令“GDLAN”→“Stop Execution”停止控制器，信息窗口中会有相关提示。然后通过菜单命令“GDLAN”→“Reset and Load All”下载程序，将应用程序重新载入控制器，此时 GDL 程序将下载到 CPU 里面的 RAM 中，下载程序后需要通过菜单命令“GDLAN”→“Store into Controller”将程序从 RAM 中固化到 CPU 的程序卡里面，这样系统重新上电后程序才不会丢失。下载过程中 GdePlus 软件会提示是否保存相关参数并下载项目文件。程序下载过程中将复位控制器，必要时会使用项目中指定的 fw.cfg 文件对设备固件进行更新。GDL 程序下载实例步骤如图 3–55 至图 3–59 所示。

（1）首先通过菜单命令“GDLAN”→“Stop Execution”停止控制器 C0，如图 3–55 所示。

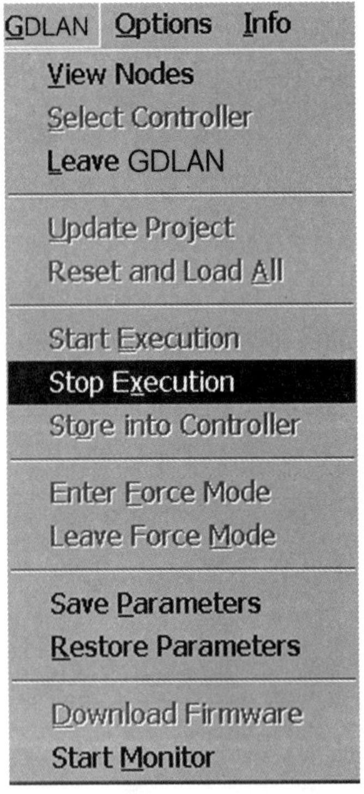


图 3–55　停止控制器

2）选择通过菜单命令“GDLAN”→“Reset and Load All”后，提示保存设备参数，如图 3–56 和图 3–57 所示。

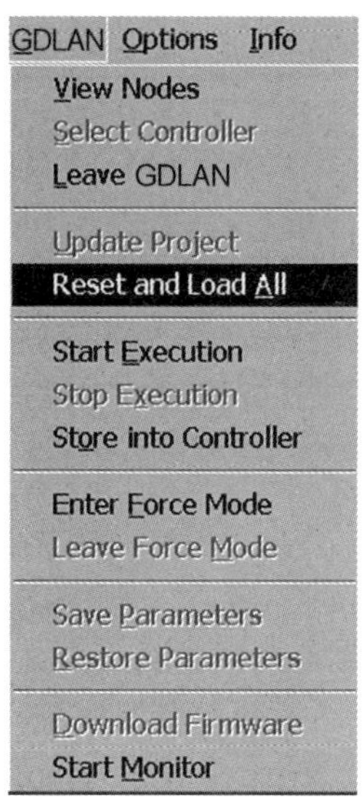


图 3-56　复位和下载

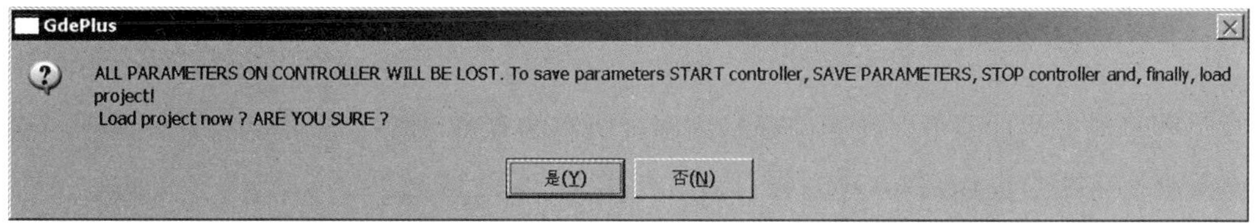


图 3-57　程序下载前提示

在复位和下载程序时，控制器所有参数将丢失，所以需要先保存所有参数，然后再停止控制器并下载 GDL 程序。

（3）通过菜单命令“GDLAN”→“Store into Controller”存储 GDL 程序到程序卡，如图 3-58 和图 3-59 所示。

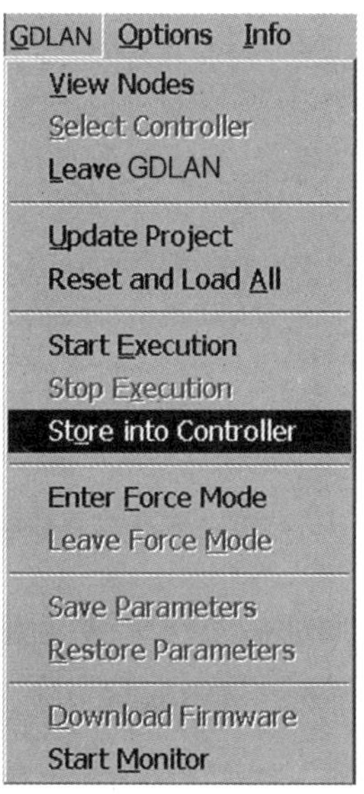


图 3-58　存储项目程序至程序卡

图 3-59　确认下载程序

## （二）程序调试

GDL 程序调试一般通过使用全局查找功能、交叉参考功能、在线监控功能 3 种方法来进行。

### 1. 全局查找功能

在程序调试过程中，通常需要知道 GDL 对象在各个模块的调用情况，这时就可以使用全局查找功能。通过菜单命令“Edit”→“Find/Replace in Files”来打开全局查找功能，该命令会弹出一个查找窗口，如图 3-60 所示。默认情况下，如果已经打开一个项目则全局查找功能可以在当前项目内查找所有的 GDL 对象，若没有打开任何项目则全局查找功能会在 GdePlus 项目根目录下查找所有符合的对象。

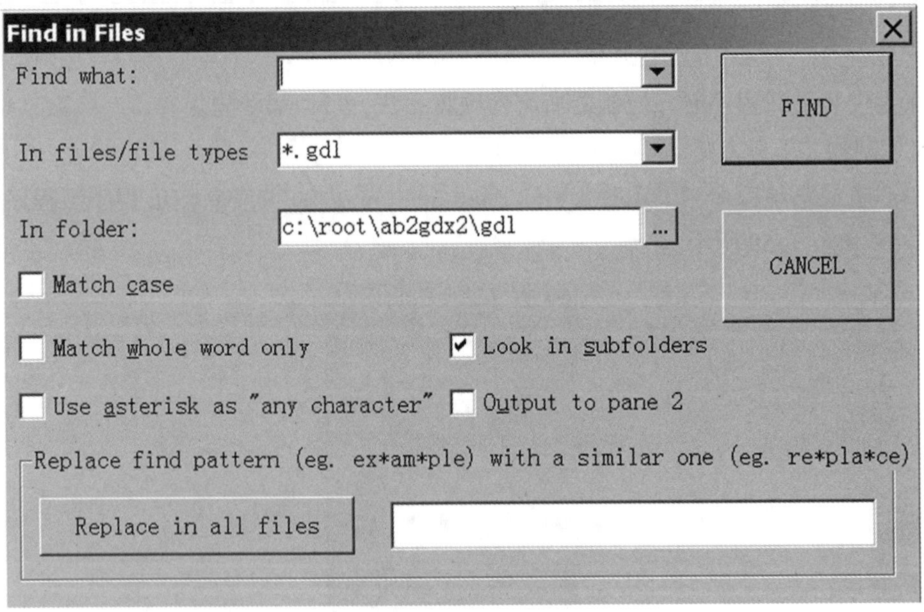

图 3-60　全局查找功能

在使用全局查找时，可以增加一个快捷键，例如“Alt+F”，以方便用户使用此功能，快捷键的增加可通过菜单命令“Options”→“Customize ShortCut”来实现，如图 3-61 所示。

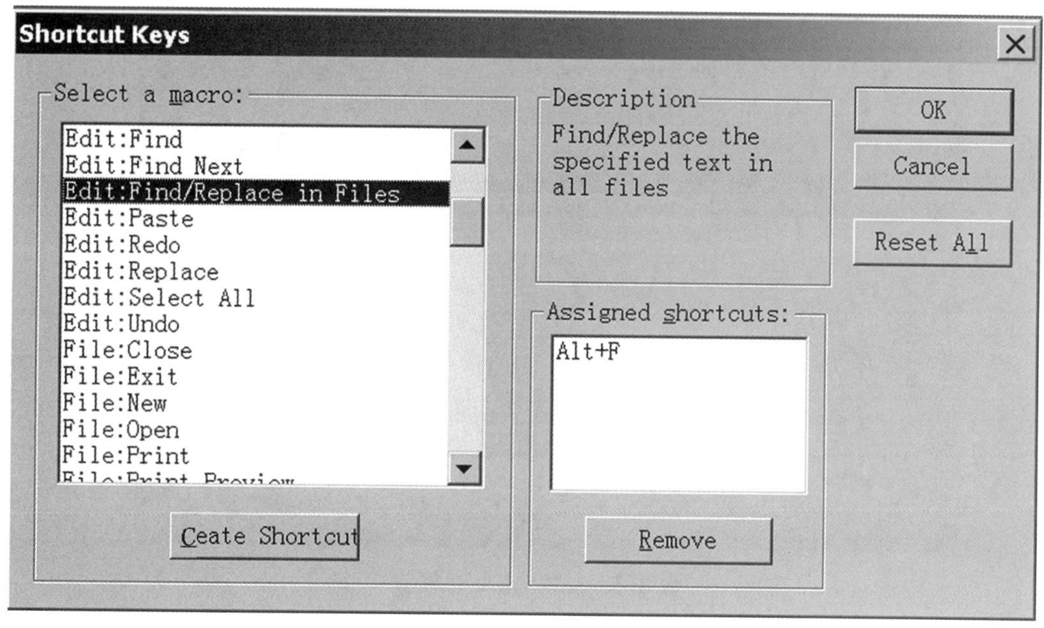


图 3-61 增加快捷键

要使用全局查找功能，需要在该对话框里面的“Find what：”一栏里输入 GDL 对象名称，然后单击“FIND”按钮进行搜索。手动输入对象名称容易出错，通常是通过复制、粘贴一个 GDL 对象名称来完成，例如：在 GDL 文件里面双击一个 GDL 对象名称，则 GdePlus 软件会自动选中该对象名称，并以高亮显示，如图 3-62 所示，此时使用快捷键“Ctrl+C”复制该对象名称。

```
declare ch_tape_presence_di                         digital$input
        { cb_board_N08_dib,
          ch22,
          direct,
          no,
          0
        };
```

图 3-62 选择 GDL 对象

接着使用快捷键“Alt+F”（假设已经为全局查找功能分配了该快捷键）打开全局查找功能，并在“Find what：”一栏里面粘贴已复制的 GDL 对象名称，如图 3-63 所示。

单击“FIND”按钮，则软件会在信息窗口里面显示所有的搜索结果，双击信息窗口里面的任意一个搜索结果，即可快速定位到该对象所在的 GDL 文件位置，如图 3-64 所示。

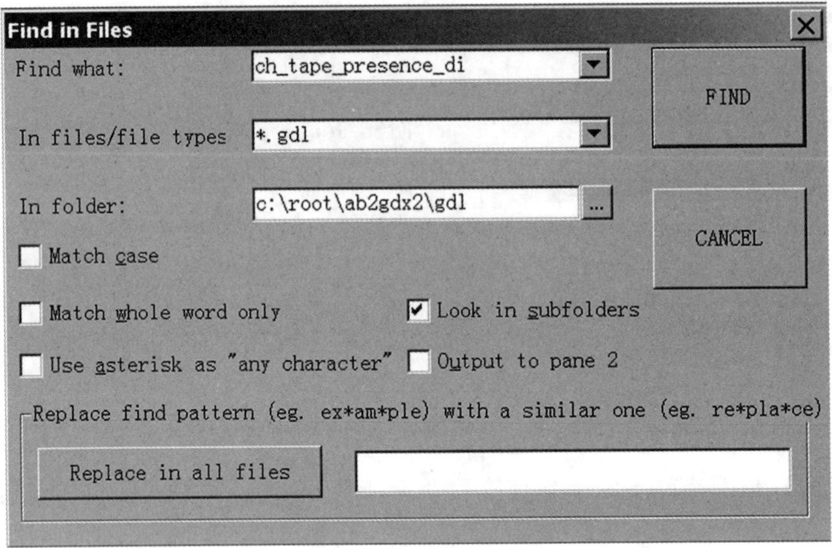


图 3-63 粘贴 GDL 对象

```
Searching for "ch_tape_presence_di" ...
c:\root\ab2gdx2\gdl\CH_50300.GDL(72): declare ch_tape_presence_di                      digital$input
c:\root\ab2gdx2\gdl\CH_50300.GDL(109): declare cb_ch_tape_presence_di_f_rsm             state$message
c:\root\ab2gdx2\gdl\CH_50300.GDL(170):               status of ch_tape_presence_di = on
c:\root\ab2gdx2\gdl\CH_50300.GDL(199):               status of ch_tape_presence_di = on
c:\root\ab2gdx2\gdl\CH_50300.GDL(226):            status of ch_tape_presence_di = on
c:\root\ab2gdx2\gdl\CH_50300.GDL(233):               status of ch_tape_presence_di = off
c:\root\ab2gdx2\gdl\CH_50300.GDL(284): procedure ch_tape_presence_di_f_proc;
c:\root\ab2gdx2\gdl\CH_50300.GDL(288):             diagn$status of ch_tape_presence_di
c:\root\ab2gdx2\gdl\CH_50300.GDL(295):         diagn$status of ch_tape_presence_di = faulty
c:\root\ab2gdx2\gdl\CH_50300.GDL(297):          status of cb_ch_tape_presence_di_f_rsm = on;
c:\root\ab2gdx2\gdl\CH_50300.GDL(299):          status of cb_ch_tape_presence_di_f_rsm = off;
c:\root\ab2gdx2\gdl\user_040.gdl(13): |#declare ch_tape_presence_di                  digital$input
c:\root\ab2gdx2\gdl\user_040.gdl(113): use      ch_tape_presence_di                      digital$input;
c:\root\ab2gdx2\gdl\user_040.gdl(149):             status of ch_tape_presence_di,
c:\root\ab2gdx2\gdl\user_040.gdl(159):         status of ch_tape_presence_di = off
15 occurrence(s) have been found.

Build & Other Messages | Find in Files 1 | Find in Files 2
```

图 3-64 信息窗口显示搜索结果

## 2. 交叉参考功能

GdePlus 软件提供了交叉参考功能，可以输出一个数据库文件，里面记录了所有对象的声明与交叉引用信息。该数据库文件为 Access 97 格式，打开数据库可以看到里面存在多张表，并按不同类别进行分类，数据库内置了多个查询结果与报表，详细记录了整个项目对象的交叉引用情况，通过该数据库可以快速地了解整个 GDL 项目，也可以直接将其作为项目交接文件使用，如图 3-65 所示。

图 3-65　交叉参考生成的数据库文件

交叉参考文件在程序编写调试过程中也可以辅助项目开发人员，典型应用是查找各个 I/O 点的使用情况。通常用户在增加一个新的项目功能需要使用 I/O 端口时，如果不清楚 I/O 端口占用情况，在项目编译的时候可能出现端口占用冲突错误，此时可以使用交叉参考功能查找可用的 I/O 端口，从而避免端口冲突，如图 3-66 所示。

declared_io_table：表

| io_obj | obj_type | diagnosis | file_name | board_or_remote | io_channel | r |
|---|---|---|---|---|---|---|
| ch_gp_ct_checks_disable_di | digital$input | DI Not Diagn | CH_10400.GDL | N09 | 01 | |
| ch_gp_ct_oil_level_ok_di | digital$input | DI Diagn | CH_10H00.GDL | N09 | 02 | |
| ch_ct_entry_brush_contrast_open_di | digital$input | DI Diagn | CH_J0100.GDL | N09 | 04 | |
| ch_ct_blank_running_low_di | digital$input | DI Not Diagn | CH_K0100.GDL | N09 | 05 | |
| ch_gp_vacuum_chk_low_di | digital$input | DI Not Diagn | CH_10Y00.GDL | N09 | 06 | |
| ch_ct_blank_glue_pot_out_di | digital$input | DI Not Diagn | CH_K0400.GDL | N09 | 07 | |
| ch_ct_blank_glue_lev_1_low_di | digital$input | DI Not Diagn | CH_K0500.GDL | N09 | 08 | |
| ch_ct_blank_unwind_platform_open_di | digital$input | DI Diagn | CH_K0300.GDL | N09 | 09 | |
| ch_ct_wl_lower_folder_jam_di | digital$input | DI Diagn | CH_L0300.GDL | N09 | 10 | |

记录：6 共有记录数：376

图 3-66　I/O 端口使用情况

### 3. 在线监控功能

在项目调试过程中，有时需要用到在线监控功能，用于判断程序执行情况。在线监控功能可以使用前面介绍的“对象声明和状态”窗口里面的“状态变量”页面来进行监控，也可以使用“对象调试”窗口里面的“对象调试表”来进行监控，建议使用第二种方式。对象调试表可以将多个不同 GDL 对象加入同一个表内进行监控，更方便用户进行故障排查。要将 GDL 对象加入对象调试表，可以在项目窗口的类型视图或者文件视图里面右键单击 GDL 对象，选择“Insert into Object Debugging Window”命令将 GDL 对象加入对象调试表，如图 3-67 所示。此时对象调试表里面将会出现该 GDL 对象的状态变量信息（可能有多个），如图 3-68 所示。当 GdePlus 软件连接到控制器时，对象调试表里面会显示对象当前值。

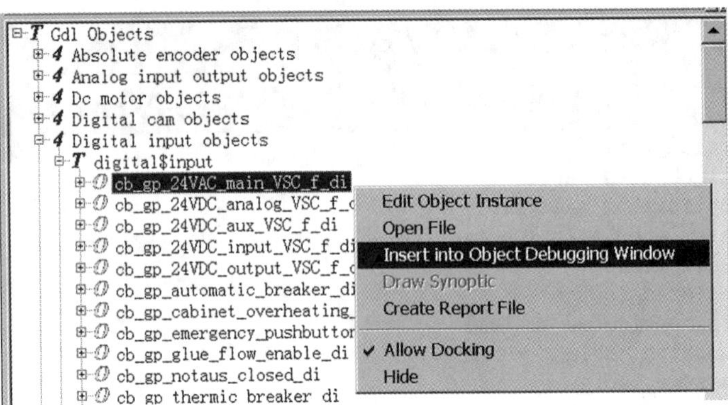


图 3-67　添加监控对象

| Object Name | Variable Name | Value | Comment | Object Type |
|---|---|---|---|---|
| cb_gp_24VAC_main_VSC_f_di | diagn$status | ok | "" | digital$input |
| cb_gp_24VAC_main_VSC_f_di | status | off | "" | digital$input |
| cb_gp_24VDC_analog_VSC_f_di | diagn$status | ok | "" | digital$input |
| cb_gp_24VDC_analog_VSC_f_di | status | off | "" | digital$input |
| ch_ct_wl_dried_glue_step_ivr | value | 6 | "" | integer$variable |
| ch_gp_real_production_ifl | value | 0 | "" | integer$flag |
| ch_motor_stack_level_ifl | value | 2 | "" | integer$flag |
| xx_gp_burnt_packets_ichain | value[1] | 0 | "" | integer$chain |
| xx_gp_burnt_packets_ichain | value[2] | 0 | "" | integer$chain |
| xx_gp_burnt_packets_ichain | value[3] | 0 | "" | integer$chain |
| xx_gp_burnt_packets_ichain | value[4] | 0 | "" | integer$chain |
| xx_gp_burnt_packets_ichain | value[5] | 0 | "" | integer$chain |
| xx_gp_burnt_packets_ichain | value[6] | 0 | "" | integer$chain |
| xx_gp_burnt_packets_ichain | value[7] | 0 | "" | integer$chain |
| xx_gp_burnt_packets_ichain | value[8] | 0 | "" | integer$chain |
| xx_gp_burnt_packets_ichain | value[9] | 0 | "" | integer$chain |
| xx_gp_burnt_packets_ichain | value[10] | 0 | "" | integer$chain |
| xx_gp_6wheel_reject_dchain | status[1] | off | "" | digital$chain |
| xx_gp_6wheel_reject_dchain | status[2] | off | "" | digital$chain |
| xx_gp_6wheel_reject_dchain | status[3] | off | "" | digital$chain |
| xx_gp_6wheel_reject_dchain | status[4] | off | "" | digital$chain |
| xx_gp_6wheel_reject_dchain | status[5] | off | "" | digital$chain |
| xx_gp_6wheel_reject_dchain | status[6] | off | "" | digital$chain |
| xx_gp_6wheel_reject_dchain | status[7] | off | "" | digital$chain |
| xx_gp_6wheel_reject_dchain | status[8] | off | "" | digital$chain |
| xx_gp_6wheel_reject_dchain | status[9] | off | "" | digital$chain |
| xx_gp_6wheel_reject_dchain | status[10] | off | "" | digital$chain |

Control Status　Object Debugging Table

图 3-68　对象调试表里面的不同对象

## 本章思考题

1. 如何在 GDL 项目中新建 GDL 文件？
2. 如何监控 GDL 程序中的变量？
3. 如何备份和恢复 MICRO Ⅱ控制器参数？
4. 如何下载 GDL 程序？

# 第四章　GDL 系统语言

学习要点

1. GDL 语言结构特点。
2. GDL 程序编写规范。
3. 设备程序解读方法。

为满足市场需求，卷烟厂对设备的生产效率与过程数据愈加重视，包装机设备的自动化程度也越来越高，控制系统也变得更加复杂，基于计算机强大的运算能力来设计包装机控制系统已是大势所趋。G.D 公司在 20 世纪 90 年代就针对包装机控制系统提出了全新的概念，一款基于微型计算机系统的、专业的、易用的编程语言应运而生——GDL（G.D Language）。

GDL 是一种模块化、结构化的高级编程语言，其通过定义数据结构（称为“GDL 对象”）的方式来表示系统内部的物理和逻辑单元，并通过编写适当的程序来构成控制算法（称为“GDL 过程”），从而实现对象期望的动作与行为。这些对象和过程的声明指令以及执行指令一起构成了程序主体的可执行代码。一个 GDL 应用程序指的是用于控制设备的所有对象以及过程的集合，通常由多个模块组成，每个模块声明了一些对象，也可能存在一定数量的过程，但模块里面的过程并不是必须存在的。各个模块中分别定义的对象之间通常具有逻辑关系。例如：对象的某一个特性可以由另外一个对象的特性所决定，而过程的可执行指令也可以引用在另一个模块中声明的对象。

GDL 程序的运行机制与传统 PLC 的顺序循环执行不同，其采用事件触发的方式来执行程序。当有事件触发时，系统会自动执行与该事件相关联的过程，一个事件可以同时触发多个过程，一个过程也可以被多个不同的事件来触发运行，而这些触发过程运行的事件（变量）在 GDL 里面被称为激励器（activator）。程序的开发可以被分成若干个单独的模块，便于软件的快速开发与维护。需要注意的是，对象是对设备物理实际的抽象，整个应用程序当中，对象的命名不能重复。此外，为了方便程序的开发，建议在前缀或后缀使用相同的标识符来分别命名模块、过程和对象。

本章主要介绍 GDL 语言的规范与程序设计方法，并结合实际进行程序讲解。通过本章学习，读者将会了解 GDL 的程序设计思想，读懂 GDL 程序并掌握简单的编程。

# 第一节　编程语法

## 一、标识符与关键字

GDL 编译器可以接受的字符和语法关键字类型主要有标识符、保留关键字、分隔符、数值常量和字符串等。GDL 程序代码由上述几种类型一起构成，其中分隔符里面的分号（ ; ）表示每条指令的结束。

GDL 不区分大小写，即大写字母与小写字母属于同一标识符或关键字。程序里面每一行代码均可以包含任意数量的指令，指令可以转到下一行而不需要任何特定的连接符，但前提是标识字符或关键字没有被拆分。

### （一）可用的字符集

GDL 可用的字符集如表 4–1 所示，由 ASCII 码字符的子集以及一些特殊字符组成。

**表 4–1　可用字符集表**

<table>
<tr><th>序号</th><th>字符</th></tr>
<tr><td>1</td><td>A ... Z</td></tr>
<tr><td>2</td><td>a ... z</td></tr>
<tr><td>3</td><td>0 ... 9</td></tr>
<tr><td>4</td><td>& = + – * / (  ) , ; < > | $ [ ] { } ‘ _（下画线）</td></tr>
<tr><td>5</td><td>SP（空格）CR（回车）LF（换行）HT（水平制表符）</td></tr>
</table>

在字符串（即单引号里面的字符集）里面，水平制表符会转换为单个空格，要获得所需的间距，可以通过键入多个空格符来代替制表符。若程序源文件里面输入了非法字符，GDL 编译器会产生语法错误信息，但是字符串和注释里面允许含有可用字符集以外的字符。

### （二）标识符

标识符用于定义 GDL 模块、过程和对象的名称。每个名称最多含有 40 个字符，且第一个字符必须是字母或下画线，之后可以是字母、数字或下画线。所有标识符必须与保留关键字不同。

### （三）保留关键字

编译器通过保留关键字来识别指令语法，所有的标识符均不能与这些关键字相同，且关键字不能省略。常见的关键字如表 4-2 所示，分为程序结构关键字、激励器关键字、操作符（operator）关键字等几种类别。

**表 4-2 部分常见的关键字**

| 程序结构关键字 | | |
|---|---|---|
| ACTIVATORS | END$OBJECT$SECTION | OF |
| AND | END$PROCEDURE$SECTION | OR |
| ANY$DIAGN$STATUS | ENDIF | PROCEDURE |
| ANY$OBJECT$STATUS | ENDWHILE | PROCEDURE$SECTION |
| DECLARE | IF | RETURN |
| EJECT | LOOP | THEN |
| ELSE | MODULE | USE |
| END | NOT | WHILE |
| END$MODULE | OBJECT$SECTION | |
| 激励器关键字 | | |
| ACCELERATION | ERROR$MONITOR | RATIO$FACTOR$N |
| ACCELERATION$MONITOR | EVERY$EDGE$ADJUST | REFERENCE$SELECTOR |
| ACTUATOR$OFF$DELAY | FIRST$POWER$UP | REGULATOR$STATUS |
| ACTUATOR$ON$DELAY | FX$REFERENCE | SAMPLE$NUMBER |
| ADJUST$POSITION | GEAR$STATUS | SCALE$FACTOR |
| ADJUST$SIZE | HOME$STATUS | SEGMENT$NUMBER |
| ANY$DIAGN$STATUS | INTERNAL$REFERENCE | SETPOINT |
| ANY$OBJECT$INPUT | LATCHED$PHASE | SHAPE$STATUS |
| AXIS$STATUS | LATCHED$POSITION | SIZE |
| CAM$STATUS | LOOP$STATUS | SOURCE$CHANNEL |
| CENTERING$ERROR | MATCH$DIRECTION | SPEED |
| CFG$STATUS | MATCH$POSITION | START$POSITION |
| CFG$UPDATE$REQUEST | MEAN$LOAD | STATUS |
| COMPENSATION$VALUE | MEAN$LOAD$MONITOR | STEP |

续表

| 激励器关键字 | | |
|---|---|---|
| CONTROL$STATUS | MIN$STEP$DURATION | STEPS$LEFT |
| CURRENT$SHAPE | MOTOR$ID | TEMPERATURE |
| CYCLE$POSITION | MOTOR$STATUS | TEST$CONTROL$STATUS |
| CYCLE$STATUS | NORMAL$POWER$UP$FIRST$STEP | THEORETIC$POSITION |
| DIAGN$CONTROL$STATUS | NORMAL$POWER$UP$SECOND$STEP | THRESHOLD |
| DIAGN$STATUS | OFFSET | TIME$OFF |
| DISENG$ACC | OPEN$LOOP$SETPOINT | TIME$ON |
| DOT$NUMBER | OPERATING$CONDITION | TIME$OUT |
| DOT$TABLE$STATUS | PHASE | TOLERANCE |
| DRIVER$STATUS | PHASE$MATCH | TRIGGER |
| DUMMY$ACTIVATOR | POSITION | TUNING$STATUS |
| EDGE | POSITION$MATCH | VALUE |
| ENGAGE$ACCELERATION | PROFILE$ACCELERATION | VARIABLE$ID |
| ENGAGE$JERK | PROFILE$JERK | VELOCITY |
| ERROR | RATIO$FACTOR$D | VELOCITY$MONITOR |
| 操作符关键字 | | |
| ABSOLUTE$MOVE$DCAX | LOAD$AWCS$CFG | SHIFT$FWD$DCH |
| ABSOLUTE$MOVE$MC$AXIS | LOAD$AXS$ACC$MC$SHAPE | SHIFT$FWD$ICH |
| ABSOLUTE$MOVE$SMAX | LOAD$AXS$JRK$MC$SHAPE | SLIP$ADV$STP$GEAR |
| CAM$HOME$MC$AXIS | LOAD$AXS$SGM$MC$SHAPE | SLIP$MC$AXIS |
| COLOR$SCROLL | LOAD$AXS$VEL$MC$SHAPE | START$422MCH$CFG |
| DELETE$422MCH$CFG | LOAD$CAM$CFG | START$AWCS$CFG |
| DELETE$AWCS$CFG | LOAD$ENCODER$CFG | START$CAM$CFG |
| DELETE$CAM$CFG | LOAD$ENG$PRF$MC$CAM | START$DISPENSING |
| DELETE$ENCODER$CFG | LOAD$ENG$PRF$MC$GEAR | START$ENCODER$CFG |
| DELETE$TMR | LOAD$GNT$SGM$MC$SHAPE | START$FLUSH$CLEANING |
| DIRECTED$HOME | LOAD$JOG$PRF$MC$MTR | START$JOG$MC$MTR |
| DISCONNECT$MC$GEAR | LOAD$MC$RGL | START$LIMITED$SMGR |

续表

| 操作符关键字 | | |
|---|---|---|
| DISENGAGE$ADV$STP$GEAR | LOAD$MC$SHAPE | START$MCH |
| DISENGAGE$MC$CAM | LOAD$POSITION | START$PCN |
| DISENGAGE$MC$GEAR | LOAD$POSITION$MC$AXIS | START$PULSE$CLEANING |
| DISPLAY$MESSAGE | LOAD$POSITION$MC$GNT | START$TMR |
| ENGAGE$ADV$STP$GEAR | LOAD$PRESCALER$SMGR | START$UNLIMITED$SMGR |
| ENGAGE$DCGR | LOAD$PROFILE$MC$AXIS | STOP$422MCH$CFG |
| ENGAGE$MC$CAM | LOAD$PST$ADV$STP$GEAR | STOP$AWCS$CFG |
| ENGAGE$MC$GEAR | LOAD$RATIO$DCGR | STOP$CAM$CFG |
| FILL$DCH | LOAD$RATIO$MC$CAM | STOP$CLEANING |
| FILL$ICH | LOAD$RATIO$MC$GEAR | STOP$CYCLE |
| G.D422$NODE$DIAGN$RESET | LOAD$RATIO$MC$GNT | STOP$DCAX |
| GET$POSITION | LOAD$RT$ADV$STP$GEAR | STOP$DCGR |
| HALT$MC$AXIS | LOAD$VELOCITY$DCAX | STOP$DISPENSING |
| HOME$ADV$STP$GEAR | LOAD$VELOCITY$DCGR | STOP$ENCODER$CFG |
| HOME$CYCLE$DCAX | LOAD$VELOCITY$SMAX | STOP$MC$AXIS |
| HOME$CYCLE$SMAX | MESSAGE$SCROLL | STOP$PCN |
| INC$MOVE$MC$AXIS | RES$MONITORS$VRT$GNRT | STOP$SMAX |
| INCREMENT$COUNTER | RESET$MCH | STOP$SMGR |
| INCREMENTAL$MOVE$DCAX | RESET$MONITORS$MC$MTR | STOP$TMR |
| INCREMENTAL$MOVE$DCGR | RESET$MONITORS$MC$RGL | SYNOPTIC$SCROLL |
| INCREMENTAL$MOVE$SMAX | SELECT | TUNE$MC$RGL |
| LD$ED$ACC$ADV$STP$GEAR | SELECT$FREQUENCY$SMGR | UNDIRECTED$HOME |
| LD$S$ACC$ADV$STP$GEAR | SELECT$MC$SHAPE | UPDATE$DOT$TABLE |
| LOAD$422MCH$CFG | SEND$AWCS$TRIGGER | UPDATE$MC$SHAPE |
| LOAD$ACCELERATION$DCAX | SEND$G.DFLEX$TRIGGER | UPDATE$PWM$OUTPUT |
| LOAD$ACCELERATION$DCGR | SHIFT$BKWD$DCH | |
| LOAD$ACCELERATION$SMAX | SHIFT$BKWD$ICH | |

（四）分隔符

分隔符被分为两类：

1）单分隔符：= + – * /（ ），; < > | [ ] { } ’；

2）双分隔符：< > <= >=。

注意：双分隔符中间不能有任何空格或其他控制字符，例如回车符（CR），否则双分隔符将被识别为两个单分隔符。

（五）数值常量

数值常量的值在程序运行过程中不会被修改，最多由 9 个字符组成（即最大值为 999999999），数值常量前面的负号运算符（–）不属于其组成部分，而是属于分隔符类别。GDL 没有浮点型常量，只有整数型常量（即小数点是不允许应用的）。

（六）字符串

字符串指的是单引号里面任何可打印的 ASCII 码字符，例如：ASCII 码表内最后一个字符若不能打印出来就不能包含在字符串里面，注意引号不要与重音符（`）混淆。字符串最多允许 40 个字符，如果注释包含在字符串中，则它将成为字符串的一部分。例如：

```
'this is a text'                |是一个字符串|
 |comment|                      |是一个注释|
'this is a |comment| text'      |注释包含在字符串中成为一个新的字符串|
```

字符串也可以包含水平制表符（HT）控制字符，但是制表符会被转换为字符串中的单个空格。将程序模块里面的制表符打印出来可以看到 4 个空格位置，但在程序执行期间，控制系统会将其识别成转换后的字符（单个空格），并在生成的消息中将其显示为单个空格。为了避免这种情况发生，最好不要在字符串中使用制表符，而是使用适当数量的空格来代替它。

要将字符串拆分成两行，只需在新一行字符串重新以单引号开头，然后在字符串结尾处以单引号结束。若要将字符串拆分成多行，则只需在最后一行字符串结尾处以单引号结束。被拆分成多行的字符串在显示时不会出现中断，也可以在后续的字符串左侧单引号前面输入空格（例如：将第二行的字符串缩进），这些单引号外面的空格将会被忽略。如下面两个例子。

```
‘string split
             ‘on two lines’
```

```
'string split
                    'on three
                    'lines'
```

（七）注释

注释以竖杠（|）开始和结束，可以包含任意数量的 ASCII 码字符，包括控制字符 CR、LF、HT。注释不能插入另一个注释当中，但字符串可以插入注释里面（并成为注释的一部分）。编译器在编译时会忽略所有注释里面的字符，因此注释可以出现在源程序的任何地方（标识符和关键字不能被打断），甚至出现在组成指令的标识符号之间。

以下是注释的例子。

```
|this is a comment|            |是一个注释|
'test'                         |是一个字符串|
|this is a 'test' comment|     |字符串插在注释里面成为一个新的注释|
```

## 二、对象及数据类型

如前所述，GDL 提供了特殊的数据结构，其中一些可以用来简单有效地描述控制对象里面的机器装备（GDL 对象），另一些是执行控制的方法（GDL 过程）。这里将介绍构建 GDL 对象的基本概念，关于对象的详细描述可以参阅 GDL 参考手册，而 GDL 过程将在后面介绍。

（一）GDL 对象

程序员必须处理的 GDL 对象包括设备的物理抽象以及与设备硬件无关的逻辑功能抽象，根据实际需求，可以通过声明的方式来定义这些对象的特性，而对象的状态可以通过可执行指令来进行修改，这些指令构成了 GDL 过程主体。例如：STEPPER$MOTOR 类型的对象就是与机器上装备的一个物理部件相关的 GDL 对象，而 SYNOPTIC 类型的对象就与设备物理装备无关，它是由软件创建出来的设备。

对象可以是标量对象或数组对象。数组对象是标量对象的集合，里面的标量对象称为“数组元素”。每个标量对象由索引标识，索引必须放在方括号里面，且必须是正整数，即第一个数组元素的索引为 1 而不是 0。可以声明数组对象，但不能声明数组里面的单个元素，所以索引不能出现在声明中；相反，在可执行指令中，可以引用整个数组和单个元素对象，即索引并不是必需的。例如：

```
DECLARE xx_gp_burnt_packets_ichain  INTEGER$CHAIN
    {200};                                          | 声明了一个数组对象 |
SHIFT$FWD$ICH xx_gp_burnt_packets_ichain;               | 引用整个数组 |
VALUE OF xx_gp_burnt_packets_ichain[100]        | 引用数组的单个元素对象 |
```

对象类型分为两类：第一类就是前面所描述过的包含硬件和软件对象类型的集合，这些对象用于对控制系统进行抽象化或执行控制程序（标准对象）；第二类则是由部分逻辑对象构成的（用户对象），这些对象在机器控制中不起直接作用，仅用于定义变量，这些变量在 GDL 程序中用于辅助程序编写。部分可用的用户对象类型如下。

```
DIGITAL$VARIABLE
INTEGER$CONSTANT
INTEGER$VARIABLE
```

INTEGER$VARIABLE 对象类型实际上就是一个用于存储整数的程序变量，DIGITAL$VARIABLE 对象类型可以存储一个数字型状态值（ON 或者 OFF），而 INTEGER$CONSTANT 对象类型的整数值在声明阶段就已经分配好了，不能在程序运行时修改。

标准对象与用户对象仅仅是说法上的区别，事实上编译器对这两个类型并没有进行严格的区分，而且程序员看到的也只是一套数据结构集合，因此对这两种对象将统一称为 GDL 对象而不再做任何区分。

GDL 提供的是一系列对象类型，而不是一系列对象，并用 GDL 里面的保留关键字来表示。为便于区分，本节后续的保留关键字都用大写字母书写，例如：STEPPER$MOTOR、DIGITAL$INPUT、MACHINE 等。这些对象的使用可以查询 GDL 参考手册，该手册对对象类型的内容进行了分类，对象的定义如表 4–3 所示。

**表 4–3　对象的定义**

| 标识 | 含义 |
|---|---|
| T | 表示对象的类型，且作为每个对象声明时使用的关键字 |
| P | 表示声明对象类型的参数组 |
| V | 表示对象类型的状态变量 |
| O | 表示可用的操作符 |
| A | 表示该对象类型作为激励器的方式 |
| N | 包含有关正确使用该对象类型的注意事项和注释 |

GDL 程序员可以基于提供的对象类型定义任意数量的对象实例，并用不同的名称来标识；注意每个名称必须是唯一的，且必须与应用程序里面所有模块的过程、对象的名称均不一样。例如，前面所举例的 STEPPER$MOTOR 对象类型，程序里面可以使用 STEPPER$MOTOR 对象类型分别定义“main_motor”和“carriage_drive_motor”两个对象。

当声明一种类型的对象时，可以通过其内部的元素来与对象进行交互，这些元素一起构成了对象类型的特征。

### 1. 参数组

同一对象类型下面的所有对象实例都使用相同的参数组来定义特征，参数可以是数值常量、字符串、关键字或标识符，这些参数一起构成新对象的个性化属性从而满足设计需求。需要注意的是，为每一种对象类型的实例指定其参数值都必须在允许的范围内，此外，部分对象的参数之间还存在逻辑关系。例如：对于 STP$MOTOR$AXIS 类型，LOWER TRAVEL LIMIT 参数必须小于或等于 UPPER TRAVEL LIMIT，否则编译器会报错。

### 2. 状态变量

保留关键字与程序结构关键字“OF”（用于连接关键字与对象标识符）以及对象标识符（对象名称）一起构成对象的状态变量。例如：CONTROL$STATUS 是一个状态变量关键字，而“CONTROL$STATUS OF main_motor”就是“main_motor”对象的状态变量。

对象的所有状态变量描述了该对象在某一时刻的状态，MICRO Ⅱ系统上面的 RTS（Run Time Support，运行时系统）持续响应设备上触发的事件，并同时修改状态变量的值。因此，对象的状态代表系统的实际运行情况。GDL 程序员可以根据对象控制算法的需求，依次读取变量的值并对其进行修改，从而在某个事件触发后实现必要的控制功能。例如：当对“CONTROL$STATUS OF main_motor”状态变量进行赋值后，电机的控制状态就会被改变，从而影响电机的使能状态。

### 3. 操作符

针对某些类型的对象还有一些特殊的指令，这些指令可以通过单个高级指令来代替一系列初级指令，从而执行复杂的状态修改操作，这些指令被称为“操作符”。操作符是通过调用 RTS 服务来实现功能的，因此需在操作符后面指定被调用服务所需的参数，通常由一个专用的关键字和所操作对象的名称以及最后面的参数列表构成。例如：

```
START$TMR  cb_gp_watchdog_tmr {250};  |启动看门狗定时器周期为 250 ms|
```

上述例子中“START$TMR”为定时器操作符，“cb_gp_watchdog_tmr”为对象标识符（对象名称），“250”为定时时长。

#### 4. 激励器

与状态变量类似，不同类型的对象实例也可以与激励器关键字组合，这些关键字与程序结构关键字“OF”（用于连接激励器关键字与对象标识符）以及对象标识符形成另外一种变量类型，称之为对象“激励器”（activator）。激励器类似于触发器，用于触发程序（GDL 过程）的执行，当多个激励器的状态发生变化后（比如其值从 FALSE 变成 TRUE，或者从 TRUE 变成 FALSE），就可以激活一个或多个 GDL 过程（即按需求运行 GDL 程序），从而实现预先设计的控制算法需求。仅有激励器状态的变化并不能实现过程的触发，关键是该激励器必须与目标过程进行绑定，即每个 GDL 过程都必须通过某种方式与那些具备触发功能的激励器进行连接，这种关联可以在程序编写过程中通过设计一个激励器列表来实现。具体可以参考以下代码。

```
PROCEDURE xx_wl_empty_pocket_di_f_proc;
  ACTIVATORS { DIAGN$STATUS OF xx_wl_empty_pocket_di,          ①
               STATUS OF cb_gp_input_diagn_disable_dfl,        ②
               NORMAL$POWER$UP$FIRST$STEP OF powerup };        ③
  IF STATUS OF cb_gp_input_diagn_disable_dfl = OFF
  THEN    IF DIAGN$STATUS OF xx_wl_empty_pocket_di = FAULTY
          THEN STATUS OF cb_xx_wl_empty_pocket_di_f_rsm = ON;
          ELSE STATUS OF cb_xx_wl_empty_pocket_di_f_rsm = OFF;
          END IF;
  ELSE STATUS OF cb_xx_wl_empty_pocket_di_f_rsm = OFF;
  ENDIF;
  END;
```

上述代码中，“ACTIVATORS”为激励器列表字段关键字，①②③均为激励器，其中任意一个激励器的状态发生变化即可触发“xx_wl_empty_pocket_di_f_proc”过程执行，这 3 个激励器一起构成“xx_wl_empty_pocket_di_f_proc”过程的激励器列表。

当控制系统里面与该对象逻辑相关的事件被触发时，RTS 会修改该对象的激励器状态，这时所有含有该激励器的过程都会被执行，从而提供中断所需求的服务。例如：STATUS 是一个激励器关键字，“STATUS OF digital_input_1”是“digital_input_1”对象的激励器，当“digital_input_1”的输入状态发生变化时，RTS 将执行列表中包含此激励器的所有过程。

## （二）对象层次

若一个对象与另一个对象存在“父－子”关系，那么这两个对象之间就存在层次关联。关联代表两者存在一种连接，既可以是简单的逻辑连接，也可以是包含逻辑和物理的复合连接。通常，子对象在其定义的参数集里面会包含父对象的名称，一个子对象可能有多个不同类型的父对象；反之，父对象也可以存在很多不同类型的子对象。例如：

```
DECLARE xx_wl_empty_pocket_di        DIGITAL$INPUT      | 声明新对象 |
{ cb_board_n12_dib,                                     | 该新对象的父对象 |
  CH03,
  REVERSE,
  NO,
  2
};
```

层次关联就意味着对象之间存在物理或者逻辑的连接，即两个对象之间存在信息流。例如：若要在主机架上插入一张功能板卡，那么两者就会被声明成父对象与子对象，此时子对象在定义时就必须确认其在父对象上将要占用的各种通道连接资源，所以子对象里面会提供相应的参数用来选择对应的通道，而这些参数必须使用特定的关键字来声明，最后编译器会执行一致性检查来避免重复使用等相关问题。例如：

```
DECLARE cb_board_n07_dib        DIGITAL$INPUT$BOARD      | 声明输入板卡 |
{ cb_rack_master_mrc,                                    | 父对象为主机架 |
  SLOT07 ,                                   | 占用通道资源：插槽 07 |
  PRESENT,      | 输入通道 CH01...CH08 是否存在 (PRESENT | NOT$PRESENT)|
  PRESENT,      | 输入通道 CH09...CH16 是否存在 (PRESENT | NOT$PRESENT)|
  PRESENT,      | 输入通道 CH17...CH24 是否存在 (PRESENT | NOT$PRESENT)|
  PRESENT       | 输入通道 CH25...CH32 是否存在 (PRESENT | NOT$PRESENT)|
};
```

两个对象之间也可以只存在逻辑关系而非物理关系的层次关联，例如：一个 SYNOPTIC 类型的对象由底下的图形子对象（即圆、直线等）共同构成，但它们之间并不存在信息流，而仅仅是一种逻辑连接，在这种情况下，就没有任何参数需要传递给父对象。例如：

```
DECLARE xx_main_syn_C0009        CIRCLE    |声明一个图形“圆”对象|
{ xx_main_synoptic_syn,                    |父对象为主机界面|
  355,                                     |在屏幕上所处的 X 轴方位|
  254,                                     |在屏幕上所处的 Y 轴方位|
  16,                                      |圆半径|
  GREEN                                    |颜色|
};
```

另外，还有一种特殊情况是当一个对象的名称出现在声明参数当中（没有连接参数），但又不是直接的层次关联，则该对象不是父对象而是“兄弟”对象，此时参数对象必须与当前对象具有相同的父对象。例如：STP$MOTOR$AXIS$HOME$INPUT 对象类型，该类型的对象在声明时，其参数 STP MOTOR NAME 就必须是与当前对象具有相同父对象名称的子对象，否则编译器将会产生错误信息。例如：

```
DECLARE bv_blank_gluer_move_rest_pos_smahi   STP$MOTOR$AXIS$HOME$INPUT
{ cr_board_N12_smb,                          |该对象的父对象|
  CH03,
  DIRECT,
  bv_blank_gluer_move_motor_sma              |该对象的兄弟对象|
};
|下面为“bv_blank_gluer_move_motor_sma”对象的声明|
DECLARE bv_blank_gluer_move_motor_sma        STP$MOTOR$AXIS
{ cr_board_N12_smb,                          |该对象的父对象|
  CH03,
  1,
  1,
  999999999,
  999999999,
  999999999,
  999999999,
  8000,
  0,
  0,
  0
  };
```

可以看到，“bv_blank_gluer_move_rest_pos_smahi”对象的父对象为“cr_board_N12_smb”，而“bv_blank_gluer_move_motor_sma”对象的父对象也是“cr_board_N12_smb”，两者的父对象一样。所以，在“bv_blank_gluer_move_rest_pos_smahi”对象的声明参数当中，其兄弟对象可以是“bv_blank_gluer_move_motor_sma”对象。

如果对象存在连接通道用于与子对象建立物理连接，则该对象就会有相关的声明参数用来定义物理连接配置。这些参数通过配置物理设备的存在与否从而建立通信渠道，因此可以根据实际需求来配置父对象。如果设备被声明为不存在，那么就不能使用这个通道来与子对象建立连接。此外，若通道是保留给特定类型的子对象的，也不能将该通道连接到其他类型的子对象上面。例如：

```
DECLARE cb_board_n03_aeb          ABS$ENCODER$BOARD | 编码器功能板卡 |
{ cb_rack_master_mrc,
  SLOT03 ,
  PRESENT,              | 启用编码器通道，该对象此配置强制为“PRESENT” |
  NOT$PRESENT | 不启用板载的输入点通道，则没有对象可以使用其输入点 |
};
DECLARE xx_motor_main_encoder_aen          ABSOLUTE$ENCODER
{ cb_board_n03_aeb,        | 使用该父对象，则父对象的编码器通道必须启用 |
 CH01,
 2880,
 10,
 15,
 ENABLED,
 CH02
 };| 进一步地详细说明信息，可参阅 GDL 参考手册 |
```

### （三）数据类型与访问类型

GDL 语言提供了 5 种基本数据类型，分别是：

- <integer>（整数型）；
- <digital>（数字型）；
- <set>（设定值型）；
- <name>（名称型）；
- <string>（字符串型）。

GDL 程序的赋值过程主要有 3 种：

- 对象参数；

- 状态变量；
- 与操作符相关的参数。

这 3 种赋值过程都需要考虑数据类型的一致性，且这些数据类型均来自上述 5 种基本数据类型。因此，在给对象参数赋值时必须与它们定义的数据类型相匹配。例如：INTEGER$PARAMETER 对象类型定义了如下参数，每一个参数均有自己的数据类型。

```
FUNCTION NAME        name
UNITS P              string
UNITS S              string
MIN VALUE            integer
MAX VALUE            integer
DEFAULT VALUE        integer
LABEL P              string
LABEL S              string
```

5 种基本数据类型的取值范围均不相同，不同数据类型的取值如下所示。

### 1. <integer> 数据类型

<integer> 数据类型的取值为正整数或负整数。若是给整数型常量赋值，则只能在 0~999999999 取值。如果是整数型变量，其运行时的值可以介于 -2147483648~2147483647 之间。特定情况下根据对象的类型，取值的范围可能会有更严格的限制，这些进一步的限制针对每个对象的每一次运行可能都不一样。

### 2. <digital> 数据类型

<digital> 数据类型的取值只有两个，分别为“ON”和“OFF”（两个均为关键字），它们被称为“digital constant keyword”。

### 3. <set> 数据类型

<set> 数据类型的取值由一个特定关键字构成的数值集合组成，这些关键字用于表示对象的状态。例如，状态变量“CONTROL$STATUS OF main_motor”可以接受的值是“ENABLED”和“DISABLED”，这些关键字也被称为“set constant keyword”。不同的对象，其 <set> 数据类型的取值通常也不一样（即数值集合里面的关键字不相同），且都有自己的“set constant keywords”集合。对象变量不能接受不属于自己集合的 <set> 数据类型常量，若要给对象变量重新赋值，则必须满足相应的约束条件：首先赋值运算符左侧和右侧的所有变量必须属于相同集合（例如：无法将“DIAGN$STATUS”的值赋给“CONTROL$STATUS”），其次所有由赋值语句右侧成员给定的值对左侧成员都必须有效，否则将出现错误消息。

### 4. <name> 数据类型

<name> 数据类型的取值由 GDL 对象的标识符（即对象名称）构成，这个对象标识符必须属于该取值集合所允许的对象类型的子集，不同对象的 <name> 数据类型，其取值集合也不一样。例如：DIGITAL$OUTPUT 对象类型，其参数如下。

```
DIGITAL OUTPUT BOARD NAME        name
NUMBER                           set   CH01 | ... | CH48
POLARITY                         set   DIRECT | REVERSE
DIAGNOSIS                        set   YES | NO
DIAGN FILTER                     integer   ms < 255
```

其中第 1 个参数为 <name> 数据类型。该参数的取值集合必须由 DIGITAL$OUTPUT$BOARD 对象类型的对象标识符构成。在 ZB45 程序里面，"cb_board_n13_dob""cb_board_n15_dob""cb_board_n16_dob" 均为 DIGITAL$OUTPUT$BOARD 对象类型的对象标识符，上述例子中的第 1 个参数 "DIGITAL OUTPUT BOARD NAME" 可填入这 3 个对象标识符当中的 1 个。

### 5. <string> 数据类型

<string> 数据类型的取值是 1 个字符串（即两个单引号之间包含的一串 ASCII 码字符）。

在赋值过程中，除了数据类型的一致性，还可能针对数据类型的取值范围做进一步的限制。例如：针对 <integer> 数据类型的取值就可能存在静态限制或动态限制。第 1 种典型的限制情况来自对象类型，同一对象类型下面的对象实例对取值的限制均是一样的，具体可以查询 GDL 参考手册（例如：PWM$OUTPUT 对象类型的 VALUE 变量取值范围为 0 ~ 1000）；第 2 种限制情况来自对象声明时给定的参数，且同一对象类型下面的对象实例可以不一样，例如：数组的大小限制了可以分配给其索引的最大值，当超出限制时，编译器将给出错误消息。

此外，针对状态变量的赋值过程还涉及访问类型，如表 4-4 所示。

**表 4-4　访问类型**

| 访问类型 | 说明 |
| --- | --- |
| READ（r） | 针对只读变量 |
| WRITE（w） | 针对只写变量 |
| READWRITE（rw） | 针对可读可写的变量 |

GDL 调试工具（GDL debugger）还可以将某些对象的状态变量进行强制，允许强

制的对象以“f”来表示，可以在 GDL 参考手册里面找到其访问类型（例如：“rwf”）。

## 三、表达式

通过运算符将多个标量操作数连接起来构成表达式。运算符用于执行操作数的运算，表达式有 3 种类型：代数、关系、布尔值；而操作数可以是变量、常量、子表达式，允许的数据类型为 <integer>、<digital>、<set>（对子表达式无效）。针对常量还有一些限制，<integer> 数据类型常量只能是整数型常量，GDL 不能接受浮点型常量（即带有小数点的数值）。<digital> 数据类型常量仅有两个值，为关键字“ON”和“OFF”。<set> 数据类型常量是状态变量和参数可以接受的所有关键字，例如：ENABLED、DISABLED、RUNNING$FWD、PRESENT、SLOT03、YELLOW 等。

将运算符与操作数放在一起时需要符合类型一致性原则。状态变量还必须具有可读的访问类型，如“r”或“rw”。如果状态变量的访问类型为“w”，则不能出现在表达式里面（注意：这里的表达式不包含赋值运算）。

圆括号内的表达式称为子表达式，它被转换成表达式里面的一个操作数。子表达式也有自己的类型，由其内部的操作数和运算符决定。圆括号可以用于更改运算符的自然优先级顺序，建议避免使用多余的括号，因为这些括号会降低编译器的编译速度。

可处理的表达式长度是有限制的，这取决于表达式里面含有的元素数量（受限于编译器的代码编译能力）及其复杂性（子表达式的嵌套数量）。如果超过最大限制，编译器将发出错误消息，因此若表达式过于复杂也可以通过减少多余的括号来绕过限制，此时可以使用辅助变量来将表达式拆分成两部分。

与子表达式一样，表达式也有一个由内部操作数和运算符决定的类型，因此必须符合相应的语句语法，例如：

```
5 + 7
```

是一个整数表达式。

```
POSITION OF main_motor + 7
```

是含有状态变量的整数表达式。

```
(POSITION OF main_motor + 7)
```

是整数子表达式。

```
5 + (POSITION OF main_motor + 7) * 4
```

是一个整数表达式，其中包含一个子表达式作为操作数。

```
STATUS OF chain[4] and STATUS OF chain[5]
```

是带有布尔运算符的表达式（因此其结果将是 <digital> 数据类型）。

如果声明的是数组对象，则只有数组元素的状态变量才能作为操作数，因此将会使用到索引，若索引被忽略则会产生错误信息，因为此时引用的是数组而不是数组的一个元素。GDL 允许使用表达式作为索引，前提是表达式为 <integer> 数据类型。例如：表达式 STATUS OF chain[（4 + VALUE OF intvar）* 7] and STATUS OF chain[5] 是有效的，构成索引的表达式是 <integer> 数据类型，而最终结果类型是 <digital> 数据类型。需要注意的是，过程里面的激励器只能使用整型常量作为索引而不能使用表达式。

（一）代数表达式

代数表达式只能包含代数运算符和 <integer> 数据类型的操作数，以及可以转换成 <integer> 数据类型的表达式。运算符如下（按优先级递减的顺序列出）。

- “–” 负号；
- “*/ ” 乘除；
- “+– ” 加减。

正号（一元加号）在 GDL 里面不能使用，负号（一元减号）前面不能再加上另一个负号，例如：

A = +4 不被允许，必须改成：A = 4（注意：这是一个赋值语句，非表达式）。

表达式 – –5 不正确，必须写成 –（–5）。

（二）关系表达式

关系表达式由两个操作数组成，由关系运算符进行比较，其结果是 <digital> 数据类型，表达式的左右侧成员类型必须相同（但不一定是 <digital> 数据类型）。关系运算符的优先级都相同，低于所有代数运算符的优先级，具体如下所示。

第一类：

- “=”：等于；
- “<>”：不等于。

第二类：

- “> ”：大于；
- “< ”：小于；

- “>=”：大于或等于；
- “<=”：小于或等于。

关系表达式不允许有多个运算符，如果需要进行多重条件比较，则应使用布尔运算符或括号。例如：

错误写法：

```
A >= B <> C
```

正确写法：

```
A >= B and B <> C
( A >= B ) <> C
```

上述最后一个表达式只有在 C 是 <digital> 数据类型时才是正确的，因为左侧成员经过解析后是 <digital> 数据类型（即子表达式的数据类型是 <digital>），后两个表达方式是第一个表达方式的正确写法。

关系运算符列表被分为两类，两者在使用上有所不同：第一类（等于和不等于）可以用于所有类型的操作数；第二类只能应用于 <integer> 数据类型的操作数，因为针对 <digital> 数据类型的变量或常量进行大小比较是没有意义的，针对 <set> 数据类型的变量或常量进行大小比较也没有任何意义。例如：表达式（ A >= B ）<= C 无论如何都是不正确的，即使 C 是 <digital> 数据类型。

若关系表达式的两个成员均是 <set> 数据类型，比较时还必须满足额外条件：要将变量与常量进行比较，且常量必须属于变量集合里面的有效值，否则比较永远不会得到验证。例如：

```
CONTROL$STATUS of motor_1 = YELLOW
```

上述的表达式会产生错误信息。

```
CONTROL$STATUS of motor_1 = OPERATING$CONDITION of motor_2
```

两个变量如果进行比较，首先它们的状态关键字必须相同，因此上述表达式实际上没有任何意义，进行比较的操作数不是同一类的。

```
OPERATING$CONDITION of motor_1 = OPERATING$CONDITION of encoder_1
```

右侧成员给定的值当中至少要有一个对左侧成员有效，否则等式永远无法得到验证。若“encoder_1”是 ABSOLUTE$ENCODER 类型，而“motor_1”是 DC$MOTOR$AXIS 类型，则表达式是错误的，因为编码器的 OPERATING$CONDITION 变量给定的值没有一个对 DC$MOTOR$AXIS 有效。

（三）布尔表达式

布尔表达式由 <digital> 数据类型操作数和布尔型运算符组成，按优先级递减的顺序列出如下。

- “NOT”：逻辑取反；
- “AND ”：逻辑与；
- “OR”：逻辑或。

布尔运算符的优先级低于关系运算符，其运算结果为 <digital> 数据类型。例如：

```
VALUE OF intvar <= 10 AND STATUS OF chain[4] <> ON
```

上述语句是正确的，因为它的两个成员是关系表达式，所以是 <digital> 数据类型。

```
VALUE OF intvar <= 10 AND STATUS OF chain[4]
```

只要符合类型约束，成员也可以由一个单独的元素构成（表达式不带运算符的特例）。上述语句是正确的，虽然第二个成员是一个单独的元素，但属于 <digital> 数据类型。

```
VALUE OF intvar <= 10 AND POSITION OF motor_1
```

上述语句是错误的，若 motor_1 是 DC$MOTOR$GEAR，则 POSITION OF motor_1 是 <integer> 数据类型变量。

```
IF A = NOT B  THEN ...
```

当 NOT 运算符与关系运算符一起使用时，需要注意后者具有更高的优先级。因此上述语句的关系表达式是不正确的，因为前面使用了运算符“=”，所以变成计算表达式 A = NOT，这是没有任何意义的。

```
IF A = (NOT B)  THEN ...
```

上述语句是正确的，为了得到期望的结果，可以使用括号来改变优先级顺序。

```
A = NOT B
```

需要注意的是，符号“=”也可以作为赋值运算符。在这种情况下上述约束不适用，上述赋值指令是正确的（这里是一个赋值运算）。

```
IF A = B AND C THEN ...
```

若是希望先执行 B 和 C 的逻辑与运算，然后再将结果与 A（假设为 <digital> 数据类型）进行比较，则不会获得结果，因为关系表达式 A=B 将会率先执行，然后再将结果与 C 进行逻辑与运算。为了得到预期的结果，必须使用括号，例如：

“IF A = （B AND C） THEN ...”。

运算符的优先级如表 4–5 所示，按优先级递减顺序排列。括号被划分到运算符里面一个单独的类（称为优先权），优先级最高。

**表 4–5　运算符优先级降序表**

| 类别 | 运算符 |
|---|---|
| 优先权 | ( ) |
| 一元运算符 | -（负号） |
| 算术 | * / + - |
| 关系 | = <> < <= > >= |
| 布尔 | NOT AND OR |

## 四、赋值运算与操作符

赋值运算与操作符可以用来修改对象的状态，无论对象是在本模块中声明还是在另一模块中声明，均可以使用赋值指令或操作符。

## （一）赋值运算

赋值运算由被赋值的状态变量名（左侧成员）和目标值的表达式（右侧成员）组成，赋值运算符的符号是“=”，赋值运算的左、右侧成员必须是同一数据类型。例如：

```
VALUE OF intvar = SPEED OF absolute_encoder +
        VALUE OF chain[4] * (125 - POSITION OF main_motor) / 15;
```

上述例子中左右侧成员均是 <integer> 数据类型。

```
CONTROL$STATUS OF main_motor = ENABLED;
```

上述例子中，成员为 <set> 数据类型。

只有具有写或读写访问类型的变量才可以赋值。若将一个 <set> 数据类型常量赋值给一个 <set> 数据类型变量，此时编译器会检查赋值的类型是否正确，以及目标值是否属于该变量可接受值的子集，例如“CONTROL$STATUS OF main_motor = FAULTY”，该语句会产生错误信息，因为电机的状态只能是“ENABLED”或者“DISABLED”。因此，若右侧成员是 <set> 数据类型变量，通常还须满足相关约束条件：所有右侧成员给定的值（关键字）必须对左侧成员有效。例如“CONTROL$STATUS of motor_1 = DIAGN$STATUS of motor_2”，该语句没有任何意义，因为两侧成员的关键字并不匹配。

在 <integer> 数据类型变量的赋值运算当中，还须考虑由对象特性（如其声明参数）所限定的可用值范围，若赋值超出范围，则会产生错误信息。如果声明参数仅定义了取值限制范围当中的一个（例如最大值），则默认情况下另一个限制为零。

此外，针对 3 种特殊状态变量的赋值运算，还有进一步的约束条件。例如，“ABS$ENCODER$LATCH$INPUT”类型的对象，只有以该对象的“EDGE OF <name>”激励器作为过程激励器列表的成员，才能读取该对象“LATCHED$PHASE OF <name>”状态变量的值。假设“edge_detector_1”是“ABS$ENCODER$LATCH$INPUT”类型的对象，其中有个过程含有激励器“EDGE OF edge_detector_1”，则该过程就可以引用“LATCHED$PHASE OF edge_detector_1”状态变量，否则编译器会报错。注意：过程的激励器列表一旦使用了“EDGE OF <name>”激励器，该过程就不能再增加其他激励器。若其他过程的激励器列表不含有“EDGE OF  edge_detector_1”，则该过程就成为可以引用“LATCHED$PHASE of the edge_detector_1”状态变量的唯一入口（通常一个对象的“EDGE OF <name>”激励器只在一个过程里面出现）。下面是 ZB45 包装机组 CH（YB55）入口转塔烟包自动对中的示例程序。

```
DECLARE ch_entry_pkt_automatic_cent_aeli     ABS$ENCODER$LATCH$INPUT   ①
    { cb_board_N04_aeb,
      CH01,
      DIRECT
    };
PROCEDURE ch_entry_pkt_automatic_cent_proc;
ACTIVATORS { EDGE OF ch_entry_pkt_automatic_cent_aeli};                ②
    IF status of ch_entry_pkt_man_cent_in_progr_dfl = OFF
    THEN
         VALUE OF ch_entry_pkt_cent_error_ivr =
                  VALUE OF ch_entry_pkt_cent_encoder_step_ivr -
                  LATCHED$PHASE OF ch_entry_pkt_automatic_cent_aeli;   ③
     STATUS OF ch_entry_pkt_auto_cent_adj_pr_activ_dfl =
               NOT STATUS OF ch_entry_pkt_auto_cent_adj_pr_activ_dfl;
    ENDIF;
    CONTROL$STATUS OF ch_entry_pkt_automatic_cent_aeli = DISABLED;
 END;
```

上述例子中①为“ABS$ENCODER$LATCH$INPUT”对象类型的声明，②为过程使用了该对象的“EDGE OF <name>”激励器，③为读取该对象状态变量“LATCHED$PHASE OF <name>”的值。同理，若要引用对象里面的“LATCHED$POSITION OF <name>”和“STEPS$LEFT OF <name>”状态变量也要遵守上述限制（即以“EDGE OF <name>”激励器作为激励器列表成员）。含有这 3 种状态变量的对象类型主要有：

- ABS$ENCODER$LATCH$INPUT
- ADVANCED STEPPER MOTOR GEAR STOP INPUT
- DC$MOTOR$GEAR$STOP$INPUT
- DC$MOTOR$AXI$STOP$INPUT
- MOTION CONTROL LATCH INPUT
- MOTION CONTROL STOP INPUT
- STP$MOTOR$AXIS$STOP$INPUT
- STP$MOTOR$GEAR$STOP$INPUT

### （二）操作符的调用

操作符是一种特殊的函数，不同的对象有不同的操作符。当需要对对象的状态进行复杂修改时可以调用操作符，这种修改不能直接通过赋值来完成，而只能通过编写多条指令来实现。因此操作符可以被视为一个宏指令，控制系统将其转换成为单独的基本指令。每个操作符只能应用于一种类型的对象，不同对象之间类似的操作符由不同的关键字标识。在某些情况下，为一种对象类型定义的操作符其结果却作用于不同类型的对象。

调用操作符只需要键入定义该操作符的关键字，并在其后面跟上想要调用的对象名称，根据操作符的类型决定其后面是否带有执行相关操作所需要的参数列表。例如“START$LIMITED$SMGR stepper_motor_1 {FORWARD,10}”，该语句执行步进电机“stepper_motor_1”在“forward”方向上旋转 10 步。整个参数列表用大括号括起来，参数之间用逗号分隔，且必须遵循参数的分配顺序。参数的赋值须匹配其数据类型，可用的数据类型有：<integer>、<digital>、<set>、<string>。

参数可以是常量或状态变量，但不能是表达式，如果状态变量带有索引，则索引可以是表达式。若参数是状态变量，则给定的值必须与参数所需要的值相匹配。对于 <integer> 数据类型变量，无法验证其值是否在允许的范围内，因为实际值只有在运行时才能确定，但是对于 <set> 数据类型变量，编译器会验证所有变量给定的值是否在参数所允许的范围内。

针对 <integer> 数据类型参数，其可用值范围还可能受到对象特性限制（如其声明参数）。如果调用操作符时给定的值超出范围，则会产生错误信息，若操作符的声明参数中只定义了有效值限制范围当中的一个（例如最大值），则默认情况下另一个限制为零。

下面为操作符的调用示例。

```
DECLARE xx_main_machine          MACHINE
{'X2 PACKER', 'IMPACCHETTATRICE X2'};
```

声明一个“MACHINE”对象类型的实例。

```
DECLARE xx_main_synoptic_syn          SYNOPTIC
{640, 340, 'PACKER SYNOPTIC', 'SINOTPICO IMPACCHETTATRICE'};
DECLARE cb_main_synoptic_syn        SYNOPTIC
{640, 340, 'CABINET SYNOPTIC', 'SINOPTICO CENTRALINA'};
```

声明两个“SYNOPTIC”对象类型的实例。

```
START$MCH xx_main_machine;
```

不带参数的操作符，上述语句用于启动“xx_main_machine”。

```
SYNOPTIC$SCROLL xx_main_machine;
```

为一种对象类型定义的操作符其结果却作用于另一种对象类型的对象上面，上述语句为 machine 对象类型的操作符，但作用于 SYNOPTIC 对象类型的对象，执行该语句则 OPC 画面会在“xx_main_synoptic_syn”画面和“cb_main_synoptic_syn”画面两者之间切换。

## 五、流程控制语句

通常在过程结束之前，过程里面的赋值指令与操作符是按照编写顺序执行的，但流程控制语句可以更改执行顺序以实现算法的需求，GDL 提供的流程控制语句有：IF 语句（条件分支）、WHILE 语句（循环）、RETURN 语句（过程终止）。

### （一）“IF”语句

该语句由“IF”关键字、条件表达式及语句块构成。语句块里面必须有一个“THEN”分支（只能有一个），但“ELSE”分支不是必需的，关键字“END IF”用于终止“IF”语句。“THEN”分支和“ELSE”分支里面必须至少包含一条可执行指令。例如：

```
IF      DIAGN$STATUS OF absolute_encoder = FAULTY
THEN
        DISPLAY$MESSAGE red_message;
ELSE
        DISPLAY$MESSAGE green_message;
ENDIF;
```

这里的表达式也称为“条件”，因为其决定了哪个分支块可以得到执行。表达式为 <digital> 数据类型，如果值为“ON”，则执行“THEN”分支中的指令；若值为“OFF”，则执行“ELSE”分支中的指令。如果表达式值为“OFF”，且“ELSE”分支不存在，则跳过“THEN”分支中的指令，并执行 ENDIF 指令后面的第一条指令。在上述示例中，对“DIAGN$STATUS OF absolute_encoder”的值进行判断，如果为“FAULTY”，则 OPC 上会显示“red_message”对象参数里面的文本信息（LABEL P：第一语言，LABEL S：第二语言），否则显示“green_message”对象参数里面的文本信息；如果对象参数里面的“COLOR”定义为“RED”还会触发设备停机。下面为不带

“ELSE”分支的示例。

```
IF      PHASE OF absolute_encoder + 4 * (VALUE OF intvar - 8) = 12
THEN
        STOP$DCGR motor_1;
ENDIF;
```

条件表达式的唯一约束条件就是其数据类型必须是 <digital>，因此表达式也可以写成只含有单元素的语句。例如：

```
IF  STATUS OF chain[4]
THEN
   ..... ;
ENDIF;
```

上述例子中，“STATUS OF chain[4]”是一个 <digital> 数据类型的变量，因此其值为“ON”或者“OFF”，所以满足约束条件要求。下面是错误的示例（假设“intvar”是 <integer> 数据类型）。

```
IF  VALUE OF intvar
THEN
   ..... ;
ENDIF;
```

由于构成表达式的元素是 <integer> 数据类型，可改写为：

```
IF  VALUE OF intvar = 10
THEN
   ..... ;
ENDIF;
```

上述例子的“IF”语句条件不再由单个元素构成，而是由关系表达式构成，因此始终为 <digital> 数据类型。

语句块可以包含任意数量的可执行指令，包括“IF”指令，这种情况下称之为“IF”嵌套。“IF”嵌套指令可以继续包含另一个“IF”语句，最多可以有 8 层嵌套，若超出限制则编译器将会产生错误消息。每个“IF”语句都必须以自带的“END IF”关键字结束。例如：

```
IF      DIAGN$STATUS OF absolute_encoder = FAULTY
THEN
        DISPLAY$MESSAGE red_message;
        IF  VALUE OF intvar = 10
        THEN
           ..... ;
        ENDIF;
ELSE
        DISPLAY$MESSAGE green_message;
        IF  POSITION OF motor_1 = 23
        THEN
           ..... ;
           ENDIF;
ENDIF;
```

除了“IF”语句，GDL指令里面的“WHILE”语句也允许嵌套。若“WHILE”语句嵌套在“IF”语句内，尽管两者是不同类型的语句，但也必须将其计入嵌套层数的总和里面。同理，在“WHILE”语句里面嵌套“IF”语句，允许嵌套的最大层数也是8层（即任意结构的嵌套组合都是允许的，但是不能超过最大层数限制）。

### （二）“WHILE”语句

“WHILE”语句结构类似于“IF”语句，使用方法为关键字“WHILE”后面跟着条件表达式和语句块，语句块必须以关键字“LOOP”开头，并以关键字“END WHILE”结束。例如：

```
WHILE   DIAGN$STATUS OF absolute_encoder = FAULTY
LOOP
        DISPLAY$MESSAGE red_message;
        ..... ;
END WHILE;
```

当程序运行到该语句时，首先对条件表达式进行判断，如果值为“OFF”，则会跳过关键字“LOOP”与“END WHILE”之间的所有指令，并继续执行“END WHILE”后面的第一条指令。如果值为“ON”，则执行语句块里面的指令序列，然后返回到“WHILE”语句块的开头再次计算表达式；如果计算结果仍然为“ON”，将再次执行后面的语句块，否则跳转到“END WHILE”后面的第一条指令。

“WHILE”指令后面跟随的语句块必须至少包含 1 条可执行指令，对条件表达式的约束与“IF”语句相同。语句块里面可以包含任意数量的可执行指令，包括嵌套其他“WHILE”语句，最多可嵌套 8 层。与“IF”语句一样，“WHILE”语句也可以混合嵌套其他“WHILE”和“IF”语句，形成混合嵌套结构，值得注意的是不论嵌套的语句类型是否一致，都应纳入嵌套层数计数。下面为嵌套的一个示例。

```
WHILE DIAGN$STATUS OF absolute_encoder = FAULTY
LOOP
        DISPLAY$MESSAGE red_message;
        VALUE OF counter = 1;
        WHILE    VALUE OF counter <= 20
        LOOP
                STATUS OF chain[VALUE OF counter] = OFF;
                VALUE OF counter = VALUE OF counter + 1;
        ENDWHILE;
END WHILE;
```

### （三）“RETURN”语句

“RETURN”语句会导致当前过程立即终止，而无须到达过程末尾。语法非常简单，该语句可以出现在过程里面的任意地方，如果“RETURN”语句位于嵌套结构中，则会直接退出过程，而不是退出该嵌套结构。例如：

```
PROCEDURE ch_cv_wl_right_side_heater_f_proc;
ACTIVATORS {  NORMAL$POWER$UP$SECOND$STEP OF powerup,
              DIAGN$STATUS OF ch_cv_wl_right_side_heater_thr,
              STATUS OF ch_cv_wl_right_side_heater_f_activ_dfl,
              STATUS OF ch_gp_heaters_disable_di,
              STATUS OFch_dmi_downstream_mch_selected_dfl };
        IF  STATUS OF ch_gp_heaters_disable_di = OFF AND
            STATUS OF ch_dmi_downstream_mch_selected_dfl = OFF
```

```
        THEN
  IF    DIAGN$STATUS OF ch_cv_wl_right_side_heater_thr = FAULTY
  THEN
        STATUS OF ch_cv_wl_right_side_heater_f_dcd = ON;
        DISPLAY$MESSAGE ch_cv_wl_right_side_heater_thr_f_rem;
        RETURN; | 这里的 RETURN 会直接退出整个过程 |
  ENDIF;
  IF DIAGN$STATUS OF ch_cv_wl_right_side_heater_thr
                 = OUTSIDE$FAILURE
  THEN
        STATUS OF ch_cv_wl_right_side_heater_f_dcd = ON;
        DISPLAY$MESSAGE ch_cv_wl_right_side_heater_thr_d_rem;
        ENDIF;
  ENDIF;
END;
```

## 第二节　程序结构

一个 GDL 文件只能含有一个 GDL 模块，通常一个应用程序由多个模块组成，这些模块将分别进行编译，然后通过 GDL Verifier 连接起来。GDL 文件里面的指令分成两部分：一部分是给编译器的控制指令，另一部分则由实际的 GDL 模块构成。

本节主要介绍 GDL 模块。每个模块都必须通过一个名称来标识，该名称在整个应用程序中必须是唯一的（不能与其他模块、过程或对象的名称相同）。GDL 模块又分为两部分：第一部分包含所有的对象声明指令，第二部分则包含所有的过程。GDL 模块可以只含有对象声明而没有过程，但反之则不行。

GDL 应用程序里面所有的模块都可以访问对象的资源，对象的状态可以由本模块及其他模块中的过程进行修改，即对象对于整个应用程序都是可见的。编译器可以通过对象的声明来获取对象的信息，若需要引用外部对象，则必须告诉编译器该对象是在其他模块中声明的，否则该对象将被视为未知对象，引用外部对象可以使用“USE”指令来实现。

编译器本身无法对外部对象进行验证，验证工作由 GDL Verifier 程序来进行。该程序可以对应用程序里面所有的模块进行一致性检查，并解析外部引用，若没有错误则 GDL Verifier 程序将生成应用程序映射（对象声明列表及其相关参数），否则会输出错误信息列表。

因此，开发 GDL 应用程序共需要 3 个步骤：①所有模块都必须通过 GDL 编译器编译（包括解析和编译）；②使用 GDL Verifier 对全部模块进行分析并解析外部引用；③将应用程序下载到 CPU 上并运行。

最后，如有必要还可以使用 GDL 调试器对应用程序进行测试。

## 一、模块

GDL 应用程序中的每个文件均由两部分构成：编译器指令和 GDL 模块，如下所示。

```
directive_1                                   （编译器指令）
directive_2
......
directive_k
MODULE sample_module;                         （GDL 模块）
......
&eject                                        （编译器指令）
......
END$MODULE ;
```

编译器指令分为两类：一类只能存在于模块开始之前，另一类可以混合在 GDL 模块指令当中。GDL 程序里面的编译器指令不是必需的，在本书使用的软件版本（V7.1.2）中，第一种类型的编译器指令并不存在，只有第二种类型的指令。编译器指令以关键字字符“&”开头，关键字后面可以跟随一个以圆括号括起来的整数型参数。编译器指令不是 GDL 指令，所以不需要以“;”字符结尾。在当前版本（V7.1.2）的编译器中，可用的编译器指令只有一个，即“&eject”，其功能是在程序代码的打印过程中换页。该指令可以出现在两条指令之间（例如：由符号“;”、THEN、ELSE、LOOP 等标识的语句之间），且必须紧接着 CR 符（回车符），中间若输入其他字符（即使是空格），也会产生错误消息。

GDL 文件中的模块以该模块的声明名称开头，如下所示。

```
MODULE sample_module;
```

然后模块以如下语句结束，例如：

```
END$MODULE;
```

模块内又分为两段，第一个称为“对象段”，由该模块的声明语句以及外部引用对象构成；第二个称为“过程段”，用于存放所有的过程。

对象段以如下语句开头：

```
OBJECT$SECTION;
```

并以如下语句结束：

```
END$OBJECT$SECTION;
```

过程段以如下语句开头：

```
PROCEDURE$SECTION;
```

并以如下语句结束：

```
END$PROCEDURE$SECTION;
```

模块的总体结构如下：

```
MODULE sample_module;
OBJECT$SECTION;
......
END$OBJECT$SECTION;
PROCEDURE$SECTION;
......
END$PROCEDURE$SECTION;
END$MODULE ;
```

模块中对象段和过程段两者的顺序不能颠倒。此外，对象段必须始终存在，而过程段可以没有（此时模块仅包含对象声明）。不管是对象段还是过程段（若声明了过程段），其内部均不能为空，即对象段里面必须至少包含一条声明指令，过程段里面必须至少包含一个过程。

## 二、对象的声明与引用

模块里面通常会有两种对象，分别是本地对象和外部对象，使用不同的关键字来进行声明和引用。

### （一）本地对象的声明

若要声明一个本地对象，则使用关键字“DECLARE”进行声明。例如：

```
DECLARE main_motor                    DC$MOTOR$GEAR
{  main_motor_board,
   CH01,
   CH02,
   50,
   10,
   25,
   30
   };
```

关键字“DECLARE”后面是分配给对象的名称，然后是对象类型关键字，大括号里面是参数列表，里面的参数按顺序排列并用逗号分开，程序员必须根据需求对该对象的参数进行赋值。不同对象的参数数据类型定义（<integer><digital><set><name><string>）与赋值范围可以查看 GDL 参考手册。在某些情况下，对象声明时给定的参数值会限制对象状态变量或调用操作符时的参数取值范围，若超出限制则会发出错误信息。此外，在参数声明中如果仅有一个范围限制（例如最大值），则默认情况下另一个限制为零。

不管父对象在哪里声明，参数列表中均可以包含父对象的名称，此时父对象既可以在该模块中的当前对象之前或之后声明，也可以在另一个模块中声明。如果不需要对父对象的变量进行访问，也可以不声明父对象的外部引用。

对象的名称必须是唯一的，与其他对象、过程、应用程序模块的名称都不能一样。标识对象类型的关键字必须属于 GDL 对象类型集里面的关键字之一，且需严格按照对象类型所预设的顺序声明参数（某些对象可能没有参数）。模块中可以含有多个对象声明，若其中存在不正确的声明，则编译器可能会忽略它，但在后续的编译过程中一旦遇到此标识符（对象名称），将会出现“undeclared id”的错误消息。

在上面的示例中，声明了一个名为“main_motor”的对象，该对象属于“DC$MOTOR$GEAR”对象类型，并链接到一个名为“main_motor_board”的父对象。该对象具有 6 个描述特征的整型参数，例如速度、加速度等。通过查阅 GDL 参考手册中关于该对象的类型结构，还可知道关键字“CH01”是传递给父对象的参数，表示板上该电机占用的连接通道，上述例子中该对象占用了通道01。

（二）外部对象的引用

外部对象使用关键字“USE”来表示外部引用，后面跟着外部对象的名称及其类型。例如：

```
USE        main_motor                        DC$MOTOR$GEAR;
```

在模块中插入上述语句，则模块里面的所有过程都可以访问“main_motor”状态变量，也可以将其作为一个激励器插入到任意一个激励器列表中。

使用“USE”引用的对象，必须在另一个模块中使用“DECLARE”声明该对象，否则GDL Verifier程序将会产生错误消息：“unresolved external”。

外部对象的引用数量没有限制，但模块中同一个对象不能出现重复声明或引用。要访问另一个模块中定义的对象（例如：修改对象状态或将其作为激励器）都必须使用“USE”引用外部对象，若只是将外部对象的名称作为本地对象声明中的一个参数，则无须使用“USE”进行引用，因为不需要访问该对象。

## 三、过程

过程段里面可以存在多个过程，过程段以关键字“PROCEDURE$SECTION”开始，以关键字“END$PROCEDURE$SECTION”结束，所有过程都必须放在这两个关键字范围内。过程由激励器列表和可执行指令组成，过程是程序执行的主体，可以修改对象的状态。

（一）过程结构

过程以关键字“PROCEDURE”开始，后面跟着该过程给定的名称并以“;”结尾。过程名称必须与应用程序里面其他的过程、模块和对象的名称不同。过程以“END”关键字结束，关键字后面必须有“;”符号。

每个过程里面有且仅有一个激励器列表，以关键字“ACTIVATORS”开头，后面跟着一对大括号，括号后面必须以“;”结尾。括号里面是激励器列表，内部的激励器以逗号分隔，最多可包含255个激励器且不能重复。若激励器为数组元素，则只能以一个整数型常量作为其索引，而不能是表达式或状态变量。此外，若激励器以EDGE、PHASE$MATCH两种关键字构成，则该激励器列表不能再含有其他激励器（即这两种激励器是独占模式）。

- EDGE
- PHASE$MATCH

过程里面的可执行指令不能为空，最少要有一条可执行指令。例如：

```
PROCEDURE       example_1;
ACTIVATORS {OPERATING$CONDITION OF absolute_encoder， VALUE OF flag1};
        STATUS OF message_1 = ON;
        SHIFT$FWD$ICH chain_1;
END;
```

上面的过程名称为“example_1”，其激励器列表里面有两个激励器，分别为“OPERATING$CONDITION OF absolute_encoder”和“VALUE OF flag1”。若其中一个激励器发生变化，则该过程就会被触发并执行。激励器里面的“absolute_encoder”和“flag1”必须是已经声明过的对象（使用“DECLARE”或“USE”进行声明或引用）。上述过程执行后，状态变量“STATUS OF message_1”将被赋值为“ON”（<digital>数据类型），并调用操作符“SHIFT$FWD$ICH”操作“chain_1”对象（INTEGER$CHAIN 对象类型），最后结束整个过程。

（二）激励器的工作原理

过程执行指的是控制系统在接收到设备的服务请求时给出的响应。当机器上某个事件被触发时，RTS 会检测到该事件（中断接收），并开始执行相应的过程，从而做出响应以控制机器。

过程里面的激励器列表可以在对象事件与过程执行两者之间建立链接关系。事件的触发会引起一个或多个对象里面的一个或多个激励器发生变化。因此，激励器列表中含有这些激励器的过程都会被执行。激励器列表中最多可以包含 255 个激励器，但只需要其中一个激励器发生变化就会触发过程的执行。由于 RTS 每次只能接收一个中断，所以一次也就只能改变一个激励器，因此在任何时刻列表中始终只有一个激励器被触发。当过程正在执行时，若同一列表中的另一个激励器发生变化，RTS 的处理方式是将新的执行请求进行排队，并在上一次执行结束后再次激活同一个过程。如果有多个过程包含相同的激励器，则这些过程的执行顺序事先无法确定，因为这是由系统在加载模块时确定的（即过程的执行顺序与在模块中写入过程的顺序并不一致）。要按给定顺序同步执行两个过程，可以按以下步骤进行。

首先，定义一个合适的新对象，常用的对象类型为“DIGITAL$FLAG”，这里称之为辅助对象。该对象类型具有一个状态变量并使用相同的关键字作为激励器。其次，在第一个过程中插入修改辅助对象状态变量的指令，并在第二个过程中将辅助对象的激励器插入到激励器列表中。通过这种方式，外部事件首先触发第一个过程，然后该过程修改了辅助对象的状态，由于该辅助对象的状态变量与激励器使用相同的关键字，所以改变了该辅助对象的状态变量，其激励器也同时发生了变化。这相当于通过程序来模拟另一个事件的发生，而该激励器又存在于第二个过程的激励器列表中，因此将触发第二个过程的执行。例如：

```
DIGITAL$FLAG                                    对象类型说明
P: none                                         （参数）
V: STATUS OF <name>      digital (rw)           （状态变量）
O: none                                         （操作符）
A: STATUS OF <name>                             （激励器）
```

以下为程序示例：

```
DECLARE ch_entry_channel_belt_motor_dfl                    DIGITAL$FLAG;   ①
PROCEDURE ch_entry_chan_belt_timeout_proc;                                 ②
ACTIVATORS { TIME$OUT OF ch_entry_channel_belt_tmr };
      STATUS OF ch_entry_channel_belt_motor_do = OFF;
      STATUS OF ch_entry_channel_belt_motor_dfl = OFF;
END;
PROCEDURE ch_umi_xx_belt_start_req_proc;                                   ③

ACTIVATORS { STATUS OF ch_entry_channel_belt_motor_dfl };
      STATUS OF xx_dmi_ch_chan_belt_start_request_dfl =
                  STATUS OF ch_entry_channel_belt_motor_dfl;
END;
```

上述例子中，①处声明了“DIGITAL$FLAG”类型的对象，②处的过程对该对象的变量进行了赋值，③处的过程使用该对象的激励器作为过程激励器列表的成员。从中可以看出“ch_entry_channel_belt_motor_dfl”对象的状态变量与激励器关键字是一样的。

这里需要特别强调：过程的激励器列表与对象的激励器列表不同，后者实际上是对象的一组特殊的变量，这些特殊的变量可以作为激励器使用，通过改变这些激励器来运行一个过程。过程的激励器列表实际上是应用程序中定义的所有对象的激励器集合的子集，该子集与过程的运行相关。以下举例说明。

假设定义了“DC$MOTOR$AXIS”类型的对象“main_motor”，其激励器列表有：

```
DIAGN$STATUS OF main_motor
OPERATING$CONDITION OF main_motor
```

然后定义“ABSOLUTE$ENCODER”类型的对象“absolute_encoder”，其激励器列表为：

```
DIAGN$STATUS OF absolute_encoder
OPERATING$CONDITION OF absolute_encoder
CFG$STATUS OF absolute_encoder
CFG$UPDATE$REQUEST OF absolute_encoder
```

这里假设有两个过程，proc1 的激励器列表为：

```
{   OPERATING$CONDITION OF main_motor,
    OPERATING$CONDITION OF absolute_encoder    }
```

proc2 的激励器列表为：

```
{   OPERATING$CONDITION OF absolute_encoder    }
```

上述例子中，若有事件发生并触发了对象“main_motor”的激励器（DIAGN$STATUS OF main_motor），则此时不会执行任何程序。若触发的是“main_motor”的“OPERATING$CONDITION OF main_motor”激励器，则只会启动 proc1。如果对象“absolute_encoder”的激励器“OPERATING$CONDITION OF absolute_encoder”被触发，则 proc1 和 proc2 都将启动，但不确定运行顺序。

## 第三节　对象应用

在 GDL 提供的 100 多种对象类型当中，每种对象类型都有其特殊用途，这里针对几种常用的对象类型进行介绍，更多对象类型的使用可以查阅 GDL 参考手册。

### 一、数字量输入输出

#### （一）数字量输入

数字量输入用于获取外部硬件的开关信号，其使用“DIGITAL$INPUT”对象，该对象类型的具体细节可以参考表 4-6。

**表 4-6　DIGITAL$INPUT 对象类型**

| 标识 | 名称 | 数据类型 | 取值 |
| --- | --- | --- | --- |
| P（参数） | BOARD NAME（板卡名称） | name | |
| | NUMBER（通道号） | set | CH01 \| ... \| CH48 |
| | POLARITY（极性） | set | DIRECT \| REVERSE |
| | TRANSDUCER DIAGN（传感器自诊断） | set | YES \| NO |
| | FILTER（滤波时间） | integer | 0~255 ms |
| V(状态变量) | DIAGN$STATUS OF < 对象标识符 > | set（r） | OK \| FAULTY \| TRANSDUCER$FAILURE \| OUTSIDE$FAILURE |
| | STATUS OF < 对象标识符 > | digital（r） | |
| O（操作符） | none | | |
| A（激励器） | DIAGN$STATUS OF < 对象标识符 > | | |
| | STATUS OF < 对象标识符 > | | |
| N(注意事项) | 在不同功能板卡上定义该对象时可使用的资源如下：<br>ABSOLUTE$ENCODER$BOARD　channels CH01 \|...\| CH08<br>DC$MOTOR$BOARD　channels CH01 \|...\| CH08<br>DIGITAL$INPUT$BOARD　channels CH01 \|...\| CH32<br>STEPPER$MOTOR$BOARD　channels CH01 \|...\| CH08<br>ADVANCED$DIGITAL$INPUT$BOARD　channels CH01 \|...\| CH48<br>REMOTE$IO$MODULE　channels CH01 \|...\| CH16 | | |

下面是一个简单的例子用以说明该对象类型的使用。

```
DECLARE xx_gp_oil_level_di    DIGITAL$INPUT    |声明对象名称|
{ cb_board_n10_dib,                             |使用的数字输入板|
  CH14,                                         |使用的通道|
  DIRECT,                                       |正向取值|
  YES,                                          |带自诊断|
  2 };                                          |滤波时间|
```

上述例子是 ZB45 包装机组上的小盒包装机油压检测器信号输入点，通过其声明参数可知，该信号点为 N10 板第 14 脚，其值为直接读取没有取反，即外部信号与内部信号一致（若取反则值相反）。此外，该检测器带有自诊断功能，其滤波时间为 2 ms。该对象在 ZB45 包装机组程序里面的状态变量与激励器使用情况如下：

```
PROCEDURE xx_gp_oil_level_di_f_proc;                          | 诊断处理过程 |
ACTIVATORS { DIAGN$STATUS OF xx_gp_oil_level_di,              | 激励器列表 |
             STATUS OF cb_gp_input_diagn_disable_dfl,
             NORMAL$POWER$UP$FIRST$STEP of powerup };
 IF STATUS OF cb_gp_input_diagn_disable_dfl = OFF
 THEN
   IF DIAGN$STATUS OF xx_gp_oil_level_di = TRANSDUCER$FAILURE
   THEN
         STATUS OF xx_gp_oil_level_di_f_rsm = ON;
   ELSE
         STATUS OF xx_gp_oil_level_di_f_rsm = OFF;
          IF  DIAGN$STATUS OF xx_gp_oil_level_di = FAULTY
          THEN
                STATUS OF cb_xx_gp_oil_level_di_f_rsm = ON;
         ELSE
                STATUS OF cb_xx_gp_oil_level_di_f_rsm = OFF;
         ENDIF;
   ENDIF;
 ELSE
    STATUS OF cb_xx_gp_oil_level_di_f_rsm = OFF;
    STATUS OF xx_gp_oil_level_di_f_rsm = OFF;
 ENDIF;
END;
PROCEDURE xx_gp_oil_level_proc;  |Q2 送电 35 s 后未检测到油压则触发油压报警 |
ACTIVATORS { NORMAL$POWER$UP$FIRST$STEP OF powerup,
      STATUS OF xx_gp_oil_level_di,
      STATUS OF cb_gp_notaus_closed_dfl };
IF  STATUS OF xx_gp_oil_level_di = OFF AND
   STATUS OF cb_gp_notaus_closed_dfl = ON
THEN
   START$TMR xx_gp_oil_level_timer { 35 };
ELSE
```

```
      DELETE$TMR xx_gp_oil_level_timer ;
     STATUS OF xx_gp_oil_level_rsm = OFF ;
   ENDIF;
 END;
 PROCEDURE xx_gp_oil_level_time_out_proc;
 ACTIVATORS { TIME$OUT OF xx_gp_oil_level_timer };
     IF  STATUS OF xx_gp_oil_level_di = OFF
     THEN STATUS OF xx_gp_oil_level_rsm = ON ;
     ENDIF;
 END;
 PROCEDURE xx_gp_oil_level_ineffective_proc;
 ACTIVATORS {  NORMAL$POWER$UP$FIRST$STEP OF powerup,
                  STATUS OF xx_gp_oil_level_di,
                  STATUS OF cb_gp_notaus_closed_dfl };
     IF  STATUS OF xx_gp_oil_level_di = on AND
        STATUS OF cb_gp_notaus_closed_dfl = OFF
    THEN
        START$TMR xx_gp_oil_level_ineffective_timer { 35 };
    ELSE
        DELETE$TMR xx_gp_oil_level_ineffective_timer ;
        STATUS OF xx_gp_oil_level_ineffective_rsm = OFF ;
    ENDIF;
 END;
 PROCEDURE xx_gp_oil_level_ineffect_time_out_proc;
 ACTIVATORS { TIME$OUT OF xx_gp_oil_level_ineffective_timer };
     IF STATUS OF xx_gp_oil_level_di = ON
     THEN
           STATUS OF xx_gp_oil_level_ineffective_rsm = ON ;
    ENDIF;
 END;  |Q2 跳闸后 35 s 若仍检测到油压则报警 |
```

## （二）数字量输出

数字量输出用于将程序执行结果的数字信号通过数字量输出板卡输出给实际电路，其使用“DIGITAL$OUTPUT”对象，该对象的具体描述可参考表 4-7。

表 4-7 DIGITAL$OUTPUT 对象类型

<table>
<tr><th>标识</th><th>名称</th><th>数据类型</th><th>取值</th></tr>
<tr><td rowspan="5">P（参数）</td><td>DIGITAL OUTPUT BOARD NAME（板卡名称）</td><td>name</td><td></td></tr>
<tr><td>NUMBER（通道号）</td><td>set</td><td>CH01 | ... | CH48</td></tr>
<tr><td>POLARITY（极性）</td><td>set</td><td>DIRECT | REVERSE</td></tr>
<tr><td>DIAGNOSIS（自诊断）</td><td>set</td><td>YES | NO</td></tr>
<tr><td>DIAGN FILTER（诊断滤波）</td><td>integer</td><td>0~255 ms</td></tr>
<tr><td rowspan="2">V（状态变量）</td><td>DIAGN$STATUS OF < 对象标识符 ></td><td>set（r）</td><td>OK | FAULTY |<br>OUTSIDE$FAILURE</td></tr>
<tr><td>STATUS OF < 对象标识符 ></td><td>digital（rwf）</td><td></td></tr>
<tr><td>O（操作符）</td><td>none</td><td></td><td></td></tr>
<tr><td>A（激励器）</td><td>DIAGN$STATUS OF < 对象标识符 ></td><td></td><td></td></tr>
<tr><td>N（注意事项）</td><td colspan="3">在不同功能板卡上定义该对象时可使用的资源如下：<br>DIGITAL$OUTPUT$BOARD　　channels CH01 | ... | CH32<br>ADVANCED$DIGITAL$INPUT$BOARD　　channels CH01 | ... | CH48<br>REMOTE$IO$MODULE　　channels CH01 | ... | CH16</td></tr>
</table>

下面通过 ZB45 包装机内衬纸剔除控制信号来说明该对象的使用。

```
DECLARE xx_foil_reject_do    DIGITAL$OUTPUT     | 声明对象名称 |
{ cb_board_n15_dob,                             | 使用的数字输出板 |
  CH14,                                         | 通道号 |
  DIRECT,                                       | 直接输出 |
  YES,                                          | 带自诊断 |
  20 };                                         | 诊断滤波时间 |
```

通过上述对象的声明可以知道，ZB45 包装机内衬纸剔除信号定义在 N15 板第 14 脚，直接输出模式，输出带自诊断（即断线自诊断），滤波时间为 20 ms。此外，其状态变量与激励器的使用情况如下。

```
PROCEDURE xx_foil_reject_procedure;                      | 过程名称 |
ACTIVATORS {PHASE$MATCH OF xx_foil_reject_apmd};         | 相位匹配激励器 |
  IF STATUS OF xx_gp_foil_reject_dchain[107] = ON        | 内衬纸剔除链 |
```

```
THEN
    STATUS OF xx_foil_reject_do = ON;                          |剔除输出|
    IF STATUS OF xx_gp_production_data_disable_dcda = OFF
   THEN  INCREMENT$COUNTER xx_foil_rejected_cnt {1};           |剔除计数|
    ENDIF;
 ELSE     STATUS OF xx_foil_reject_do = OFF;                   |剔除关闭|
 ENDIF;
END;
```

## 二、定时器与计数器

### （一）定时器

定时器用于程序运行期间的计时、延时、周期执行等需要利用时间来控制程序运行逻辑的应用场景。其使用“TIMER”对象，有关该对象的具体描述如表 4-8 所示。

表 4-8　TIMER 对象类型

<table>
<tr><th>标识</th><th>名称</th><th>数据类型</th><th>取值</th></tr>
<tr><td rowspan="2">P（参数）</td><td>TYPE（类型）</td><td>set</td><td>SINGLE$SHOT | REPETITIVE</td></tr>
<tr><td>BASE（时基）</td><td>set</td><td>MILLISECOND | SECOND | MINUTE | HOUR</td></tr>
<tr><td>V（状态变量）</td><td>OPERATING$CONDITION OF < 对象标识符 ></td><td>set（r）</td><td>RUNNING | EXPIRED</td></tr>
<tr><td rowspan="3">O（操作符）</td><td>START$TMR < 对象标识符 > { <period> }</td><td>integer</td><td rowspan="4"></td></tr>
<tr><td>STOP$TMR < 对象标识符 ></td><td rowspan="3"></td></tr>
<tr><td>DELETE$TMR < 对象标识符 ></td></tr>
<tr><td>A（激励器）</td><td>TIME$OUT OF < 对象标识符 ></td></tr>
<tr><td>N（注意事项）</td><td colspan="3">当时基设置为“MILLISECOND”时，分辨率为 10 ms，并通过将设定值向上取整来计算周期。如果定时器已经在运行（“RUNNING”），则指令“START$TMR”不会执行</td></tr>
</table>

下面以 ZB45 包装机出现的故障信息“机器不启动”来举例。

```
DECLARE xx_motor_running_status_check_tmr    TIMER    |声明对象名称|
{ SINGLE$SHOT,                                        |单次定时|
  SECOND };                                           |时基为秒|
```

通过对象声明部分可以知道，该定时器为单次定时，且时基为秒，下面是其使用情况。

```
PROCEDURE xx_motor_running_status_test_proc;                |主电机运行状态监测|
ACTIVATORS {TIME$OUT OF xx_motor_coherence_test_tmr};       |由其他定时器触发|
 IF STATUS OF xx_motor_main_machine_test_dpr = OFF          |电机不在测试模式|
 THEN
   IF SPEED OF xx_motor_main_encoder_aen = 0 AND            |主机编码器转速为 0|
      STATUS OF xx_motor_run_contactor_di = ON              |主电机接触器使能|
  THEN                                     |启动主电机运行状态监测定时器，3 s|
      START$TMR xx_motor_running_status_test_tmr {3};
      STATUS OF xx_motor_main_machine_test_rsm = OFF;
  ELSE
      DELETE$TMR xx_motor_running_status_test_tmr;                 |取消定时器|
      STATUS OF xx_motor_machine_does_not_start_rsm = OFF;          |复位信息|
      STATUS OF xx_motor_main_machine_test_rsm = OFF;
      IF OPERATING$CONDITION OF xx_main_machine = RUNNING AND
         SPEED OF xx_motor_main_encoder_aen = 0
    THEN                                   |启动主电机运行状态检测定时器，2 s|
         START$TMR xx_motor_running_status_check_tmr {2};
    ELSE
         DELETE$TMR xx_motor_running_status_check_tmr;
    ENDIF;
  ENDIF;
 ELSE
     IF SPEED OF xx_motor_main_encoder_aen > 0
     THEN
        STATUS OF xx_motor_main_machine_test_rsm = ON;
     ELSE
        STATUS OF xx_motor_main_machine_test_rsm = OFF;
     ENDIF;
 ENDIF;
END;
PROCEDURE xx_motor_run_status_check_timeout_proc;
ACTIVATORS {TIME$OUT OF xx_motor_running_status_check_tmr};      |定时器时间到|
 STATUS OF xx_motor_machine_does_not_start_rsm = ON;     |显示“机器不启动”|
END;
```

## （二）计数器

计数器用于对数值进行累加，如剔除数量、产量等。但计数器本身不存储数值，而是通过 GDLAN 将增加的数量发给 OPC，由 OPC 进行处理。计数器的对象为“COUNTER”，表 4–9 为该对象的具体描述。

表 4–9　COUNTER 对象类型

| 标识 | 名称 | 数据类型 | 取值 |
|---|---|---|---|
| P（参数） | FUNCTION NAME（功能名称） | name | |
| | CLASS NAME（类名称） | name | |
| | LABEL P（第一语言标记名） | string | |
| | LABEL S（第二语言标记名） | string | |
| O（操作符） | INCREMENT$COUNTER <name> {<units>} | integer | >0 |

下面通过举例 ZB45 包装机的空头剔除计数来说明。首先进行对象声明，其归属于空头功能，裹包线计数类，具体的执行语句如下。

```
DECLARE xx_wl_loose_ends_cnt___r                counter
{ xx_wl_loose_ends_function,
  xx_gp_wrapping_line_events_ccl,
  'LOOSE ENDS',
  'TASCHE CIGARETTE CON PUNTE VUOTE' };
PROCEDURE xx_wl_loose_ends_mech_detector_proc;   |在空头检测相位执行|
ACTIVATORS { PHASE$MATCH OF xx_wl_loose_ends_detector_apmd };
 IF STATUS OF xx_wl_loose_ends_mech_detector_di = on AND  条件判断
   STATUS OF xx_gp_checks_disable_di = off AND
   STATUS OF xx_gp_hopper_pusher_disengaged_dchain
             [ VALUE OF xx_wl_loose_ends_step_icn ] = OFF
 THEN                   |判断上游是否有产生剔除，若没有再进行空头计数|
  IF  STATUS OF xx_gp_production_data_disable_dcda = OFF AND
     STATUS OF xx_gp_cigarettes_reject_dchain
             [ VALUE OF xx_wl_loose_ends_step_icn ] = OFF AND
     STATUS OF xx_gp_3wheel_reject_dchain
             [ VALUE OF xx_wl_loose_ends_step_icn ] = OFF AND
     STATUS OF xx_gp_6wheel_reject_dchain
             [ VALUE OF xx_wl_loose_ends_step_icn ] = OFF AND
     STATUS OF xx_gp_8wheel_reject_dchain
             [ VALUE OF xx_wl_loose_ends_step_icn ] = OFF
```

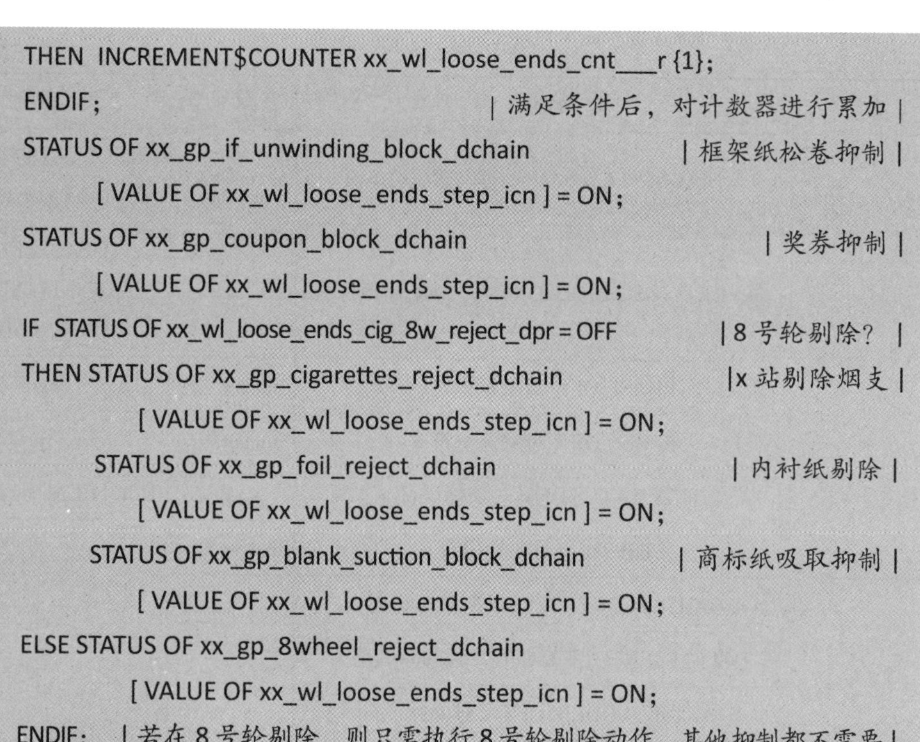

```
    THEN  INCREMENT$COUNTER xx_wl_loose_ends_cnt___r {1};
    ENDIF;                              | 满足条件后，对计数器进行累加 |
    STATUS OF xx_gp_if_unwinding_block_dchain            | 框架纸松卷抑制 |
          [ VALUE OF xx_wl_loose_ends_step_icn ] = ON;
    STATUS OF xx_gp_coupon_block_dchain                       | 奖券抑制 |
          [ VALUE OF xx_wl_loose_ends_step_icn ] = ON;
    IF  STATUS OF xx_wl_loose_ends_cig_8w_reject_dpr = OFF     | 8 号轮剔除？ |
    THEN STATUS OF xx_gp_cigarettes_reject_dchain             |x 站剔除烟支 |
             [ VALUE OF xx_wl_loose_ends_step_icn ] = ON;
          STATUS OF xx_gp_foil_reject_dchain                 | 内衬纸剔除 |
             [ VALUE OF xx_wl_loose_ends_step_icn ] = ON;
          STATUS OF xx_gp_blank_suction_block_dchain      | 商标纸吸取抑制 |
             [ VALUE OF xx_wl_loose_ends_step_icn ] = ON;
    ELSE STATUS OF xx_gp_8wheel_reject_dchain
             [ VALUE OF xx_wl_loose_ends_step_icn ] = ON;
    ENDIF;   | 若在 8 号轮剔除，则只需执行 8 号轮剔除动作，其他抑制都不需要 |
  ENDIF;
END;
```

## 三、绝对值编码器

绝对值编码器为设备提供相位参考、速度、转向等信息，系统依据这些信息来执行相应的任务、触发过程执行等。有关“ABSOLUTE$ENCODER”对象的具体描述如表 4–10 所示。

表 4–10　ABSOLUTE$ENCODER 对象类型

| 标识 | 名称 | 数据类型 | 取值 |
|---|---|---|---|
| P（参数） | ABS ENCODER BOARD NAME（板卡名称） | name | |
| | NUMBER（数值） | set | CH01 |
| | RESOLUTION（分辨率） | integer | 360 \| 720 \| 1440 \| 2880 |
| | SPEED FILTER（速度滤波器） | integer | 0~255 ms |
| | THRESHOLD（阈值） | integer | r/min |
| | CLOCK GENERATION CONTROL（时钟产生控制） | set | ENABLED \| DISABLED |
| | CLOCK CHANNEL SELECTOR（时钟通道选择） | set | CH01 \| ... \| CH04 |

**续表**

<table>
<tr><th>标识</th><th>名称</th><th>数据类型</th><th>取值</th></tr>
<tr><td rowspan="6">V(状态变量)</td><td>DIAGN$STATUS OF <对象标识符></td><td>set(r)</td><td>OK | OUTSIDE$FAILURE | FAULTY</td></tr>
<tr><td>OPERATING$CONDITION OF <对象标识符></td><td>set(r)</td><td>STOPPED | RUNNING$FWD | RUNNING$BKWD</td></tr>
<tr><td>PHASE OF <对象标识符></td><td>integer(r)</td><td>degrees</td></tr>
<tr><td>SPEED OF <对象标识符></td><td>integer(r)</td><td>rpm</td></tr>
<tr><td>CFG$STATUS OF <对象标识符></td><td>set(r)</td><td>IDLE | READY | RUNNING</td></tr>
<tr><td>STEP OF <对象标识符></td><td>integer(r)</td><td rowspan="9"></td></tr>
<tr><td rowspan="4">O(操作符)</td><td>LOAD$ENCODER$CFG <对象标识符></td><td rowspan="8"></td></tr>
<tr><td>DELETE$ENCODER$CFG <对象标识符></td></tr>
<tr><td>START$ENCODER$CFG <对象标识符></td></tr>
<tr><td>STOP$ENCODER$CFG <对象标识符></td></tr>
<tr><td rowspan="4">A(激励器)</td><td>DIAGN$STATUS OF <对象标识符></td></tr>
<tr><td>OPERATING$CONDITION OF <对象标识符></td></tr>
<tr><td>CFG$STATUS OF <对象标识符></td></tr>
<tr><td>CFG$UPDATE$REQUEST OF <对象标识符></td></tr>
<tr><td>N(注意事项)</td><td colspan="3">速度滤波器：为测速滤波器<br>阈值：绝对值编码器仪表正常显示车速，当车速低于该值时则显示编码器相位<br>时钟产生控制：使能向机架总线发送编码器上对应的最低有效位脉冲<br>时钟通道选择：选择机架总线上的通道用来发送脉冲<br>CFG$STATUS：编码器的配置状态，可以有以下几个值<br>IDLE：未定义编码器配置<br>READY：已定义编码器配置，但未激活<br>RUNNING：已定义编码器配置并激活<br>STOP$ENCODER$CFG：取消配置激活，并将 RUNNING 状态切换至 READY 状态<br>DELETE$ENCODER$CFG：注销配置，并将 READY 状态切换至 IDLE 状态<br>LOAD$ENCODER$CFG：载入配置，并将 IDLE 状态切换至 READY 状态<br>START$ENCODER$CFG：激活配置，并将 READY 状态切换至 RUNNING 状态</td></tr>
</table>

下面以 ZB45 包装机的编码器配置为例来进行说明，首先进行对象声明。

```
DECLARE xx_motor_main_encoder_aen        absolute$encoder
{        cb_board_n03_aeb,                |所在板卡|
         CH01,
         2880,                            |分辨率|
         10,                              |滤波参数|
         15,                              |阈值|
         ENABLED,                         |脉冲使能|
         CH02                             |机架通道|
};
```

编写程序时，配置编码器必须按照如下方式来执行操作，如图 4-1 所示。

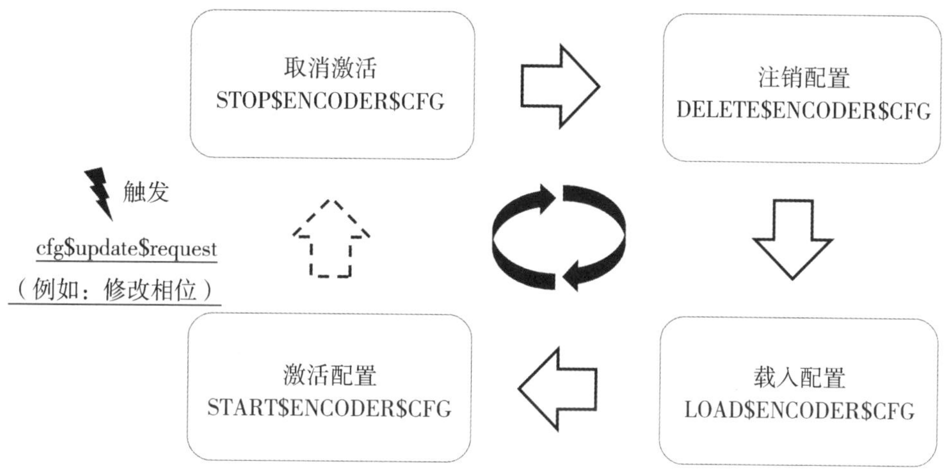


图 4-1　编码器配置状态循环机制

在程序中，激励器“CFG$UPDATE$REQUEST”用于触发配置状态的变化，接着进行如图 4-1 所示的连锁反应。下面为触发过程程序。

```
PROCEDURE xx_motor_main_encoder_update_cfg_proc;
ACTIVATORS { CFG$UPDATE$REQUEST OF xx_motor_main_encoder_aen };  |触发|
   STATUS OF xx_motor_main_encoder_cfg_update_rsm = ON;
   |停机显示“相位配置更新”|
   IF CFG$STATUS OF xx_motor_main_encoder_aen=RUNNING |判断编码器是否激活|
   THEN
         STATUS OF xx_motor_main_encoder_cfg_update_dfl = ON;
         |修改辅助对象状态变量|
```

```
    ELSE
        STATUS OF xx_motor_main_encoder_reupdate_req_dfl = ON;
    ENDIF;
END;
```

第一步，取消编码器配置激活并进入“READY”状态。

```
PROCEDURE xx_motor_main_encoder_stop_cfg_proc;
ACTIVATORS { STATUS OF xx_motor_main_encoder_cfg_update_dfl,
        OPERATING$CONDITION OF xx_motor_main_encoder_aen };
  IF  OPERATING$CONDITION OF xx_motor_main_encoder_aen = STOPPED AND
      | 判断设备是否停止 |
      CFG$STATUS OF xx_motor_main_encoder_aen = RUNNING AND
      | 判断配置状态是否为激活 |

      STATUS OF xx_motor_main_encoder_cfg_update_dfl = ON
      | 判断是否需要进行配置更新 |
  THEN
     STOP$ENCODER$CFG xx_motor_main_encoder_aen;  | 取消配置激活 |
  ENDIF;
END;
```

第二步，注销当前配置，并进入“IDLE”状态。

```
PROCEDURE xx_motor_main_encoder_delete_cfg_proc;
ACTIVATORS { CFG$STATUS OF xx_motor_main_encoder_aen };
| 由配置状态变化来触发过程，前面配置状态从 RUNNING→READY|
  IF  CFG$STATUS OF xx_motor_main_encoder_aen = READY AND
      | 判断是否未激活 |
      STATUS OF xx_motor_main_encoder_cfg_update_dfl = ON
      | 是否需要更新配置 |
  THEN
    DELETE$ENCODER$CFG xx_motor_main_encoder_aen;  | 注销配置 |
  ENDIF;
END;
```

第三步，载入配置，并重新将状态切换至“READY”状态。

```
PROCEDURE xx_motor_main_encoder_load_cfg_proc;
ACTIVATORS { CFG$STATUS OF xx_motor_main_encoder_aen };
| 由配置状态变化来触发过程，前面配置状态从 READY->IDLE|
  IF  CFG$STATUS OF xx_motor_main_encoder_aen = IDLE AND
      | 判断是否已注销 |
      STATUS OF xx_motor_main_encoder_cfg_update_dfl = ON
      | 是否需要更新配置 |
| 辅助数字量信号的目的就是完成配置更新（重新载入配置），因此到这里任务结束 |
THEN
      STATUS OF xx_motor_main_encoder_cfg_update_dfl = OFF; | 复位辅助信号 |
      LOAD$ENCODER$CFG xx_motor_main_encoder_aen; | 载入配置 |
      | 操作符可以完成一系列动作，执行后配置自动更新 |
  ENDIF;
END;
```

第四步，激活配置，配置状态切换至“RUNNING”。

```
PROCEDURE xx_motor_main_encoder_start_cfg_proc;
ACTIVATORS { CFG$STATUS OF xx_motor_main_encoder_aen };
| 由配置状态变化来触发过程，前面配置状态从 IDLE->READY|
  IF  CFG$STATUS OF xx_motor_main_encoder_aen = READY AND
      | 判断是否处于就绪状态 |
      STATUS OF xx_motor_main_encoder_cfg_update_dfl = OFF
      | 检查是否需要更新 |
  THEN
      START$ENCODER$CFG xx_motor_main_encoder_aen; | 激活配置 |
  ENDIF;
END;
```

## 本章思考题

1. GDL 语言的 5 种基本数据类型是哪些？
2. GDL 语言的程序结构由哪几部分构成？
3. 简述 GDL 语言的激励机制是如何工作的。

# 第五章 MICRO Ⅱ工程应用

学习要点

1. 数字量的应用方法。
2. 模拟量的应用方法。
3. 工程应用的注意事项。

本章将通过几个实际案例来让读者熟悉整个项目的开发过程。前面几个案例会介绍硬件与软件的具体内容，而后面的案例则侧重于介绍功能的实现，这样有一个过渡过程，便于刚接触 MICRO Ⅱ的读者更快上手。

## 第一节 数字量应用

数字量应用在 GDL 程序里面最为常见，主要包括数字量输入与数字量输出，在实际项目改造过程中应用最多，适合刚接触 MICRO Ⅱ的读者进行练习。

### 一、YB55 包装机增加入口烟包开包检测功能

（一）项目概述

项目目标是解决 ZB45 包装机组在生产过程中可能出现开包烟包流入 YB55 包装机的问题。方法是在 YB55 通道入口处加装两个开包检测装置，当其中任意一个检测器被触发时设备停机报警。开包检测在 X2 和 X6 上均有安装，其实际应用效果良好，本项目直接采取 X2 的设计方案，因此方案的可行性强。

（二）硬件设计

开包检测装置结构如图 5-1 所示，在 YB55 的入口通道上安装两个接近开关，并

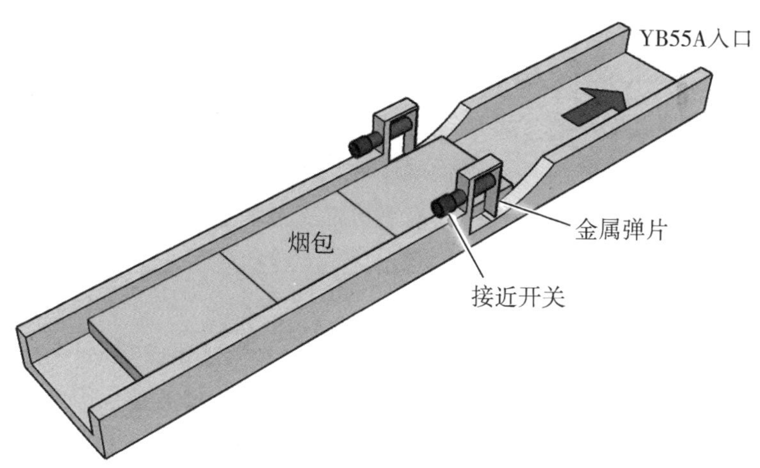


图 5-1 开包检测装置

在接近开关检测处安装两个金属弹片。正常烟包通过时，金属弹片不会被推开，此时接近开关输出为 ON。当开包烟包经过时，其上面弹开的折翼或侧边会将金属弹片推开，此时接近开关输出为 OFF。

接近开关选择 PNP 输出类型，并在相应的接口板上通过跳线设置，将对应的输入点设置成 PNP 模式，如图 5-2 所示。

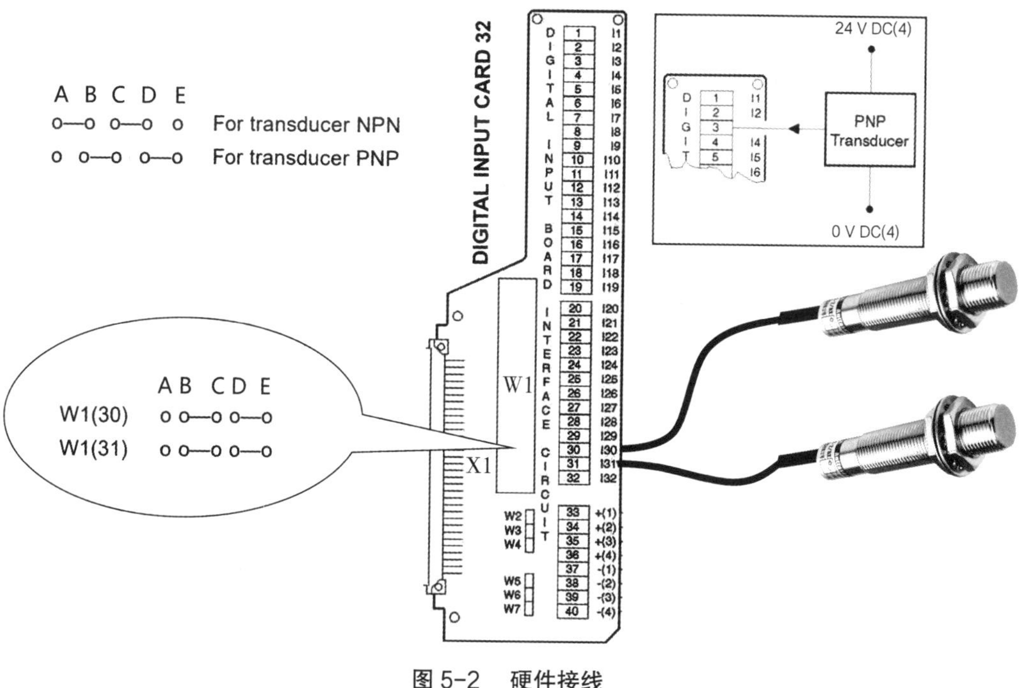


图 5-2 硬件接线

## （三）软件设计

MICRO Ⅱ程序由多个模块组成，每个模块主要完成一项任务。为了便于管理与后续修改，这里建议新的功能尽量通过新建一个模块来实现，并尽量将同一功能的程序代码放在同一个模块内，这样要进行程序拷贝与管理时会更加便利。模块的命名最多只有 8 个字符，可以模仿已有程序的命名方法，或者根据需要对新增加的模块统一命名规则。

### 1. 新建功能模块

打开对应机台的程序，例如打开一个工程名为 EB7GDX2 的程序，通过 GdePlus 软件上的菜单命令“File”→“New”或者按“CTRL+N”键新建一个程序模块，会弹出如图 5-3 所示的对话框，提示是否将新建模块加入程序里面，选择“是”，将该新建模块加入程序文件里。

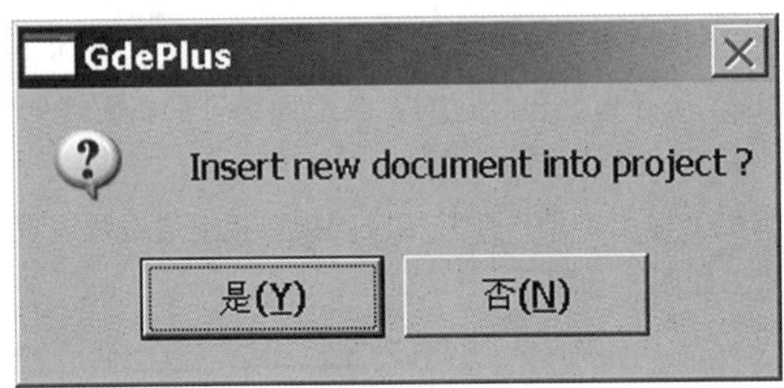


图 5-3　新建模块的提示对话框

然后会弹出文件命名对话框，可以根据自身需求进行命名，这里命名为 user_001，如图 5-4 所示。

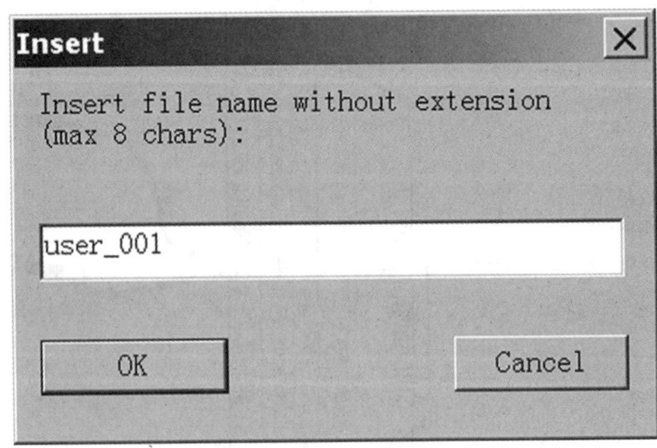


图 5-4　命名新模块名称

单击“OK”按钮后就出现了新模块的编程窗口，并且可以看到新建模块里面已经预先搭好了程序框架，如图 5-5 所示。

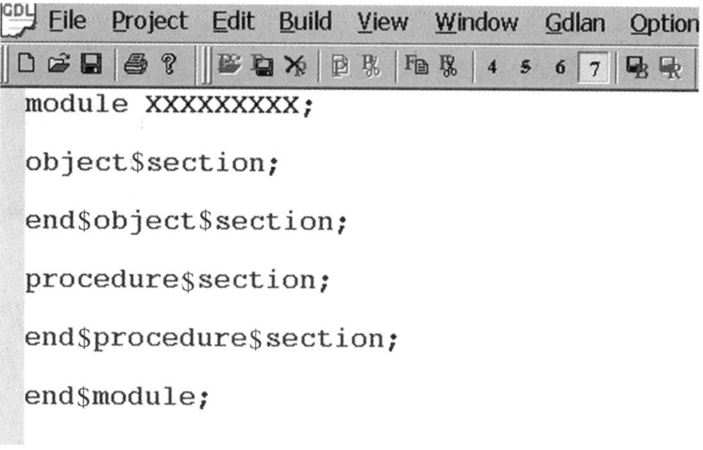


图 5-5 新建一个程序模块

## 2. 定义数字量输入点

本项目使用了两个数字量输入点，分别对应两个接近开关。除了在硬件上进行跳线以外，还需在程序里面进行定义。注意：未经定义的输入点即使外部硬件有信号变化，输入板上对应的指示灯也不会亮起。

在“object$section”段输入以下语句，声明输入点对象。

```
declare  ch_entry_internal_open_packet_di      digital$input
         { cb_board_N11_dib,
           ch30,
           reverse,
           yes,
           2 };  |3s887|
declare  ch_entry_external_open_packet_di      digital$input
         { cb_board_N11_dib,
           ch31,
           reverse,
           yes,
           2 };  |3s889|
```

上述语句声明了两个数字量输入点对象（digital$input），分别定义在 N11 板的 30 脚与 31 脚，信号取反，带自诊断（里面的 yes 表示带自诊断）。最后面的数字“2”表示滤波时间。GDL 里面可以使用注释来标注程序信息，如上述程序里面的“|3s887|”和“|3s889|”。注意：默认情况下系统关键字为蓝色，当输入正确时系统关键字自动变

成蓝色，若没有变色则表示输入存在错误。

### 3. 定义“lamp”对象

“lamp”（指示灯）类型的对象用于 OPC 界面上显示故障点或提示点，要在界面上显示相关的信息，大部分对象都要将“lamp”对象作为参数，因此在定义其他对象之前，首先定义该对象，这只是为了便于后面程序的编写，实际上 GDL 对对象的声明顺序并没有要求。在上述语句后面接着输入下述代码。

```
declare  ch_entry_open_packet_lamp    lamp
         {  ch_main_ch_synoptic_syn,
            100,
            50,
            round   };
```

从中可以看到，“lamp”类型的对象需要使用“synoptic”类型的对象作为其父对象，这个对象就是 OPC 界面上显示的画面。以 ZB45 包装机组为例，通常有“cb_main_synoptic_syn”对象（电控柜画面），“ch_main_ch_synoptic_syn”对象（CH 画面），“ch_main_pack_synoptic_syn”对象（CT 辅机画面），“xx_main_synoptic_syn”对象（XX 主机画面）。根据需要这里将该“lamp”对象放在 CH 画面里面，后面的“100，50”为画面上的位置，“round”表示显示图案为圆形。

### 4. 定义报警信息

通常可以使用“state$message”（状态信息）类型的对象来触发停机并显示报警信息，关于报警信息的类型与用法可以查看前面介绍的内容。由于之前定义了两个输入点，所以可以准确地指出哪一侧出现开包，这里定义两个报警信息，分别表示外侧开包与内侧开包。

```
declare  ch_entry_internal_open_packet_rsm  state$message
         {  ch_entry_jam_on_channel_function,
            ch_entry_open_packet_lamp,
            red,
            'CH 入口烟包内侧打开',
            'INNER SIDE PACKET OPEN AT CH ENTRY'   };
declare  ch_entry_external_open_packet_rsm  state$message
         {  ch_entry_jam_on_channel_function,
            ch_entry_open_packet_lamp,
            red,
            'CH 入口烟包外侧打开',
            'OUTER SIDE PACKET OPEN AT CH ENTRY'   };
```

状态信息的定义第 1 个参数需要包含“function”类型的对象，可以通过查询 GDL 参考手册来完成声明。第 2 个参数为“lamp”对象，填入前面声明的“lamp”对象即可，当状态信息被激活时也会同时激活该指示灯（在画面显示出来）。第 3 个参数“red”表示这是一个红色的状态信息，红色的状态信息被触发时会造成设备停机。第 4 个与第 5 个参数为报警的具体信息，其中第 4 个参数为第一语言，第 5 个参数为第二语言，通过操作 OPC 屏幕上的语言选择可以切换这两个信息的交替显示。GdePlus 软件本身不支持中文，因此不能直接在编辑器里面输入中文，但可以通过复制、粘贴的方式写入中文信息。

需要注意的是，这两个报警信息为状态信息（state$message），所以不能通过复位按钮直接将该信息清除，需要程序里面显式的赋值才能改变状态信息的结果（on 或者 off）。上述例子中“ch_entry_external_open_packet_rsm”对象名称的尾标为“rsm”，表示这是一个“red state message”使用对象类型的缩写。这是 GDL 编程里面的通用做法，建议遵循这种规则，可以方便程序的查阅。

5. 传感器的自诊断信息

传感器的自诊断信息并不是必需的，但 GDL 语言的特点之一是输入信号带自诊断功能，为了使用该功能，本项目在前面定义输入点的时候启用了自诊断功能，但仅在定义输入点时启用自诊断功能并不能起到作用，必须在程序里面对自诊断事件做出响应，并根据实际情况编写应对自诊断事件的程序。下面定义了 4 个自诊断信息，分别对应两个输入点的自诊断功能，每个输入点有两种自诊断信息，分别为 TRANSDUCER$FAILURE（传感器功能自诊断）和 FAULTY（板卡功能自诊断）。

```
declare  ch_entry_internal_open_packet_di_f_rsm  state$message
         { ch_entry_jam_on_channel_function,
           ch_entry_open_packet_lamp,
           red,
           ' 传感器诊断 :N11 CH30 3S887',
           'IN.TRANSD.DIAGN: N11 CH30 3S887'   };
declare  ch_entry_external_open_packet_di_f_rsm  state$message
         { ch_entry_jam_on_channel_function,
           ch_entry_open_packet_lamp,
           red,
           ' 传感器诊断 :N11 CH31 3S889',
           'IN.TRANSD.DIAGN: N11 CH31 3S889'   };
```

```
declare   cb_ch_entry_inner_open_packet_di_f_rsm   state$message
          {  cb_main_support_function,
             cb_board_N07_dib_lamp,
             red,
             '输入诊断 :N11 30 3S887',
             'INPUT DIAGN: N11 30 3S887'    };
declare   cb_ch_entry_outer_open_packet_di_f_rsm   state$message
          {  cb_main_support_function,
             cb_board_N07_dib_lamp,
             red,
             '输入诊断 :N11 31 3S889',
             'INPUT DIAGN: N11 31 3S889'    };
```

6.对外部对象进行引用声明

GDL 可通过引用外部对象来实现模块之间的数据交互，本项目根据实际需要引用了如下几个对象。

```
use    cb_gp_24 V DC_input_vsc_f_dfl              digital$flag;
use    ch_gp_ch_checks_disable_di                 digital$input;
use    cb_gp_diagnosis_message_enable_dpr         digital$parameter;
use    ch_motor_brake_activation_dfl              digital$flag;
use    powerup                                    power$up;
```

实际应用中，大部分模块都需要使用到“powerup”对象，用于上电模块初始化。

7. 程序段编写

这里将项目程序分成两部分，第一部分是功能的实现，第二部分是自诊断程序。接下来先编写第一部分功能，它由两个过程构成，分别对应两个输入信号。

```
procedure ch_entry_internal_open_packet_proc;
activators {   normal$power$up$first$step of powerup,
               status of ch_entry_internal_open_packet_di,
               status of ch_gp_ch_checks_disable_di    };
   if    status of ch_entry_internal_open_packet_di = on and
         status of ch_gp_ch_checks_disable_di = off
   then
```

```
            status of ch_entry_internal_open_packet_rsm = on;
            status of ch_motor_brake_activation_dfl = on;
      else
            status of ch_entry_internal_open_packet_rsm = off;
      endif;
   end;

   procedure ch_entry_external_open_packet_proc;
   activators {  normal$power$up$first$step of powerup,
                 status of ch_entry_external_open_packet_di,
                 status of ch_gp_ch_checks_disable_di   };
      if   status of ch_entry_external_open_packet_di = on and
           status of ch_gp_ch_checks_disable_di = off
      then
           status of ch_entry_external_open_packet_rsm = on;
      else
          status of ch_entry_external_open_packet_rsm = off;
      endif;
   end;
```

可以看出两个过程基本是一样的，只是改变了里面的对象。这两个过程的激励器列表格式也是一样的。

第 1 个激励器在系统上电时被触发，从而能够在上电时对两个输入信号做出响应。因为 MICRO Ⅱ系统是事件驱动机制，上电前的状态只能通过上电事件来驱动。该激励器用于应对一种特殊情况，在上电前检测器已经处于触发状态（即出现开包），但系统未上电并不能对该事件做出响应，即使此时上电，因为检测器始终保持触发状态，没有出现事件变化（信号从 OFF 变为 ON，或者从 ON 变为 OFF），所以不会运行该段程序。

第 2 个激励器与第 3 个激励器用于响应输入点信号，当激励器被触发时则调用该段程序。通过阅读程序可知，只有当检测使能启用时，开包检测器的信号才能起作用，并且显式地对红色状态信息进行置位与复位。

第 2 部分是输入信号的自诊断程序。凡是涉及输入点的信号自诊断，其程序写法基本一致，主要是针对两种诊断状态做出响应，分别为“transducer$failure”与“faulty”。

```
procedure ch_entry_internal_open_packet_di_f_proc;
activators {   normal$power$up$second$step of powerup,
               status of cb_gp_diagnosis_message_enable_dpr,
               status of cb_gp_24 V DC_input_vsc_f_dfl,
               diagn$status of ch_entry_internal_open_packet_di   };
 if   status of cb_gp_diagnosis_message_enable_dpr = on and
      status of cb_gp_24 V DC_input_vsc_f_dfl = off
then
     if    diagn$status of ch_entry_internal_open_packet_di =
           transducer$failure
     then
           status of ch_entry_internal_open_packet_di_f_rsm = on;
     else
           status of ch_entry_internal_open_packet_di_f_rsm = off;
           if diagn$status of ch_entry_internal_open_packet_di = faulty
           then
                status of cb_ch_entry_inner_open_packet_di_f_rsm = on;
           else
                status of cb_ch_entry_inner_open_packet_di_f_rsm = off;
           endif;
     endif;
  else
      status of ch_entry_internal_open_packet_di_f_rsm = off;
      status of cb_ch_entry_inner_open_packet_di_f_rsm = off;
  endif;
 end;

 procedure ch_entry_external_open_packet_di_f_proc;
 activators {   normal$power$up$second$step of powerup,
                status of cb_gp_diagnosis_message_enable_dpr,
                status of cb_gp_24 V DC_input_vsc_f_dfl,
                diagn$status of ch_entry_external_open_packet_di   };
      if     status of cb_gp_diagnosis_message_enable_dpr = on and
             status of cb_gp_24 V DC_input_vsc_f_dfl = off
```

```
        then
            if   diagn$status of ch_entry_external_open_packet_di =
                 transducer$failure
            then
                 status of ch_entry_external_open_packet_di_f_rsm = on;
            else
                status of ch_entry_external_open_packet_di_f_rsm = off;
                if diagn$status of ch_entry_external_open_packet_di = faulty
                then
                        status of cb_ch_entry_outer_open_packet_di_f_rsm = on;
                else
                        status of cb_ch_entry_outer_open_packet_di_f_rsm = off;
                endif;
            endif;
        else
            status of ch_entry_external_open_packet_di_f_rsm = off;
            status of cb_ch_entry_outer_open_packet_di_f_rsm = off;
        endif;
    end;
```

### （四） 调试验证

将程序编译并下载至目标控制器，这里使用 AI-SRVR 下载器来进行连接。使用 AI-SRVR 下载器需要在 GdePlus 软件里面设置通信参数，可以通过 GdePlus 软件上的菜单命令“Option”→“Setup：Gdlan connection”打开通信参数设置页面，在里面选择“AI-SRVR”下载方式并配置相应信息，如图 5-6 所示。

其中“AI-SRVR Ethernet IP Address”一栏为“AI-SRVR”下载器的 IP 地址，须填入下载器当前的地址，演示项目中当前的“AI-SRVR”下载器地址为“10.11.18.151”，用户在使用时应按照实际地址自行更改。“AI-SRVR TCP Port Number”一栏为通信端口号，默认为 5001，不需要更改。连接完成后即可按照第三章所介绍的方式将程序下载至 CPU。注意：下载程序前应先上传参数进行保存，并且通过 OPC 将当前屏蔽的红色信息记录下来，因程序下载后所有的参数以及屏蔽的红色信息将全部清空。下载程序后须恢复参数与屏蔽的红色信息，具体操作方法可参考第三章。

测试程序功能：当外侧接近开关没有检测到金属弹片时将在 CH 界面上显示红色信息“CH 入口烟包外侧打开”。同理，内侧接近开关触发时会显示“CH 入口烟包内

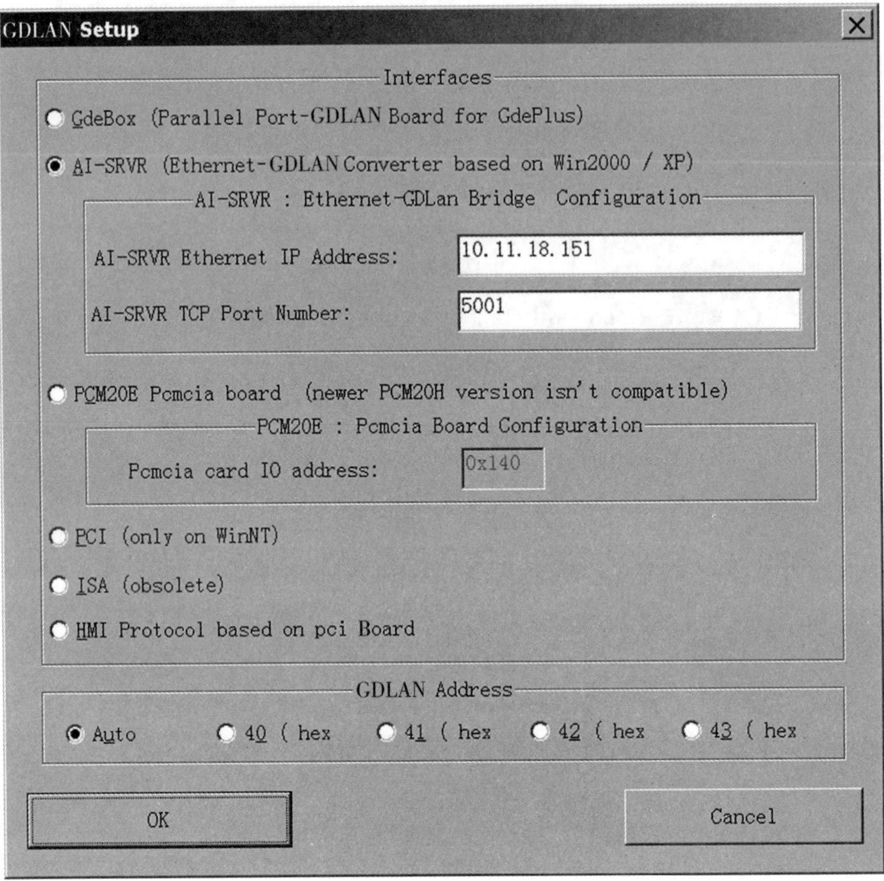


图 5-6　下载通信参数配置

侧打开”。只有当金属弹片已经复位（即接近开关有输出），按复位按钮才能将红色信息消除。当把接近开关的信号线断开，则会报警相应的自诊断信息，如“传感器诊断 :N11 CH30 3S887”等。

## 二、ZB45 包装机 8 号轮剔除口烟包堆积报警

### （一）项目概述

ZB45 包装机 8 号轮剔除口是主机的最后一个剔除口，用于剔除 7 号轮烤焦的烟包、材料接头、商标纸印刷等。若剔除量大则 8 号轮剔除口容易出现烟包堆积，过高的烟包堆积有卡坏 8 号轮的潜在风险。因此根据需求在 8 号轮剔除口增加一料位检测，当烟包堆积过高时停机报警。

具体方法是在 8 号轮剔除口的导引槽侧面增加一个漫反射光电检测器，利用该检测器来检测剔除桶烟包是否已经过满而堵住导引槽。为了避免正常剔除时烟包经过检测器而造成误报警，设计一个定时器来检测烟包停留在光电检测器位置的时间，超过定时时间才触发报警。

（二）硬件设计

检测器安装位置如图 5–7 所示，在侧边护板上开一个长方体的小孔，用于安装检测器。将检测器线缆接入机柜取电并将信号输出线接入输入点，调整检测器灵敏度及位置，当烟包经过时使检测器输出信号，而无烟包时检测器不输出。输入板卡的接口板需要安装跳线帽。

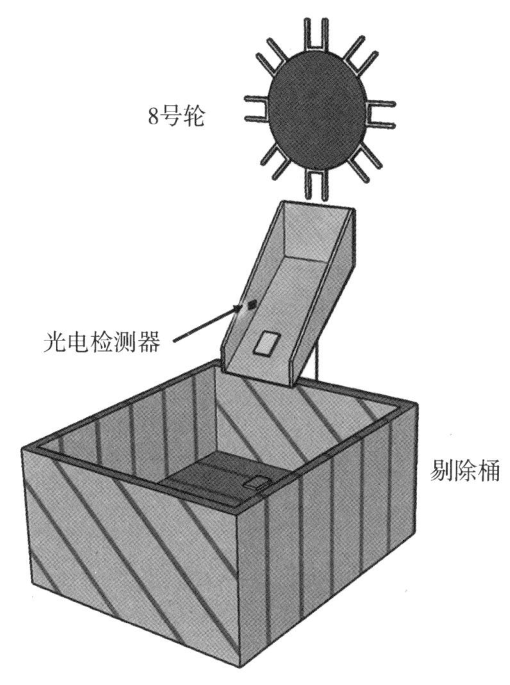


图 5–7　8 号轮剔除与检测点

（三）软件设计

该功能为独立功能，功能简单且不与主机程序其他模块有过多交互，采用新建程序模块来完成。

**1. 声明对象**

根据前面描述的功能，只需要定义 3 个对象，分别是信号输入点、定时器、报警信息。

```
declare   xx_8wheel_reject_bin_jam_di              digital$input
          {  cb_board_n11_dib,                     | 增加检测输入点 |
             ch28,
             direct,
             no,
             5      };
```

```
declare   xx_8wheel_reject_bin_jam_tmr                    timer
          { single$shot,                                  |增加一个定时器|
            millisecond   };
declare   xx_8wheel_reject_bin_jam_rsm                    state$message
          { xx_exit_8wheel_jam_function,                  |停机报警信息|
            xx_gp_packet_counter_lamp,
            red,
            '8 号轮出口剔除桶满',
            '8 wheel reject bin jam'          };
use       powerup                                         power$up;
```

输入点为 N11 第 28 脚，由于使用的光电检测器本身不带自诊断信号，所以该输入点在声明时就设置成不带自诊断功能（第 4 个参数为 no）。此外还声明了定时器对象，程序功能不需要循环定时，所以设置成单次定时（“single$shot”），时基设置成毫秒（若对精度要求不高，时基设置成秒也可以）。报警信息为红色状态信息，当其激活时会引起停机，且必须显式地置位与复位。这里借用了之前主机已经声明过的功能“xx_exit_8 wheel_jam_function”，以及指示灯对象“xx_gp_packet_counter_lamp”。指示灯是可以复用的，通常增加模块时会先考虑将该模块归类到哪个功能里面，然后在画面视图里面寻找相对应的“lamp”对象，以减少工作量并尽量保持简洁、一致。最后，还引用了“power$up”对象。

### 2. 编写程序主体

程序功能为当检测器被触发时启用定时器，在定时时间结束后若检测器一直保持输出状态（中间不能断开）则触发报警，否则就复位报警信息。

```
procedure xx_8wheel_reject_bin_jam_proc;
activators {  normal$power$up$first$step of powerup,          |上电激励|
              status of xx_8wheel_reject_bin_jam_di  };      |外部信号激励|
  if      status of xx_8wheel_reject_bin_jam_di = on
  then
          start$tmr xx_8wheel_reject_bin_jam_tmr{2000};      |启动延时|
  else
          status of xx_8wheel_reject_bin_jam_rsm = off;
          delete$tmr xx_8wheel_reject_bin_jam_tmr;
  endif;
end;
```

```
procedure xx_8w_rej_bin_jam_timeout_proc;
activators {        time$out of xx_8wheel_reject_bin_jam_tmr        };
  status of xx_8wheel_reject_bin_jam_rsm = on;  | 时间到则触发报警 |
end;
```

这里面只有两个过程，第一个过程用于激活定时器，定时时间为 2000 ms，前面声明定时器时定义的时基为 ms，因此其定时为 2 s。定时器在计时过程中若要重新定时需要先使用操作符“delete$tmr”将定时器复位，否则定时器会继续执行上一次未跑完的时间而造成定时不准。第二个过程是定时时间到后执行的程序，在该过程触发报警信息。

（四）调试验证

将编译完成的程序下载至目标机器中，然后模拟烟包堆积引起的故障。将 1 个烟包放置检测器位置并保持 2 s 以上，此时通过 OPC 可以看到触发的红色报警信息“8 号轮出口剔除桶满”，将烟包拿掉再按复位按钮，红色信息消除。当快速将烟包在检测器来回晃动时不会触发该红色信息，以此模拟正常开机时剔除烟包的状态。

## 第二节　模拟量应用

### 一、YB95 包装机新增包装膜美容器

（一）项目概述

YB95 包装机的出口通道原机没有安装美容器，为了让烟条表面更加平整光滑，需在出口处增加一组美容器。美容器分为上下两块加热板，随着设备运行不断熨压烟条。为实现该功能需要增加一套温控设备用于控制加热器工作，包括温度设置与故障报警等。项目基于 MICRO Ⅱ系统来实现，将美容器集成到控制系统里面，模仿 ZB45 包装机组的温度控制系统，利用热电偶探针来检测加热板的温度，再通过固态继电器来控制加热器工作。为减少工作量、充分利用资源以及考虑到整机美观程度，项目基于原机闲置的两个加热系统来改造，分别是蜡缸加热器与拉线加热器。

（二）硬件设计

美容器的设计如图 5-8 所示，设备工作时上面的加热板会随着推杆的运动而靠近或离开，以使烟条能够顺利排出。

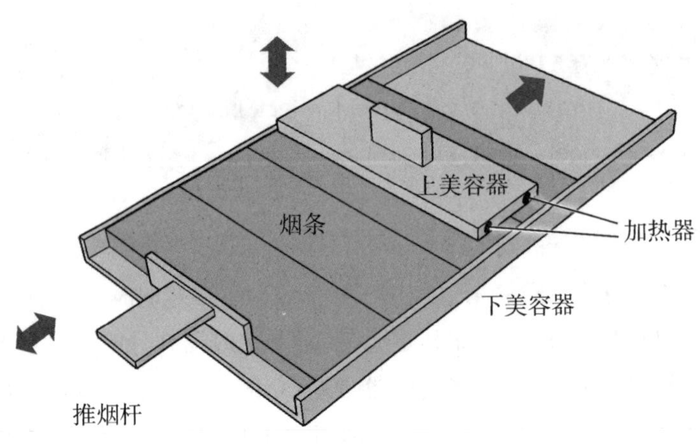


图 5-8　YB95 美容器

利用原机闲置的线路来实现功能，不需要额外在 YB95 包装机与机柜之间布线，但需在终端接线盒将原有的线路拆除，接入美容器的上、下加热器以及温度探针。为使加热板温度更加均匀，在上、下两块加热板里面均安装了两根加热棒，并在加热板中间安装热电偶温度探针。因新增加的美容器加热器功率远大于原来的蜡缸和拉线加热器，因此需要更换机柜里面对应的固态继电器并进行调整。

（三）软件设计

此项目使用了原机的蜡缸与拉线加热器输入输出点，因此可以基于原来的程序模块来修改，由于温控是 MICRO Ⅱ内部集成的功能，这里只需要修改部分参数即可。

**1. 修改对象名称**

首先找到这两个温控模块“ch_t0300.GDL”和“ch_t0400.GDL”，这里将“ch_t0300.GDL”模块修改为美容器下部温控器模块，将“ch_t0400.GDL”模块修改为美容器上部温控器模块。以模块“ch_t0300.GDL”为例，修改里面的对象名称。

```
module   ch_cv_exit_down_heater;          | ch_cv_tape_wax_pot_heater|
```

将程序代码里面的对象名称“ch_cv_tape_wax_pot_heater”全部替换成新的名称“ch_cv_exit_down_heater”，这一步可以使用查找替换功能进行快速替换，上述程序模块名称只是一个示例，实际上替换的对象名称很多。

**2. 删除不需要的对象**

根据设计需求删除不需要的对象，例如图形对象（删除下述代码）。

```
declare   ch_cv_tape_syn_r1                                   rectangle
          {   ch_main_pack_synoptic_syn,
              240,
              100,
              250,
              105,
              white   };
```

### 3. 增加或修改对象

下述代码为修改后的声明对象，仅供参考，可以根据需求自行修改。

```
declare   ch_cv_exit_heaters_function                          function
          {   ch_cv_exit_group,
              'FUNCTION: CV EXIT HEATER CHECK',
              'FUNZIONE CONTR. RISCALDATORI USCITA CV'   };
declare   ch_cv_exit_heaters_lamp                              lamp
          {   ch_main_pack_synoptic_syn,
              245,
              68,
              round   };
declare   ch_cv_exit_down_heater_thermocouple_ai               analog$input
          {   cb_board_N02_aiob,
              ch27,
              20,
              00,
              10000   };
declare   ch_cv_exit_down_heater_f_dcd                         digital$condition
          {   ch_gp_heaters_42vac_open_dcda     };
declare   ch_cv_exit_down_heater_f_proc_activ_dfl              digital$flag;
declare   ch_cv_exit_down_heater_thr_f_rem                     event$message
          {   ch_cv_exit_heaters_function,
              ch_cv_exit_heaters_lamp,
              red,
```

```
            'CV 出口下美容器故障',
            'CV EXIT DOWN HEATER FAULT' };
declare  ch_cv_exit_down_heater_thr_d_rem              event$message
        {   ch_cv_exit_heaters_function,
            ch_cv_exit_heaters_lamp,
            red,
            'CV 出口下美容器诊断故障',
            'CV EXIT UP HEATER THERMOSTAT IN DIAG'  };
declare  ch_cv_exit_down_heater_setpoint_ipr           integer$parameter
        {   ch_cv_exit_heaters_function,
            '^C',
            '^C',
            40,
            200,
            100,
            'CV 出口下美容器温度',
            'CV EXIT DOWN HEATER TEMPERATURE'  };
declare  ch_cv_exit_down_heater_dis_setpoint_icn       integer$constant
        {   40  };
declare  ch_cv_exit_down_heater_setpoint_ipe           integer$parameter$entry
        {   ch_main_pack_synoptic_syn,
            ch_cv_exit_down_heater_setpoint_ipr,
            5,
            25,
            31,
            27,
            'CV 出口下美容器温度',
            'CV EXIT DOWN HEATER TEMPERATURE'  };
declare  ch_cv_exit_down_heater_pwmo                   pwm$output
        {   cb_board_N16_dob,
            ch07,
            direct,
```

```
            yes,
            20,
            200  };
declare  ch_cv_exit_down_heater_not_ready_rsm                    state$message
         {  ch_cv_exit_heaters_function,
            ch_cv_exit_heaters_lamp,
            red,
            'CV 出口下美容器未就绪',
            'CV EXIT DOWN HEATER NOT READY'  };
declare  cb_ch_cv_exit_down_heater_ther_ai_f_rsm                 state$message
         {  cb_main_support_function,
            cb_board_N02_aiob_lamp,
            red,
            'ANALOG INPUT DIAGN: N02 26 3A959',
            'ANALOG INPUT DIAGN: N02 26 3A959'  };
declare  cb_ch_cv_exit_down_heater_pwmo_f_rsm                    state$message
         {  cb_main_support_function,
            cb_board_N16_dob_lamp,
            red,
            'OUTPUT DIAGN: N16 07 3E975',
            'OUTPUT DIAGN: N16 07 3E975'  };
declare  ch_cv_exit_down_heater_thr                              thermostat
         {  ch_cv_exit_down_heater_thermocouple_ai,
            ch_cv_exit_down_heater_pwmo,
            15,                  | range di lavoro ( % setpoint ) |
            2,                   | filtro range di lavoro ( sec ) |
            100,                 | risposta |
            200,                 | max temp. ( gradi c. ) |
            20,                  | max temp. variazione ( gradi c. ) |
            50,                  | max tempo on ( sec. ) |
            600 };               | max tempo off ( sec. ) |
```

```
declare  ch_cv_exit_down_heater_tmt                    thermostat$meter
         {  ch_main_pack_synoptic_syn,
            ch_cv_exit_down_heater_thr,
            5,
            25,
            31,
            27,
            'CV 出口下美容器恒温器',
            'CV EXIT DOWN HEATER THERMOSTAT'   };
```

由于控制对象发生变化，这里面主要是对“ch_cv_exit_down_heater_setpoint_ipr”对象以及“ch_cv_exit_down_heater_thr”对象进行修改。根据实际硬件的特性，如温度设定、滞后情况、加热功率等进行调节。因前面已经使用替换法修改了对象名称，所以过程段里面的过程不需要修改即可直接编译。再用同样的方法修改上部美容器温控器模块。

（四）调试验证

两个模块编译通过后下载至目标设备上进行调试，除了验证空载时的加热情况，还需要验证正常生产时美容器的工作状态，如温升是否太慢或太快，超调是否过大，响应是否及时，有条件可以测试一下阶跃响应曲线。根据实际情况，通常需要对“thermostat”对象里面的参数进行调整，若经常出现报警也可以适当放宽温度允许范围。

## 二、ZB45 包装机主电机速度控制

（一）硬件设计

ZB45 包装机的主电机由变频器驱动，要对主电机进行速度控制首先需要了解硬件设计，通过电路图（图 5-9，图 5-10）可以得到如下信息。

ZB45 包装机通过频压转换模块来为变频器提供模拟量信号（0~10 V DC）。频率信号来自 N2 板第 6 脚，N2 板为模拟量板卡。因此控制主电机速度可通过控制 N2 板第 6 脚的输出来实现。

速度参考：
YB45电机驱动器
YB45机器电机
变频器自诊断
机器电机零速度检测
电机制动电阻
INVERTER UNIDRIVE
2A11
0 V
SPEED REFERENCE
0V COMMON
STOP
COMMON 0V
EXTERNAL TRIP
RUN FORWARD
FAULT
0 SPEED
+24 V
2K3
2R1
2Q7
2F15
2F16
2F17
2K11
2K14
2K15
2C701
2R702
2R701
2M701
2X690
2X722
BLUE
BROWN
BLACK
YB45主电机
YB45机器电机热敏

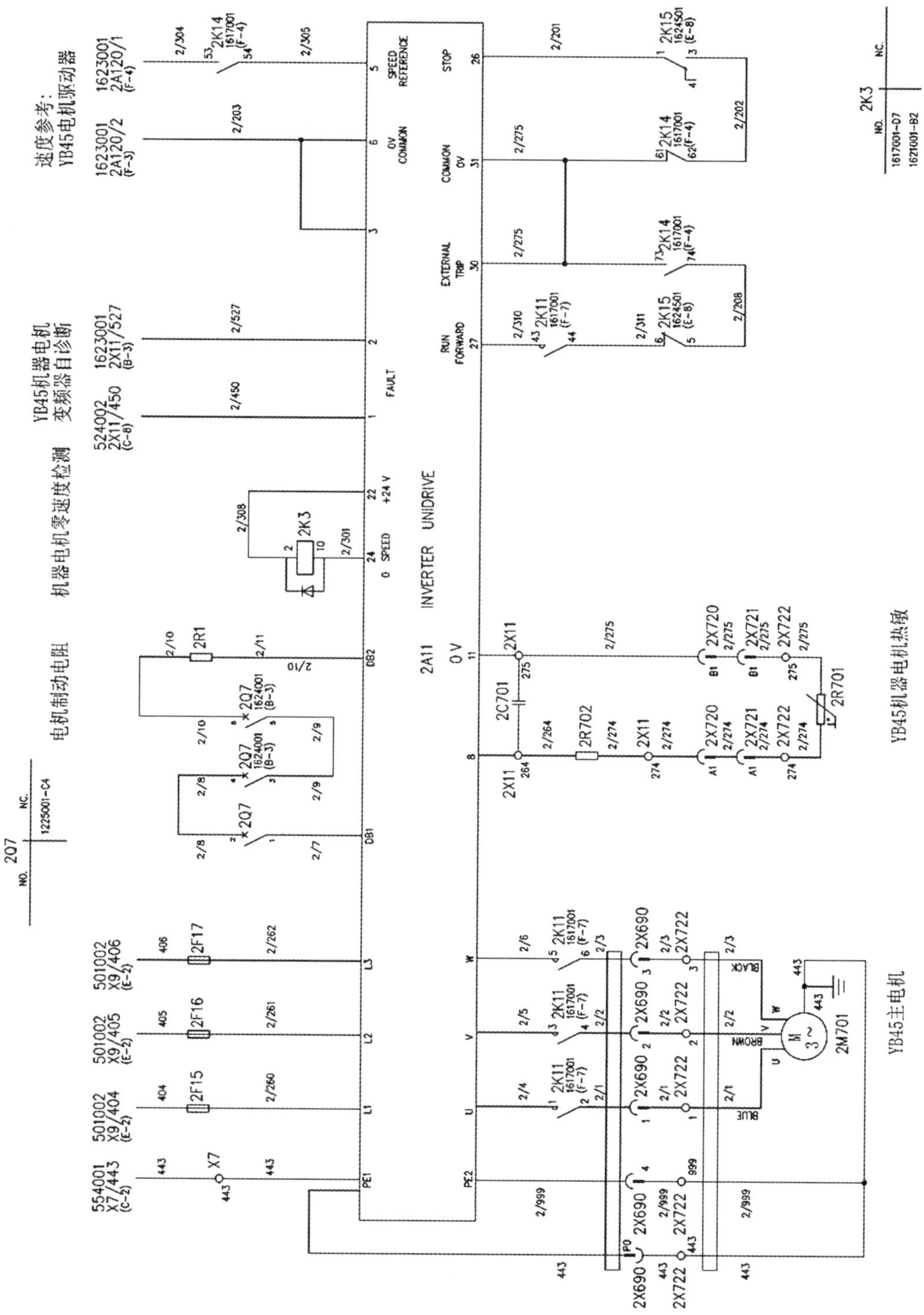

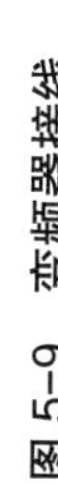

图 5-9 变频器接线

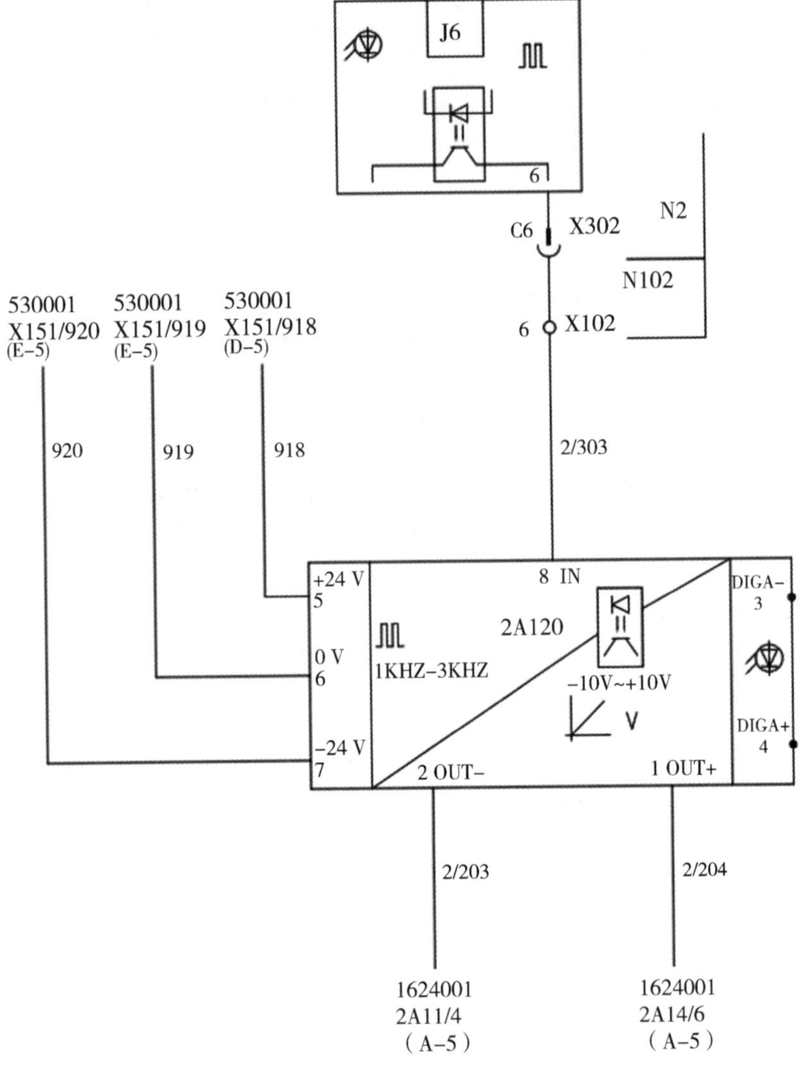


图 5–10　模拟量输出

## （二）软件设计

GDL 模拟量输出对象为“analog$output”，因此必须先声明该类型的对象，如下所示。

```
declare   xx_motor_main_driver_reference_ao        analog$output| 主电机模拟量 |
          {  cb_board_N02_aiob,          | 所属板卡 |
             ch06,                       | 通道 06|
             -10000,                     | 低限，对应 1 kHz|
             10000         };            | 高限，对应 3 kHz|
```

在程序执行部分，通过对“xx_motor_main_driver_reference_ao”对象进行赋值可控制对应点的频率输出。程序通过定时器以 100 ms 的周期刷新模拟量输出。

首先判断主电机的速度是否在允许范围内，并进行限幅。

```
if        value of xx_motor_speed_ivr <
          value of xx_motor_min_absolute_speed_icn        |判断速度是否低于最小值|
then
          value of xx_motor_speed_ivr =
          value of xx_motor_min_absolute_speed_icn;
endif;
if        value of xx_motor_speed_ivr >                   |判断速度是否高于最大值|
          value of xx_motor_absolute_max_speed_ipr
then
         value of xx_motor_speed_ivr =
          value of xx_motor_absolute_max_speed_ipr;
endif;
```

其次将速度转换成模拟量值，理论上模拟量电压 9.8 V DC 对应的车速为 420 r/min（此时值为 9800），实际工程中使用经验值模拟量输出曲线替代理论模拟量输出曲线，如图 5-11 所示。

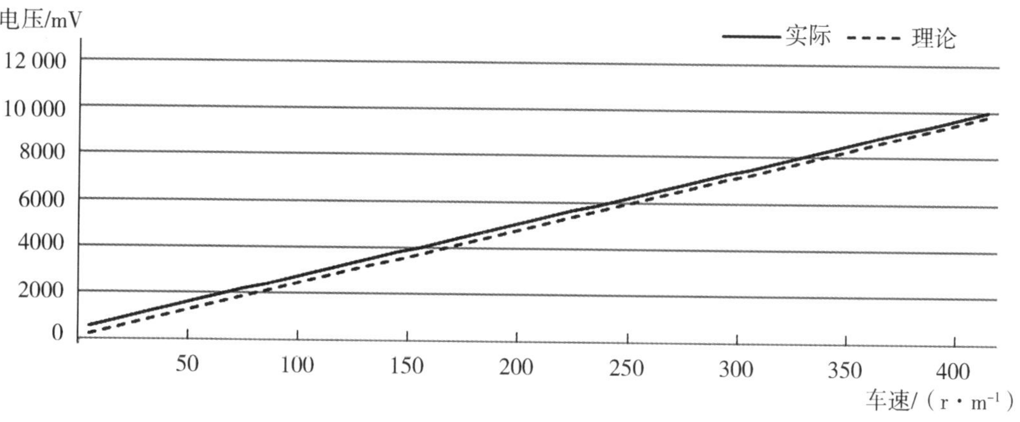


图 5-11 车速与电压对应曲线

```
value of xx_motor_speed_reference_ivr =                          |理论输出公式|
((value of xx_motor_speed_ivr *  9800) / 420);
value of xx_motor_speed_reference_ivr =                          |经验值输出公式|
((value of xx_motor_speed_ivr * 9660) / 420) + 340;
```

然后对模拟量输出值进行限幅。

```
if        value of xx_motor_speed_reference_ivr >
          value of xx_motor_max_speed_reference_icn
then      value of xx_motor_speed_reference_ivr =
          value of xx_motor_max_speed_reference_icn;
endif;
if        value of xx_motor_speed_reference_ivr < 0
then
          value of xx_motor_speed_reference_ivr = 0;
endif;
```

最后判断是否允许输出，并将计算值赋给最终的输出点对象。

```
if        operating$condition of xx_main_machine <> running
then      value of xx_motor_speed_ivr = 0;   |如果设备停机，则输出为零|
          value of xx_motor_speed_reference_ivr = 0;
endif;
value of ch_umi_xx_reference_speed_ifl = value of xx_motor_speed_ivr;
value of xx_motor_main_driver_reference_ao =
                                        value of xx_motor_speed_reference_ivr;
```

# 第三节　综合应用

## 一、ZB45 包装机内衬纸自动切换功能

本项目在编写过程中应用了多种GDL对象类型，主要有“digital$input”“digital$outp

ut”“digital$flag”“digital$variable”“adv$phase$match$detector”“state$message”“timer”“integer$parameter”等，通过应用这些对象类型的实例来实现一个完整的控制流程。

## （一）项目概述

ZB45包装机原机没有内衬纸自动切换功能，为提高生产效率可外挂一个PLC来控制内衬纸自动切换。外挂PLC虽可以实现功能需求，但对原机的线路改动较多，调整精度较低且有一些潜在问题，例如：需要屏蔽相关红色报警信息，关闭原机内衬纸检测功能等。因此，通过在MICRO Ⅱ系统里面编写程序以实现内衬纸自动切换功能会是一个更好的解决方案。

基于原机的电气线路以及控制逻辑来增加内衬纸自动切换控制程序，为实现内衬纸切换，需增加两个气缸用于控制切刀动作以切断末卷内衬纸，因此需要增加两个数字量输出信号用于控制气缸。此外，还针对内衬纸上的材料拼接头检测做出改进，原机设备在下纸通道安装了前、后两个光电检测器用于检测内衬纸材料接头，在实际使用中发现这两个检测器的位置容易堆积烟末，且空间狭小不易校准。因此，取消这两个检测器并在上部内衬纸导辊处增加内衬纸拼接头检测探头，当检测到拼接头时自动切换至另一侧内衬纸卷或直接停机，检测探头的信号接入原机的两个拼接头检测器线路，并通过修改程序来实现功能。

## （二）硬件设计

要实现内衬纸自动切换功能，需增加两个气缸用于控制内衬纸切刀。此外，改进拼接头检测需要拆除原机的拼接头检测器并在导辊处增加光电检测器。硬件改动情况如图5-12所示。

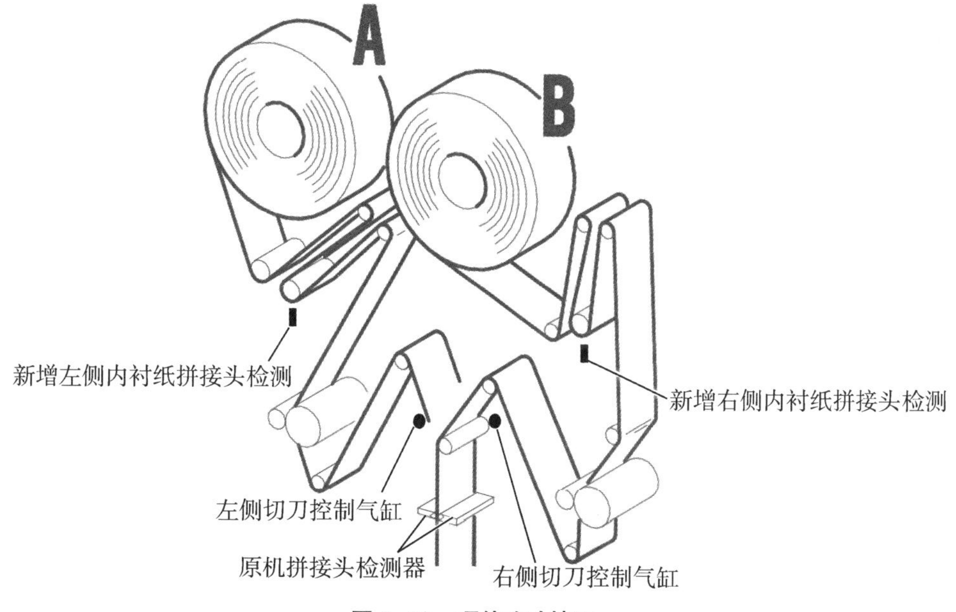


图5-12　硬件改动情况

## （三）软件设计

在实际编写程序前，需要对内衬纸自动切换的整个逻辑控制过程进行梳理。为方便理解，使用流程图来进行表述，如图 5-13 和图 5-14 所示。

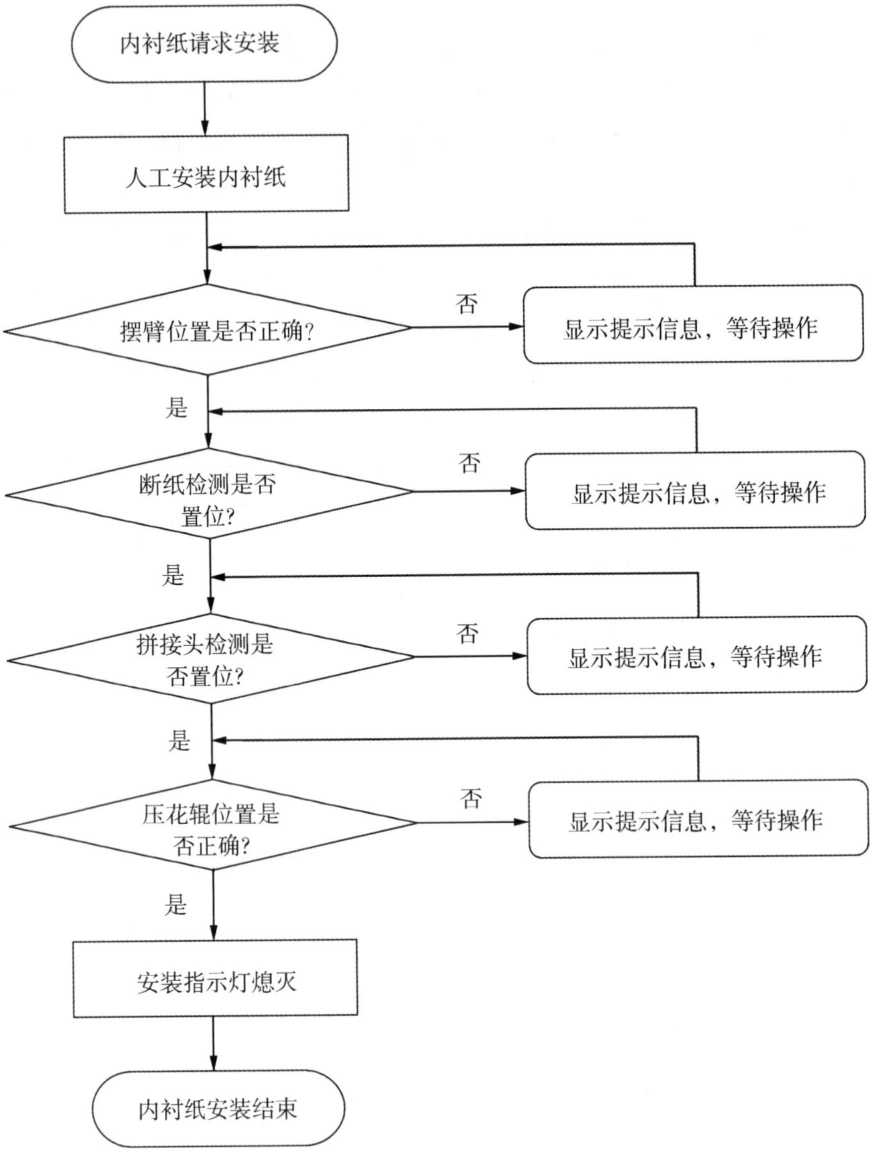

内衬纸请求安装
人工安装内衬纸
摆臂位置是否正确?
否
显示提示信息，等待操作
是
断纸检测是否置位?
否
显示提示信息，等待操作
是
拼接头检测是否置位?
否
显示提示信息，等待操作
是
压花辊位置是否正确?
否
显示提示信息，等待操作
是
安装指示灯熄灭
内衬纸安装结束

图 5-13　内衬纸安装流程

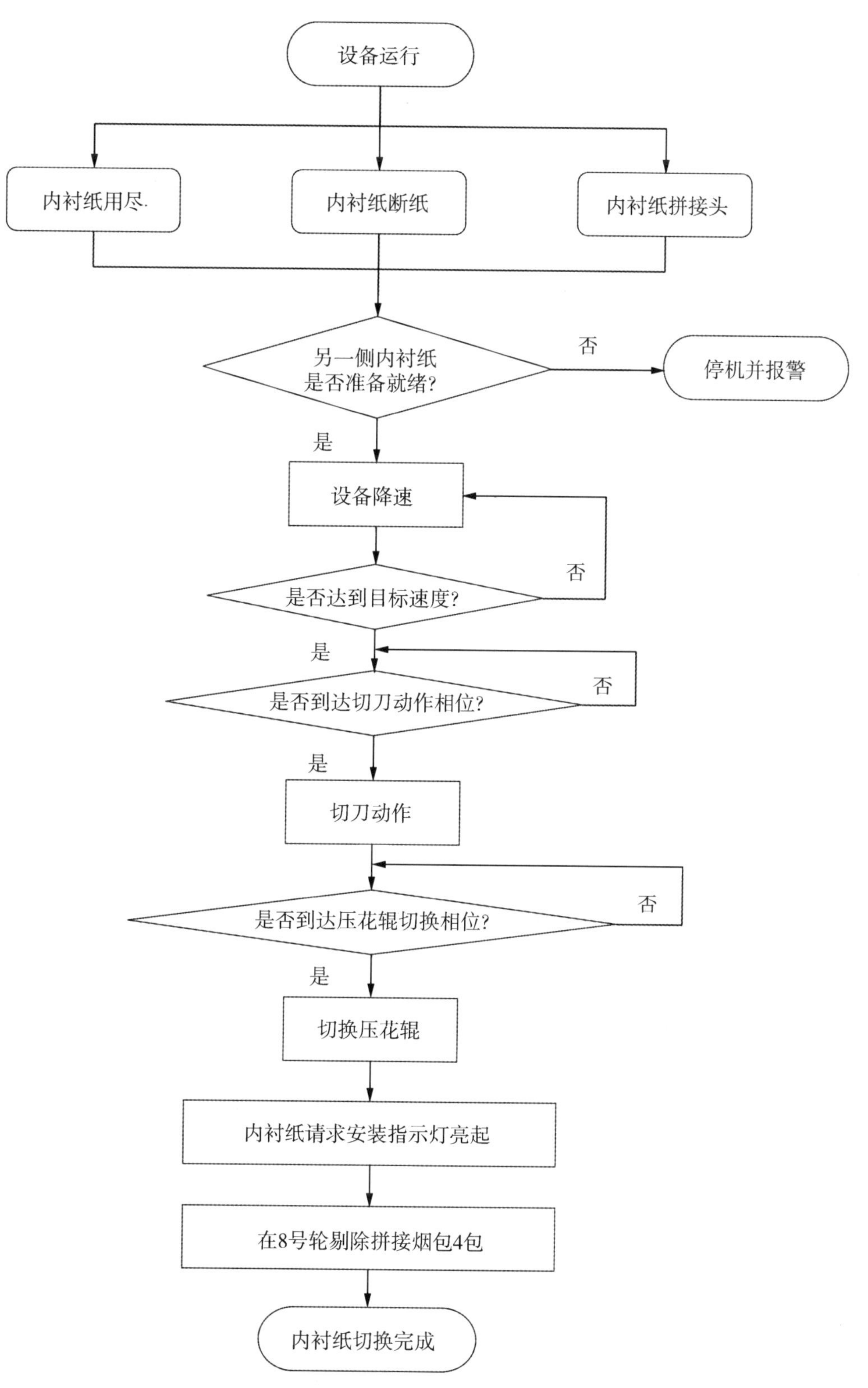


图 5-14 内衬纸自动切换流程

### 1. 声明对象

打开内衬纸切换管理模块“pa_41100.GDL”，这是原机的内衬纸半自动切换程序模块，接下来的主要工作就在这个模块里面展开。根据需要，在原有声明对象后面增加如下对象声明。

```
declare  xx_foil_automatic_splice_req_dfl            digital$flag;
declare  xx_foil_splice_slow_velo_req_dfl            digital$flag;
declare  xx_foil_splice_slow_velo_done_dfl           digital$flag;
declare  xx_foil_splice_embosser_do_req_dfl          digital$flag;
declare  xx_foil_splice_knife_do_req_dfl             digital$flag;
declare  xx_foil_splice_phase_lamp_dfl               digital$flag;

declare  xx_foil_sx_knife_do                         digital$output
         {  cb_board_n16_dob,
            ch27,
            direct,
            yes,
            20   };
declare  xx_foil_dx_knife_do                         digital$output
         {  cb_board_n16_dob,
            ch28,
            direct,
            yes,
            20   };
declare  cb_xx_foil_sx_knife_do_f_rsm                state$message
         {  xx_foil_semi_automatic_splice_function,
            xx_foil_sx_embosser_lamp,
            red,
            'OUTPUT DIAGN: N14 25 2Y614',
            'OUTPUT DIAGN: N14 25 2Y614'  };
declare  cb_xx_foil_dx_knife_do_f_rsm                state$message
         {  xx_foil_semi_automatic_splice_function,
            xx_foil_dx_embosser_lamp,
            red,
            'OUTPUT DIAGN: N14 26 2Y615',
```

```
        'OUTPUT DIAGN: N14 26 2Y615'          };
declare  xx_foil_preset_dx_broken_csm                   state$message
         {  xx_foil_semi_automatic_splice_function,
            xx_foil_dx_reel_lamp, cyan,
            '预置右内衬纸断纸检测',
            'PRESET RIGHT FOIL BREAK SENSOR'  };
declare  xx_foil_preset_sx_broken_csm                   state$message
         {  xx_foil_semi_automatic_splice_function,
            xx_foil_sx_reel_lamp, cyan,
            '预置左内衬纸断纸检测',
            'PRESET LEFT FOIL BREAK SENSOR'   };
declare  xx_foil_into_auto_splice_csm                   state$message
         {  xx_foil_semi_automatic_splice_function,
            xx_foil_knife_zone_lamp, cyan,
            '内衬纸正在准备自动切换',
            'FOIL PREPARE TO AUTO SPLICE'     };
declare  xx_foil_reach_sx_knife_phase_csm               state$message
         {  xx_foil_semi_automatic_splice_function,
            xx_foil_sx_reel_lamp, cyan,
            '等待转动到左侧切刀动作相位',
            'WAIT TO LEFT KNIFE DO PHASE'     };
declare  xx_foil_reach_dx_knife_phase_csm               state$message
         {  xx_foil_semi_automatic_splice_function,
            xx_foil_dx_reel_lamp, cyan,
            '等待转动到右侧切刀动作相位',
            'WAIT TO RIGHT KNIFE DO PHASE'    };
declare  xx_foil_knife_do_tmr                           timer
         {  single$shot,
            millisecond  };
declare  xx_foil_knife_do_time_ipr                      integer$parameter
         {  xx_foil_semi_automatic_splice_function,
            'ms',
            'ms',
```

```
            100,
            1000,
            600,
            '设定：内衬纸切刀动作时长',
            'SET:FOIL KNIFE DO TIMER'     };
declare  xx_foil_sx_knife_do_phase_ipr               integer$parameter
         {  xx_foil_semi_automatic_splice_function,
            '度',
            'degree',
            0,
            359,
            20,
            '相位：内衬纸左侧切刀动作相位',
            'PHASE:FOIL LEFT KNIFE DO PHASE'     };
declare  xx_foil_dx_knife_do_phase_ipr               integer$parameter
         {  xx_foil_semi_automatic_splice_function,
            '度',
            'degree',
            0,
            359,
            20,
            '相位：内衬纸右侧切刀动作相位',
            'PHASE:FOIL RIGHT KNIFE DO PHASE'   };
declare  xx_foil_sx_knife_do_apmd                    adv$phase$match$detector
         {  xx_motor_main_encoder_aen,
            xx_foil_sx_knife_do_phase_ipr,
            forward   };
declare  xx_foil_dx_knife_do_apmd                    adv$phase$match$detector
         {  xx_motor_main_encoder_aen,
            xx_foil_dx_knife_do_phase_ipr,
            forward   };
declare  xx_foil_auto_splice_speed_ref_ipr                  integer$parameter
         {  xx_foil_semi_automatic_splice_function,
```

```
            'RPM',
            'RPM',
            10,
            210,
            35,
            '设定：内衬纸自动切换车速',
            'SET:FOIL AUTO SPLICE SPEED' };
declare  xx_foil_auto_splice_speed_deviation_iprinteger$parameter
        {  xx_foil_semi_automatic_splice_function,
            'RPM',
            'RPM',
            3,
            20,
            5,
            '设定：内衬纸自动切换允许的速度偏差',
            'FOIL AUTO SPLICE ALLOW SPEED DEVIATION'   };
declare  xx_foil_dx_splice_check_di                  digital$input|N11 12 2B229|
        {  cb_board_n11_dib,
            ch12,
            direct,
            no,
            5    };
declare  xx_foil_sx_splice_check_di                  digital$input|N11 13 2B260|
        {  cb_board_n11_dib,
            ch13,
            direct,
            no,
            5    };
declare  xx_foil_sx_splice_check_rsm                 state$message
        {  xx_foil_semi_automatic_splice_function,
            xx_foil_sx_reel_lamp,
            red,
            '左侧内衬纸拼接头',
```

```
                'left foil splice detected'    };
    declare  xx_foil_dx_splice_check_rsm                    state$message
             {  xx_foil_semi_automatic_splice_function,
                xx_foil_dx_reel_lamp,
                red,
                '右侧内衬纸拼接头',
                'right foil splice detected'   };
    declare  xx_foil_preset_dx_splice_check_csm             state$message
             {  xx_foil_semi_automatic_splice_function,
                xx_foil_dx_reel_lamp, cyan,
                '预置右侧内衬纸拼接头检测',
                'PRESET RIGHT FOIL SPLICE CHECK'    };
    declare  xx_foil_preset_sx_splice_check_csm             state$message
             {  xx_foil_semi_automatic_splice_function,
                xx_foil_sx_reel_lamp, cyan,
                '预置左侧内衬纸拼接头检测',
                'PRESET LEFT FOIL SPLICE CHECK'    };
```

在对象声明里面可以看到，主要增加的对象有数字量输入、数字量输出、相关的状态信息、相位、参数以及为完成动作而增加的部分辅助对象。需要注意的是，新增加的两个数字量输入借用了原机的拼接头检测器输入通道，因此必须删除原机的拼接头检测输入对象声明，实际上，因为原机的拼接头检测这里不再使用，可以将其整个模块删除（pa_41031.GDL）。

### 2. 增加自诊断程序

首先增加两个切刀输出点的自诊断程序，当线路断开时显示报警信息。

```
procedure  xx_foil_sx_knife_do_f_proc;  | 内衬纸左侧切刀输出故障处理过程 |
activators  {   diagn$status of xx_foil_sx_knife_do,
                status of cb_gp_output_diagn_disable_dfl,
                normal$power$up$first$step of powerup    };
   if  status of cb_gp_output_diagn_disable_dfl = off
   then
      if  diagn$status of xx_foil_sx_knife_do = faulty
      then
```

```
                    status of cb_xx_foil_sx_knife_do_f_rsm = on;
                else
                    status of cb_xx_foil_sx_knife_do_f_rsm = off;
                endif;
        else
                status of cb_xx_foil_sx_knife_do_f_rsm = off;
        endif;
end;
procedure xx_foil_dx_knife_do_f_proc;   | 内衬纸右侧切刀输出故障处理过程 |
activators {    diagn$status of xx_foil_dx_knife_do,
                status of cb_gp_output_diagn_disable_dfl,
                normal$power$up$first$step of powerup    };
    if      status of cb_gp_output_diagn_disable_dfl = off
    then
            if      diagn$status of xx_foil_dx_knife_do = faulty
            then
                    status of cb_xx_foil_dx_knife_do_f_rsm = on;
            else
                    status of cb_xx_foil_dx_knife_do_f_rsm = off;
            endif;
    else
            status of cb_xx_foil_dx_knife_do_f_rsm = off;
    endif;
end;
```

3. 修改初始化程序

增加的辅助对象，需要在系统上电时对其赋值，避免非预期的结果。

```
status of xx_foil_automatic_splice_req_dfl = off;
status of xx_foil_splice_slow_velo_req_dfl = off;
status of xx_foil_splice_slow_velo_done_dfl = off;
status of xx_foil_splice_embosser_do_req_dfl = off;
status of xx_foil_splice_knife_do_req_dfl = off;
status of xx_foil_sx_knife_do = off;
status of xx_foil_dx_knife_do = off;
```

### 4. 指示灯条件判断程序

内衬纸安装区域的指示灯用于显示预加载的内衬纸卷是否准备就绪，当指示灯亮起时表示预加载内衬纸卷未安装就绪，当指示灯灭时代表已经准备就绪。指示灯的状态除了用于提示操作人员外，也是程序里面一个重要的判断依据，后面的程序将根据指示灯的状态来决定如何执行。具体代码如下所示。

```
procedure   xx_foil_splice_phase_lamp_proc; | 内衬纸安装就绪指示灯处理过程 |
activators {    normal$power$up$first$step of powerup,
                status of xx_foil_sx_reel_end_arm_di,
                status of xx_foil_dx_reel_end_arm_di,
                status of xx_foil_sx_embos_splice_enbl_di,
                status of xx_foil_dx_embos_splice_enbl_di,
                status of xx_foil_dx_reel_break_di,
                status of xx_foil_sx_reel_break_di,
                status of xx_foil_dx_embosser_open_di,
                status of xx_foil_sx_embosser_open_di,
                status of xx_foil_reel_end_arm_position_di,
                status of xx_foil_sx_splice_check_di,
                status of xx_foil_dx_splice_check_di  };
   if       status of xx_foil_checks_disable_dfl = on or
            status of xx_gp_checks_disable_di = on
   then
            return;
   endif;
   if       status of xx_foil_unwinding_reel_indication_dvr = on
   then | 判断当前是左侧还是右侧内衬纸投入运行，on 代表右侧 |
            if   status of xx_foil_sx_embos_splice_enbl_di = on     and
                 status of xx_foil_sx_reel_break_di = off          and
                 status of xx_foil_sx_splice_check_di = off        and
                 status of xx_foil_sx_embosser_open_di = off       and
                 status of xx_foil_sx_reel_end_arm_di = off        and
                 status of xx_foil_reel_end_arm_position_di = on
            then| 左侧内衬纸安装就绪则关闭指示灯 |
                 status of xx_foil_splice_phase_lamp_dfl = off;
            else
```

```
                status of xx_foil_splice_phase_lamp_dfl = on;
            endif;
    else | 左侧投入运行 |
            if    status of xx_foil_dx_embos_splice_enbl_di = on    and
                  status of xx_foil_dx_reel_break_di = off          and
                  status of xx_foil_dx_splice_check_di = off        and
                  status of xx_foil_dx_embosser_open_di = off       and
                  status of xx_foil_dx_reel_end_arm_di = off        and
                  status of xx_foil_reel_end_arm_position_di = off
            then| 若右侧内衬纸安装就绪则关闭指示灯 |
                status of xx_foil_splice_phase_lamp_dfl = off;
            else
                status of xx_foil_splice_phase_lamp_dfl = on;
            endif;
    endif;
end;
procedure     xx_foil_lamp_dfl_to_do_proc; | 内衬纸指示灯输出处理过程 |
activators {  normal$power$up$second$step of powerup,
              status of xx_foil_splice_phase_lamp_dfl       };
    status of xx_foil_splice_phase_lamp_do =
    status of xx_foil_splice_phase_lamp_dfl;
end;
```

从上述程序可以看出，指示灯的状态受到断纸检测、拼接头检测、压花辊到位检测、内衬纸摆臂位置、压花辊对位位置等的共同影响。

### 5. 关闭功能时的处理

在上面编写指示灯条件时，可以发现其前面加入了“xx_foil_checks_disable_dfl”对象以及“xx_gp_checks_disable_di”对象的判断语句。这主要是为应对特殊生产需求，例如：测试、排空、跑空车等。因此必须针对上述情况编写应对程序。

```
procedure     xx_foil_checks_disable_proc; | 内衬纸检测禁用处理过程 |
activators {  normal$power$up$first$step of powerup,
              status of xx_foil_checks_disable_dfl,
```

```
                    status of xx_gp_checks_disable_di     };
    if      status of xx_foil_checks_disable_dfl = on or
            status of xx_gp_checks_disable_di = on
    then |若内衬纸检测被禁用则关闭所有报警信息|
            status of xx_foil_splice_phase_lamp_dfl = off;
            status of xx_foil_dx_reel_end_rsm = off;
            status of xx_foil_sx_reel_end_rsm = off;
            status of xx_foil_dx_reel_broken_rsm = off;
            status of xx_foil_sx_reel_broken_rsm = off;
            status of xx_foil_dx_splice_check_rsm = off;
            status of xx_foil_sx_splice_check_rsm = off;
            status of xx_foil_automatic_splice_req_dfl = off;
            status of xx_foil_move_contrast_arm_csm = off;
            status of xx_foil_preset_dx_reel_unwind_csm = off;
            status of xx_foil_preset_sx_reel_unwind_csm = off;
            status of xx_foil_dx_close_embosser_csm = off;
            status of xx_foil_sx_close_embosser_csm = off;
            status of xx_foil_take_dx_embos_in_phase_csm = off;
            status of xx_foil_take_sx_embos_in_phase_csm = off;
            status of xx_foil_reach_cutting_phase_csm = off;
            status of xx_foil_reach_sx_knife_phase_csm = off;
            status of xx_foil_reach_dx_knife_phase_csm = off;
            status of xx_foil_preset_dx_broken_csm = off;
            status of xx_foil_preset_sx_broken_csm = off;
            status of xx_foil_preset_sx_splice_check_csm = off;
            status of xx_foil_preset_dx_splice_check_csm = off;
            status of xx_foil_into_auto_splice_csm = off;
            status of cb_foil_semiauto_splice_warn_dcd = off;
     endif;
   end;
```

应对程序很简单，就是消除所有可能引起停机或误判的信息。

6. 子功能程序

根据工艺流程图设计，触发自动切换的三大条件分别是断纸、拼接头、内衬纸耗尽。接下来就必须针对这 3 个触发条件编写子功能程序。

```
|*****foil_end******|
procedure    xx_foil_end_reel_proc; | 内衬纸用尽处理过程 |
activators {    normal$power$up$second$step of powerup,
                status of xx_foil_dx_reel_end_arm_di,
                status of xx_foil_sx_reel_end_arm_di,
                status of xx_motor_reset_button_di  };
  if    status of xx_foil_checks_disable_dfl = on or
        status of xx_gp_checks_disable_di = on
  then
        return;
  endif;
  if   status of xx_foil_unwinding_reel_indication_dvr = on
  then | 若右侧内衬纸投入运行(松卷)|
       if    status of xx_foil_dx_reel_end_arm_di = on
       then | 若右侧内衬纸用尽则执行下述程序 |
          if   status of xx_foil_splice_phase_lamp_dfl = off
          then | 若左侧内衬纸安装准备就绪,则触发自动切换 |
                status of xx_foil_automatic_splice_req_dfl = on;
                status of xx_foil_dx_reel_end_rsm = off;
          else | 否则报警停机 |
                status of xx_foil_dx_reel_end_rsm = on;
          status of xx_foil_automatic_splice_req_dfl = off;
          endif;
          else
                     status of xx_foil_dx_reel_end_rsm = off;
          endif;
          status of xx_foil_sx_reel_end_rsm = off;
  else| 若当前投入运行的是左侧内衬纸(松卷)|
       if  status of xx_foil_sx_reel_end_arm_di = on
       then | 若左侧内衬纸用尽 |
          if   status of xx_foil_splice_phase_lamp_dfl = off
          then | 若右侧内衬纸安装准备就绪则执行下述程序 |
```

```
                    status of xx_foil_automatic_splice_req_dfl = on;
                    status of xx_foil_sx_reel_end_rsm = off;
        else
                    status of xx_foil_sx_reel_end_rsm = on;
                    status of xx_foil_automatic_splice_req_dfl = off;
        endif;
        else
                    status of xx_foil_sx_reel_end_rsm = off;
        endif;
        status of xx_foil_dx_reel_end_rsm = off;
    endif;
end;
|******foil_break*******|
procedure xx_foil_break_check_proc;  | 内衬纸断裂处理过程 |
activators {    normal$power$up$second$step of powerup,
                status of xx_foil_sx_reel_break_di,
                status of xx_foil_dx_reel_break_di,
                status of xx_motor_reset_button_di   };
    if   status of xx_foil_checks_disable_dfl = on or
         status of xx_gp_checks_disable_di = on
    then
         return;
    endif;  | 断裂的执行程序与用尽是一样的，只不过触发过程的对象不一样 |
    if   status of xx_foil_unwinding_reel_indication_dvr = on
    then
        if  status of xx_foil_dx_reel_break_di = on
        then
           if    status of xx_foil_splice_phase_lamp_dfl = off
           then
                 status of xx_foil_automatic_splice_req_dfl = on;
                 status of xx_foil_dx_reel_broken_rsm = off;
           else
                 status of xx_foil_dx_reel_broken_rsm = on;
                 status of xx_foil_automatic_splice_req_dfl = off;
```

```
            endif;
        else
                status of xx_foil_dx_reel_broken_rsm = off;
        endif;
        status of xx_foil_sx_reel_broken_rsm = off;
    else
        if  status of xx_foil_sx_reel_break_di = on
        then
            if  status of xx_foil_splice_phase_lamp_dfl = off
            then
                status of xx_foil_automatic_splice_req_dfl = on;
                status of xx_foil_sx_reel_broken_rsm = off;
                    else
                status of xx_foil_sx_reel_broken_rsm = on;
                status of xx_foil_automatic_splice_req_dfl = off;
            endif;
            else
                status of xx_foil_sx_reel_broken_rsm = off;
            endif;
    status of xx_foil_dx_reel_broken_rsm = off;
  endif;
end;
|******foil_splice_detected*******|
procedure xx_foil_splice_check_proc; | 内衬纸材料出现拼接头处理过程 |
activators {    normal$power$up$second$step of powerup,
                status of xx_foil_sx_splice_check_di,
                status of xx_foil_dx_splice_check_di,
                status of xx_motor_reset_button_di  };
   if       status of xx_foil_checks_disable_dfl = on or
            status of xx_gp_checks_disable_di = on
   then
            return;
   endif; | 检测到材料拼接头的执行过程与用尽一样，但触发对象不一样 |
   if  status of xx_foil_unwinding_reel_indication_dvr = on
```

```
then
    if  status of xx_foil_dx_splice_check_di = on
    then
        if   status of xx_foil_splice_phase_lamp_dfl = off
        then
            status of xx_foil_automatic_splice_req_dfl = on;
            status of xx_foil_dx_splice_check_rsm = off;
        else
            status of xx_foil_dx_splice_check_rsm = on;
            status of xx_foil_automatic_splice_req_dfl = off;
        endif;
    else
        status of xx_foil_dx_splice_check_rsm = off;
    endif;
    status of xx_foil_sx_splice_check_rsm = off;
else
    if   status of xx_foil_sx_splice_check_di = on
    then
        if   status of xx_foil_splice_phase_lamp_dfl = off
        then
            status of xx_foil_automatic_splice_req_dfl = on;
            status of xx_foil_sx_splice_check_rsm = off;
        else
            status of xx_foil_sx_splice_check_rsm = on;
            status of xx_foil_automatic_splice_req_dfl = off;
        endif;
    else
            status of xx_foil_sx_splice_check_rsm = off;
    endif;
    status of xx_foil_dx_splice_check_rsm = off;
  endif;
end;
```

至此，3 个触发切换的信号已经建立完毕，它们均通过同一个对象（xx_foil_

automatic_splice_req_dfl）来发出切换请求信号。

**7. 响应切换请求信号**

在接收到切换请求信号后需要针对该信号编写处理程序，并将信号不断传递、延伸、链式反应下去，以此来完成后续的切换控制逻辑，程序如下所示。

```
procedure  xx_foil_auto_splice_slow_req_proc; | 切换前请求设备降速 |
activators {   status of xx_foil_automatic_splice_req_dfl     };
  if    status of xx_foil_automatic_splice_req_dfl = on
  then | 有请求切换信号则发出设备降速信号 |
      status of xx_foil_splice_slow_velo_req_dfl = on;
  else
      status of xx_foil_splice_slow_velo_req_dfl = off;
      status of xx_foil_splice_slow_velo_done_dfl = off;
  endif;
end;
procedure   xx_foil_auto_splice_knife_req_proc; | 产生切刀动作请求信号 |
activators {   status of xx_foil_splice_slow_velo_done_dfl   };
  if   status of xx_foil_splice_slow_velo_done_dfl = on
  then | 若设备已完成降速则发出切刀动作信号 |
      status of xx_foil_splice_knife_do_req_dfl = on;
  else
      status of xx_foil_splice_knife_do_req_dfl = off;
  endif;
end;
procedure xx_foil_sx_knife_do_proc; | 执行左侧切刀动作 |
activators {   phase$match of xx_foil_sx_knife_do_apmd    };
  if    status of xx_foil_unwinding_reel_indication_dvr = off and
      status of xx_foil_splice_knife_do_req_dfl = on and
      status of xx_foil_sx_knife_do = off and
      status of xx_foil_splice_embosser_do_req_dfl = off
  then | 若左侧松卷且有切刀动作请求信号则执行左侧切刀动作 |
      status of xx_foil_sx_knife_do = on;
      status of xx_foil_splice_knife_do_req_dfl = off;
      start$tmr xx_foil_knife_do_tmr{value of xx_foil_knife_do_time_ipr};
```

```
        status of xx_foil_splice_embosser_do_req_dfl = on;
    endif;
end;
procedure   xx_foil_dx_knife_do_proc; |执行右侧切刀动作|
activators {   phase$match of xx_foil_dx_knife_do_apmd    };
    if   status of xx_foil_unwinding_reel_indication_dvr = on and
         status of xx_foil_splice_knife_do_req_dfl = on and
         status of xx_foil_dx_knife_do = off and
         status of xx_foil_splice_embosser_do_req_dfl = off
    then |若右侧松卷且有切刀动作请求信号则执行右侧切刀动作|
         status of xx_foil_dx_knife_do = on;
         status of xx_foil_splice_knife_do_req_dfl = off;
         start$tmr xx_foil_knife_do_tmr{value of xx_foil_knife_do_time_ipr};
         status of xx_foil_splice_embosser_do_req_dfl = on;
    endif;
end;
procedure   xx_foil_knife_do_timeout_proc; |切刀回位|
activators {   normal$power$up$second$step of powerup,
               time$out of xx_foil_knife_do_tmr    };
    status of xx_foil_dx_knife_do = off;
    status of xx_foil_sx_knife_do = off;
end;
procedure   xx_foil_auto_splice_embosser_req_proc; |执行压花辊切换动作|
activators {   status of xx_foil_splice_enable_phase_dfl    };
    if   status of xx_foil_splice_embosser_do_req_dfl = on and
         status of xx_foil_splice_enable_phase_dfl = on
    then |当到达设定相位时若存在压花辊动作请求信号则执行|
        if  status of xx_foil_unwinding_reel_indication_dvr = on
        then   |若右侧松卷则切换至左侧|
            status of xx_foil_unwinding_reel_indication_dvr = off;
            status of xx_foil_sx_reel_unwinding_dfl = on;
            status of xx_foil_dx_reel_unwinding_dfl = off;
            status of xx_foil_dx_embosser_engage_do = off;
            status of xx_foil_sx_embosser_engage_do = on;
```

```
        status of xx_sg_foil_emboss_guard_selection_dfl = off;
        status of xx_foil_splice_phase_lamp_dfl = on;
        status of xx_foil_dx_reel_end_rsm = off;
        status of xx_foil_dx_reel_broken_rsm = off;
        status of xx_foil_dx_splice_check_rsm = off;
        status of xx_foil_dx_embosser_open_rsm = off;
        status of xx_foil_reject_for_cut_request_dfl = on;
        status of xx_foil_splice_embosser_do_req_dfl = off;
        status of xx_foil_automatic_splice_req_dfl = off;
        if  status of xx_gp_production_data_disable_dcda = off
        then
            increment$counter xx_foil_ended_reels_cnt___m {1};
        endif;
    else
                                              |若左侧松卷则切换至右侧|
        status of xx_foil_unwinding_reel_indication_dvr = on;
        status of xx_foil_dx_reel_unwinding_dfl = on;
        status of xx_foil_sx_reel_unwinding_dfl = off;
        status of xx_foil_sx_embosser_engage_do = off;
        status of xx_foil_dx_embosser_engage_do = on;
        status of xx_sg_foil_emboss_guard_selection_dfl = on;
        status of xx_foil_splice_phase_lamp_dfl = on;
        status of xx_foil_sx_reel_end_rsm = off;
        status of xx_foil_sx_splice_check_rsm = off;
        status of xx_foil_sx_reel_broken_rsm = off;
        status of xx_foil_sx_embosser_open_rsm = off;
        status of xx_foil_reject_for_cut_request_dfl = on;
        status of xx_foil_splice_embosser_do_req_dfl = off;
        status of xx_foil_automatic_splice_req_dfl = off;
        if  status of xx_gp_production_data_disable_dcda = off
        then
            increment$counter xx_foil_ended_reels_cnt___m {1};
        endif;
    endif;
```

```
    endif;
  end;
```

这段程序主要由几个过程构成，请求切换信号首先触发设备降速，当降速完成时，程序根据当前工作状态在设定的相位上触发切刀动作。当切刀动作后，再在设定的相位上触发内衬纸左右侧压花辊切换，最后恢复车速完成整个切换过程。

## 8. 人机交互信息

在整个内衬纸切换过程中，若没有任何提示信息，将会给操作人员与维修人员带来困惑，因此有必要增加相关的提示信息来告知人们设备当前的工作状态。

```
procedure xx_foil_splice_warning_proc; |人机报警信息处理过程|
activators {    normal$power$up$second$step of powerup,
                status of xx_foil_automatic_splice_req_dfl,
                status of xx_foil_splice_embosser_do_req_dfl,
                status of xx_foil_splice_knife_do_req_dfl,
                status of xx_foil_sx_reel_end_arm_di,
                status of xx_foil_dx_reel_end_arm_di,
                status of xx_foil_sx_reel_break_di,
                status of xx_foil_dx_reel_break_di,
                status of xx_foil_sx_embosser_open_di,
                status of xx_foil_dx_embosser_open_di,
                status of xx_foil_sx_embos_splice_enbl_di,
                status of xx_foil_dx_embos_splice_enbl_di,
                status of xx_foil_sx_splice_check_di,
                status of xx_foil_dx_splice_check_di,
                status of xx_foil_reel_end_arm_position_di    };
    if   status of xx_foil_checks_disable_dfl = on or
         status of xx_gp_checks_disable_di = on
    then
         return;
    endif;
    if   status of xx_foil_automatic_splice_req_dfl = on
    then
         status of xx_foil_into_auto_splice_csm = on;
```

```
    else
        status of xx_foil_into_auto_splice_csm = off;
    endif;
    if  status of xx_foil_splice_embosser_do_req_dfl = on
        then
        status of xx_foil_reach_cutting_phase_csm = on;
    else
        status of xx_foil_reach_cutting_phase_csm = off;
    endif;
    if  status of xx_foil_unwinding_reel_indication_dvr = on
then
        status of xx_foil_dx_close_embosser_csm = off;
        status of xx_foil_take_dx_embos_in_phase_csm = off;
        status of xx_foil_preset_dx_broken_csm = off;
        status of xx_foil_preset_dx_reel_unwind_csm = off;
        status of xx_foil_dx_close_embosser_csm = off;
        status of xx_foil_take_dx_embos_in_phase_csm = off;
        status of xx_foil_reach_sx_knife_phase_csm = off;
        status of xx_foil_preset_dx_splice_check_csm = off;
        if  status of xx_foil_splice_knife_do_req_dfl = on
        then
            status of xx_foil_reach_dx_knife_phase_csm = on;
        else
            status of xx_foil_reach_dx_knife_phase_csm = off;
        endif;
        if  status of xx_foil_splice_phase_lamp_dfl = on
        then
            status of xx_foil_preset_sx_reel_unwind_csm = on;
            if   status of xx_foil_reel_end_arm_position_di = off
            then
                status of xx_foil_move_contrast_arm_csm = on;
            else
                status of xx_foil_move_contrast_arm_csm = off;
            endif;
```

```
        if    status of xx_foil_sx_embosser_open_di = on
        then
            status of xx_foil_sx_close_embosser_csm = on;
        else
            status of xx_foil_sx_close_embosser_csm = off;
        endif;
        if    status of xx_foil_sx_embos_splice_enbl_di = off
        then
            status of xx_foil_take_sx_embos_in_phase_csm = on;
        else
            status of xx_foil_take_sx_embos_in_phase_csm = off;
        endif;
        if    status of xx_foil_sx_reel_break_di = on
        then
            status of xx_foil_preset_sx_broken_csm = on;
        else
            status of xx_foil_preset_sx_broken_csm = off;
        endif;
        if    status of xx_foil_sx_splice_check_di = on
        then
            status of xx_foil_preset_sx_splice_check_csm = on;
        else
            status of xx_foil_preset_sx_splice_check_csm = off;
        endif;
      else
        status of xx_foil_move_contrast_arm_csm = off;
        status of xx_foil_sx_close_embosser_csm = off;
        status of xx_foil_take_sx_embos_in_phase_csm = off;
        status of xx_foil_preset_sx_broken_csm = off;
        status of xx_foil_preset_sx_splice_check_csm = off;
        status of xx_foil_preset_sx_reel_unwind_csm = off;
      endif;
    else
      status of xx_foil_sx_close_embosser_csm = off;
```

```
status of xx_foil_take_sx_embos_in_phase_csm = off;
status of xx_foil_preset_sx_broken_csm = off;
status of xx_foil_preset_sx_splice_check_csm = off;
status of xx_foil_preset_sx_reel_unwind_csm = off;
status of xx_foil_sx_close_embosser_csm = off;
status of xx_foil_take_sx_embos_in_phase_csm = off;
status of xx_foil_reach_dx_knife_phase_csm = off;
if  status of xx_foil_splice_knife_do_req_dfl = on
then
    status of xx_foil_reach_sx_knife_phase_csm = on;
else
    status of xx_foil_reach_sx_knife_phase_csm = off;
endif;
if  status of xx_foil_splice_phase_lamp_dfl = on
then
    status of xx_foil_preset_dx_reel_unwind_csm = on;
    if   status of xx_foil_reel_end_arm_position_di = on
    then
        status of xx_foil_move_contrast_arm_csm = on;
    else
        status of xx_foil_move_contrast_arm_csm = off;
    endif;
    if   status of xx_foil_dx_embosser_open_di = on
    then
        status of xx_foil_dx_close_embosser_csm = on;
    else
        status of xx_foil_dx_close_embosser_csm = off;
    endif;
    if   status of xx_foil_dx_embos_splice_enbl_di = off
    then
        status of xx_foil_take_dx_embos_in_phase_csm = on;
    else
        status of xx_foil_take_dx_embos_in_phase_csm = off;
    endif;
```

```
            if    status of xx_foil_dx_reel_break_di = on
            then
                 status of xx_foil_preset_dx_broken_csm = on;
            else
                 status of xx_foil_preset_dx_broken_csm = off;
            endif;
            if    status of xx_foil_dx_splice_check_di = on
            then
                 status of xx_foil_preset_dx_splice_check_csm = on;
            else
                 status of xx_foil_preset_dx_splice_check_csm = off;
            endif;
            else
                 status of xx_foil_move_contrast_arm_csm = off;
                 status of xx_foil_dx_close_embosser_csm = off;
                 status of xx_foil_take_dx_embos_in_phase_csm = off;
                 status of xx_foil_preset_dx_broken_csm = off;
                 status of xx_foil_preset_dx_splice_check_csm = off;
                 status of xx_foil_preset_dx_reel_unwind_csm = off;
            endif;
      endif;
      if      status of xx_foil_move_contrast_arm_csm = on              or
              status of xx_foil_preset_dx_reel_unwind_csm = on          or
              status of xx_foil_preset_sx_reel_unwind_csm = on          or
              status of xx_foil_reach_cutting_phase_csm = on            or
              status of xx_foil_reach_sx_knife_phase_csm = on           or
              status of xx_foil_reach_dx_knife_phase_csm = on           or
              status of xx_foil_into_auto_splice_csm = on
      then
              status of cb_foil_semiauto_splice_warn_dcd = on;
      else
              status of cb_foil_semiauto_splice_warn_dcd = off;
      endif;
   end;
```

### 9. 设备降速

前面的程序主要在pa_41100.GDL模块里面编写，完成的是内衬纸切换的主逻辑。但控制设备运行速度的功能在另一个模块“pa_20101.GDL”，为了完成设备降速，必须针对该模块进行修改。

```
if      status of xx_foil_splice_slow_velo_req_dfl = on        and
        value of xx_motor_speed_ivr >=
        value of xx_foil_auto_splice_speed_ref_ipr
then
        |若存在切换降速请求并且车速大于切换设定的车速则执行下述程序|
        value of xx_motor_speed_ivr =
        value of xx_foil_auto_splice_speed_ref_ipr;
endif;
if      status of xx_foil_splice_slow_velo_req_dfl = on and
        speed of xx_motor_main_encoder_aen <
        value of xx_foil_auto_splice_speed_ref_ipr +
        value of xx_foil_auto_splice_speed_deviation_ipr
then
        |当车速降低到目标范围内则发出允许切换信号|
        status of xx_foil_splice_slow_velo_done_dfl = on;
endif;
```

将上述程序加入过程“xx_motor_speed_analog_control_proc”里面，该过程对速度的管理是从高速到低速进行的，由于切换时的车速基本在50 r/min左右，所以必须将上述代码插入到该过程里面最低速度的下面（程序里面150 r/min后面），这样才能起作用。

至此，整个内衬纸切换程序基本完成，可以进行调试了。

## （四）调试验证

### 1. 切换车速调整

调整“切换车速”参数至目标值，实际切换车速为“切换车速目标值”+“允许的速度偏差值”，“允许的速度偏差值”用于保证切换时的稳定性，不宜设定太低。

### 2. 调整内衬纸长短

通过参数可调整旧卷最后一张内衬纸的长短，修改“内衬纸切刀动作相位”参数可以设定切刀动作相位，从而影响旧卷最后一张内衬纸的长度，新卷内衬纸的第一张内衬纸长短须由机械维修工通过调整机械相位来实现。

### 3. 内衬纸切换时少下内衬纸

调整原机参数中“内衬纸切割开始相位”及“内衬纸切割停止相位”即可改变压花辊啮合电气角度，该角度需提前于机械角度，使动作连杆顺利啮合，否则会出现内衬纸少下的现象。

## 二、ZB45 包装机 5 号轮烟包外观检测功能

在本项目中，为实现5号轮烟包外观检测功能，应用的对象类型有：“function”“digital$input”“digital$output”“lamp”“event$message”“state$message”“digital$parameter”“integer$parameter”“adv$phase$match$detector”“integer$variable”“digital$flag”“counter”“power$up”“digital$chain”。

### （一）项目概述

ZB45 包装机生产彩卡（框架纸）烟包时，对彩卡有定位要求，且彩卡上可能有二维码等产品信息，需要对这些信息进行核对。实际生产过程中存在彩卡错位与信息错误的现象。要将上述次品烟包剔除，就需要一套彩卡检测、跟踪与剔除系统。

彩卡上面的图案各种各样，且部分需要对产品信息（二维码）进行读取与判断，因此需使用高速摄像头对彩卡进行拍摄。摄像头的安装需要一定的空间，从机械的角度考虑，5 号轮上方是一个比较合理的拍摄点。获取的图像需要经过处理与判断，并将结果反馈给 MICRO Ⅱ系统，由包装机系统进行跟踪与剔除。

### （二）硬件设计

为保证能在烟包的特定角度进行拍摄，由主机设备提供拍摄触发脉冲，并接收来自摄像头处理过的信号。同时，在 5 号轮上方安装相关的智能相机硬件，并提供电源。如图 5-15 所示。

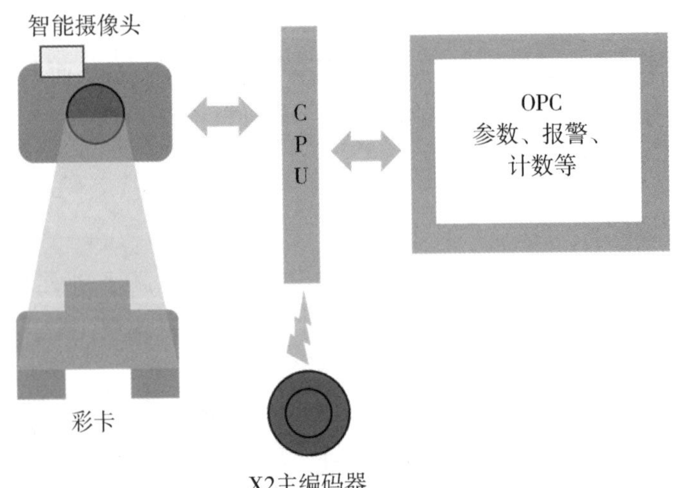


图 5-15　5 号轮外观硬件设计图

## （三）软件设计

该功能为新增加的独立功能，因此新增一个模块，所有代码均在该模块完成。

### 1. 声明对象

5 号轮外观检测是一个新功能，因此需新建一个功能对象。为了建立与智能摄像头的关联，这里定义一个输入对象和一个输出对象，此外还需增加若干个参数，用于设置相位与工步，从而实现准确检测与剔除，最后声明其他辅助对象，完成接口设计。

```
declare  xx_5wheel_visual_check_function                    function
         {  xx_wrapping_line_group,
            '功能：5 号轮外观检测',
            'FUNCTION: 5WHEEL VISUAL CHECK'  };
declare  xx_5wheel_visual_check_ok_di                       digital$input
         {  cb_board_n11_dib,
            ch27,
            direct,
            no,
            0  };
declare  xx_5wheel_visual_camera_trigger_do                 digital$output
         {  cb_board_n16_dob,
            ch11,
            direct,
            no,
            20  };
declare  xx_5wheel_visual_check_lamp                        lamp
         {  xx_main_synoptic_syn,
            260,
            125,
            round  };
declare  xx_5wheel_visual_check_rem                         event$message
         {  xx_5wheel_visual_check_function ,
            xx_5wheel_visual_check_lamp,
            red,
            '5 号轮外观连续剔除',
            'SWHEEL VISUAL REJECT'  };
```

```
declare  xx_5wheel_visual_check_disabled_mode_ysm            state$message
         {   xx_5wheel_visual_check_function,
             xx_5wheel_visual_check_lamp,
             yellow,
             '5 号轮外观检测已关闭',
             '5WHEEL VISUAL CHECK BYPASSED'    };
declare  xx_5wheel_visual_check_disable_dpr                  digital$parameter
         {   xx_5wheel_visual_check_function,
             off,
             '5 号轮外观检测旁通',
             'BYPASS 5WHEEL VISUAL CHECK'      };
declare  xx_5wheel_visual_check_start_ipr                    integer$parameter
         {   xx_5wheel_visual_check_function,
             'degree',
             'degree',
             0,
             359,
             180,
             '相位：5 号轮外观相机触发',
             'CHECK PHASE: 5WHEEL VISUAL CHECK START'    };
declare  xx_5wheel_visual_check_stop_ipr                     integer$parameter
         {   xx_5wheel_visual_check_function,
             'degree',
             'degree',
             0,
             359,
             300,
             '相位：5 号轮外观信号反馈',
             'CHECK PHASE: 5WHEEL VISUAL CHECK STOP'    };
declare  xx_5wheel_visual_check_start_apmd          adv$phase$match$detector
         {   xx_motor_main_encoder_aen,
             xx_5wheel_visual_check_start_ipr,
             forward     };
declare  xx_5wheel_visual_check_stop_apmd           adv$phase$match$detector
```

```
          {   xx_motor_main_encoder_aen,
              xx_5wheel_visual_check_stop_ipr,
              forward     };
declare   xx_5wheel_visual_check_step_ipr                    integer$parameter
          {   xx_5wheel_visual_check_function,
              'step',
              'step',
              100,
              150,
              123,
              '工步：5 号轮外观检测',
              'STEP:XX 5WHEEL VISUAL CHECK'   };
declare   xx_5wheel_visual_err_ipr                           integer$parameter
          {   xx_5wheel_visual_check_function,
              'packet',
              'packet',
              1,
              10,
              5,
              '连续剔除停机包数',
              'stop by error packets'   };
declare   xx_5wheel_visual_err_ivr                           integer$variable;
declare   xx_5wheel_visual_check_range_dfl                   digital$flag;
declare   xx_5wheel_visual_check_hold_dfl                    digital$flag;
declare   xx_5wheel_visual_err_cnt___r                       counter
          {   xx_5wheel_visual_check_function,
              xx_gp_wrapping_line_events_ccl,
              '5 号轮外观检测剔除',
              'ERROR ON 5WHEEL VISUAL CHECK'   };
use       powerup                                            power$up;
use       xx_gp_checks_disable_di                            digital$input;
use       xx_gp_packet_presence_dchain                       digital$chain;
use       xx_gp_6wheel_reject_dchain                         digital$chain;
use       xx_gp_8wheel_reject_dchain                         digital$chain;
```

上述声明对象中还包括一些报警与统计信息，方便与用户交互。

## 2. 程序过程设计

5 号轮外观检测是一个比较单一、简单的功能，主要实现两个功能，即触发脉冲的控制以及反馈信号的处理，具体程序如下所示。

```
procedure  xx_5wheel_visual_check_init_proc;
activators {   normal$power$up$first$step of powerup     };
   value of xx_5wheel_visual_err_ivr = 0;
   status of xx_5wheel_visual_camera_trigger_do = off;
end;
procedure  xx_5wheel_visual_check_start_proc;
activators {   phase$match of xx_5wheel_visual_check_start_apmd    };
   status of xx_5wheel_visual_camera_trigger_do = on;     | 发出相机拍摄信号 |
end;
procedure  xx_5wheel_visual_check_stop_proc;           | 处理相机反馈的信号 |
activators {   phase$match of xx_5wheel_visual_check_stop_apmd    };
   status of xx_5wheel_visual_camera_trigger_do = off;
   if   status of xx_gp_checks_disable_di = off and
         status of xx_5wheel_visual_check_disable_dpr = off and
         status of xx_5wheel_visual_check_ok_di = off
   then  | 若信号为低电平则执行剔除动作 |
         if    status of xx_gp_packet_presence_dchain
               [value of xx_5wheel_visual_check_step_ipr] = off and
               status of xx_gp_8wheel_reject_dchain
               [value of xx_5wheel_visual_check_step_ipr] = off and
               status of xx_gp_6wheel_reject_dchain
               [value of xx_5wheel_visual_check_step_ipr] = off
         then | 以上先判断各剔除链是否已存在剔除信号，若没有则执行剔除计数 |
               value of xx_5wheel_visual_err_ivr =
               value of xx_5wheel_visual_err_ivr + 1;
               if   value of xx_5wheel_visual_err_ivr >=
                    value of xx_5wheel_visual_err_ipr
               then  value of xx_5wheel_visual_err_ivr = 0;
                     display$message xx_5wheel_visual_check_rem;
```

```
                    endif;
                    status of xx_gp_6wheel_reject_dchain
                    [value of xx_5wheel_visual_check_step_ipr] = on;
                    increment$counter xx_5wheel_visual_err_cnt___r{1};
                endif;
        else    value of xx_5wheel_visual_err_ivr = 0;
        endif;
    end;
    procedure  xx_5wheel_visual_check_bypass_proc;  |5号轮检测旁通报警处理过程|
    activators {    status of xx_5wheel_visual_check_disable_dpr,
                    normal$power$up$second$step of powerup};
        if    status of xx_5wheel_visual_check_disable_dpr = off
        then  status of xx_5wheel_visual_check_disabled_mode_ysm = off;
        else  value of xx_5wheel_visual_err_ivr = 0;
              status of xx_5wheel_visual_check_disabled_mode_ysm = on;
        endif;
    end;
```

为了方便调试，程序里面的工步均设计成可调参数，这样在调试过程中自由度比较大。

（四）调试验证

将程序下载至目标机台后，重新上电测试。通过调整触发相位可以改变拍摄角度，以此获得更好的视角。在设置接收相位时需考虑智能相机处理图像的时间延迟，若这个时间比较长，需将接收相位设置得比触发相位晚很多，直至最大相位差359°（接收相位减去触发相位，计算时，接收相位小于触发相位时需加360°）。注意：当接收相位跨过零度时，设定的工步必须跟着增加一步，否则可能会剔错包。

## 第四节　故障分析

### 一、ZB45包装机组动力驱动电源跳闸

ZB45包装机组动力驱动电源开关（以下简称Q2）用于给整机提供动力电源，当出现紧急情况，如人为拍下急停或者设备出现意外情况时，控制系统会自动切断Q2电源开关，以保护人员和设备安全。

（一）故障现象

Q2 跳闸时，其在 OPC 的报警信息为：紧急开关打开。此时可以通过其他相关信息来判断故障原因，但有时候并没有显示其他故障，因此给故障排查带来困难。下面梳理并分析 Q2 跳闸的几个主要原因，以方便日后的维修。

（二）问题分析

通过查阅图纸，可知 ZB45 包装机组的 MICRO Ⅱ系统是通过 N15 板 11 脚的输出来控制 Q2 合闸与断开的，即该脚不输出信号，Q2 就会跳闸（这里指程序控制，不考虑硬件原因）。阅读 GDL 程序可知 N15 板 11 脚是否输出由对象“cb_gp_notaus_opening_request_dcda”决定，这是一个“digital$condition$adder”对象，其子对象为“digital$condition”类型，该对象类型中任意一个子对象为 ON，则其父对象为 ON，具体可查阅 GDL 参考手册。具体代码如下所示。

```
procedure cb_gp_notaus_opening_request_proc;
activators {    status of cb_gp_notaus_opening_request_dcda,
                normal$power$up$second$step of powerup };
   if    status of cb_gp_notaus_opening_request_dcda = on
   then
       status of cb_gp_notaus_enable_relay_do = off;
   else
       status of cb_gp_notaus_enable_relay_do = on;
   endif;
end;
```

查找 Q2 跳闸的原因需分析使对象“cb_gp_notaus_opening_request_dcda”值为 ON 的条件，通过查询，得到结果如下。

```
declare   cb_gp_emergency_circuit_failure_dcd              digital$condition
          {     cb_gp_notaus_opening_request_dcda   };
declare   cb_gp_24 V DC_input_VSC_f_dcd                    digital$condition
          {     cb_gp_notaus_opening_request_dcda   };
declare   cb_gp_24 V DC_output_VSC_f_dcd                   digital$condition
          {     cb_gp_notaus_opening_request_dcda   };
declare   cb_gp_24 V DC_analog_VSC_f_dcd                   digital$condition
          {     cb_gp_notaus_opening_request_dcda   };
```

```
declare  ch_gp_emerg_stp_notaus_open_req_dcd                digital$condition
         {   cb_gp_notaus_opening_request_dcda   };
declare  ch_motor_notaus_open_request_dcd                   digital$condition
         {   cb_gp_notaus_opening_request_dcda   };
declare  ch_sg_notaus_opening_request_dcd                   digital$condition
         {   cb_gp_notaus_opening_request_dcda   };
declare  xx_motor_notaus_op_req_x_does_not_stop_dcd         digital$condition
         {   cb_gp_notaus_opening_request_dcda   };
declare  xx_motor_notaus_op_req_x_runningback_dcd           digital$condition
         {   cb_gp_notaus_opening_request_dcda   };
declare  xx_sg_notaus_safety_guard_line_dcd                 digital$condition
         {   cb_gp_notaus_opening_request_dcda   };
```

由上述代码可知，引起 Q2 跳闸的原因主要有 10 个，此外个别设备可能还有其他额外增加的跳闸条件，如由于 OPC 版本过低而引起的 Q2 跳闸。接下来就针对这几个条件展开进行分析。

1. 紧急回路故障（cb_gp_emergency_circuit_failure_dcd）

```
procedure  cb_gp_active_emergency_proc;
activators {   status of cb_gp_emergency_activation_dcda,
               status of cb_gp_emergency_pushbutton_line_di,
               normal$power$up$second$step of powerup   };
   if   status of cb_gp_24 V DC_output_VSC_f_di = off    and
        status of cb_gp_emergency_activation_dcda
        = status of cb_gp_emergency_pushbutton_line_di
   then
        start$tmr cb_gp_emergency_coherence_timeout_tmr {150};
   else
        delete$tmr cb_gp_emergency_coherence_timeout_tmr ;
        status of cb_gp_emergency_circuit_failure_rsm = off;
        status of cb_gp_emergency_circuit_failure_dcd = off;
   endif;
end;
procedure  cb_gp_emergency_coherence_timeout_proc;
```

```
activators {    time$out of cb_gp_emergency_coherence_timeout_tmr    };
    status of cb_gp_emergency_circuit_failure_rsm = on;
    status of cb_gp_emergency_circuit_failure_dcd = on;
end;
```

阅读上述代码可知，当急停按钮回路的状态（cb_gp_emergency_pushbutton_line_di，N06，02）与急停激活状态（cb_gp_emergency_activation_dcda，辅机部分 N07，24 取反和主机部分 N10，24 取反）一致时将触发 Q2 跳闸，即急停回路不协调。

## 2. 直流 24 V 输入电源故障（cb_gp_24 V DC_input_VSC_f_dcd）

```
procedure   cb_gp_24VDC_input_VSC_f_proc;
activators {    normal$power$up$first$step of powerup,
                status of cb_gp_24 V DC_input_VSC_f_di,
                status of cb_gp_24 V DC_aux_VSC_f_dfl    };
    if   status of cb_gp_24 V DC_input_VSC_f_di = on
    then
        delete$tmr cb_gp_24 V DC_input_VSC_reset_f_tmr;
        status of cb_gp_input_diagn_disable_dfl = on;
        status of cb_gp_24 V DC_input_VSC_f_dfl = on;
        status of cb_gp_24 V DC_input_VSC_f_dcd = on;
        if   status of cb_gp_24 V DC_aux_VSC_f_dfl = off
        then
          status of cb_gp_24 V DC_input_VSC_f_rsm = on;
        endif;
    else
        start$tmr cb_gp_24 V DC_input_VSC_reset_f_tmr { 2000 };
    endif;
end;
```

当“cb_gp_24 V DC_input_VSC_f_di”值为 ON 时（N06 板 26 脚，取反），触发 Q2 跳闸。

3. 直流 24 V 输出电源故障（cb_gp_24 V DC_output_VSC_f_dcd）

```
procedure   cb_gp_24 V DC_output_VSC_f_proc;
activators {    normal$power$up$second$step of powerup,
                status of cb_gp_24 V DC_output_VSC_f_di,
                status of cb_gp_24 V DC_aux_VSC_f_dfl    };
  if   status of cb_gp_24 V DC_output_VSC_f_di = on
  then
      delete$tmr cb_gp_24 V DC_output_VSC_reset_f_tmr;
      status of cb_gp_output_diagn_disable_dfl = on;
      status of cb_gp_24 V DC_output_VSC_f_dfl = on;
      status of cb_gp_24 V DC_output_VSC_f_dcd = on;
      if  status of cb_gp_24 V DC_aux_VSC_f_dfl = off
      then
         status of cb_gp_24 V DC_output_VSC_f_rsm = on;
      endif;
  else
      start$tmr cb_gp_24 V DC_output_VSC_reset_f_tmr { 2000 };
  endif;
end;
```

当“cb_gp_24 V DC_output_VSC_f_di”值为 ON 时（N06 板 28 脚，取反），触发 Q2 跳闸。

4. 直流 24 V 模拟信号电源故障（cb_gp_24 V DC_analog_VSC_f_dcd）

```
procedure   cb_gp_24 V DC_analog_VSC_f_proc;
activators {    normal$power$up$second$step of powerup,
                status of cb_gp_24 V DC_analog_VSC_f_di,
                        status of cb_gp_24 V DC_aux_VSC_f_dfl    };
  if   status of cb_gp_24 V DC_analog_VSC_f_di = on
  then
      delete$tmr cb_gp_24 V DC_analog_VSC_reset_f_tmr;
      status of cb_gp_analog_diagn_disable_dfl = on;
      status of cb_gp_24 V DC_analog_VSC_f_dfl = on;
```

```
        status of cb_gp_24 V DC_analog_VSC_f_dcd = on;
        if  status of cb_gp_24 V DC_aux_VSC_f_dfl = off
        then
            status of cb_gp_24 V DC_analog_VSC_f_rsm = on;
        endif;
    else
        start$tmr cb_gp_24 V DC_analog_VSC_reset_f_tmr { 2000 };
    endif;
end;
```

当“cb_gp_24 V DC_analog_VSC_f_di”值为 ON 时（N06 板 31 脚，取反），触发 Q2 跳闸。

### 5. 辅机急停（ch_gp_emerg_stp_notaus_open_req_dcd）

```
procedure  ch_gp_emergency_stop_pushbutton_proc;
activators {    normal$power$up$first$step of powerup,
                status of ch_gp_emergency_stop_di  };
    if  status of ch_gp_emergency_stop_di = on
    then
        status of ch_gp_emergency_stop_button_dfl  = on;
        status of ch_gp_emergency_stop_dcd = on;
        status of ch_gp_emerg_stp_notaus_open_req_dcd = on;
        status of ch_gp_emergency_stop_rsm = on;
        status of ch_motor_brake_activation_dfl = on;
    else
        status of ch_gp_emergency_stop_button_dfl  = off;
        status of ch_gp_emergency_stop_rsm = off;
        status of ch_gp_emergency_stop_dcd = off;
        status of ch_gp_emerg_stp_notaus_open_req_dcd = off;
    endif;
end;
```

当“ch_gp_emergency_stop_di”值为 ON 时（N07 板 24 脚，取反），触发 Q2 跳闸。

6. 辅机主电机引起跳闸（ch_motor_notaus_open_request_dcd）

辅机主电机有两个原因会引起跳闸，一个是电机未停止，另一个是电机反转。

```
procedure  ch_motor_does_not_stop_proc;
activators {  status of ch_motor_does_not_stop_dfl  };
   if  status of ch_motor_does_not_stop_dfl = on
   then
        status of ch_motor_notaus_open_request_dcd = on;
 else
           status of ch_motor_notaus_open_request_dcd = off;
 endif;
end;
```

上述为电机未正常停止引起的跳闸。正常情况下，当设备停止时，若启用刹车则应在 2 s 后检测到车速低于 10 r/min，若没有启用刹车则应在 4 s 后检测到车速低于 10 r/min ，否则就是电机未正常停机。

```
procedure  ch_motor_running_backward_proc;
activators {  status of ch_motor_running_backward_dfl   };
   if  status of ch_motor_running_backward_dfl = on
   then
        status of ch_motor_notaus_open_request_dcd = on;
   else
        status of ch_motor_notaus_open_request_dcd = off;
   endif;
end;
```

上述为电机反转引起的跳闸。判断电机反转的方法是当设备启动时监测编码器的转动方向，辅机部分有两个编码器，分别为 CH 编码器和 CT 编码器，任意一个编码器出现反转信号均会引起跳闸。

7. 辅机安全防护门引起的跳闸（ch_sg_notaus_opening_request_dcd）

```
procedure  ch_sg_safety_guard_line_1fault_proc;
activators {  status of ch_sg_safety_guard_line_1fault_dfl  };
```

```
    if  status of ch_sg_safety_guard_line_1fault_dfl=on
    then  status of ch_sg_notaus_opening_request_dcd = on;
    else  status of ch_sg_notaus_opening_request_dcd = off;
    endif;
end;
```

当CH安全防护门序列失效，即动作不协调就会引起Q2跳闸（3K20，N7板20脚与防护门的信号不协调）。

8. 主机主电机未停止引起的跳闸（xx_motor_notaus_op_req_x_does_not_stop_dcd）

```
procedure  xx_motor_stop_delay_timeout_proc;
activators {   time$out of xx_motor_stop_delay_tmr   };
    if  speed of xx_motor_main_encoder_aen > 10
    then
        display$message xx_motor_machine_does_not_brake_rem;
        status of xx_motor_notaus_op_req_x_does_not_stop_dcd = on;
    endif;
end;
```

与辅机主电机类似，当停机4 s后，若车速大于10 r/min则触发Q2跳闸。

9. 主机主电机反转引起的跳闸（xx_motor_notaus_op_req_x_runningback_dcd）

```
procedure   xx_motor_running_backward_proc;
activators {    operating$condition of xx_motor_main_encoder_aen    };
    if  status of xx_motor_run_contactor_di = on and
        status of xx_motor_speed_ref_enable_relay_di = on and
        operating$condition of xx_motor_main_encoder_aen = running$bkwd
    then
        start$tmr xx_motor_running_backward_tmr { 200 };
    else
        delete$tmr xx_motor_running_backward_tmr;
```

```
    endif;
  end;

  procedure   xx_motor_running_backward_timeout_proc;
  activators {    time$out of xx_motor_running_backward_tmr    };
      display$message xx_motor_machine_running_backward_rem;
      status of xx_motor_notaus_op_req_x_runningback_dcd = on;
  end;
```

当设备运行时，若编码器出现反转信号，则触发 Q2 跳闸。

10. 主机安全防护门引起的跳闸（xx_sg_notaus_safety_guard_line_dcd）

```
procedure   xx_sg_guard_coherence_first_fault_proc;
activators {   status of xx_sg_guard_coherence_first_fault_dfl    };
   if    status of xx_sg_guard_coherence_first_fault_dfl = on
   then
        status of xx_sg_notaus_safety_guard_line_dcd = on;
   else
        if  status of xx_sg_notaus_safety_guard_line_dcd = on
        then
           status of xx_sg_notaus_safety_guard_line_dcd = off;
        endif;
   endif;
end;
```

与辅机类似，当出现主机安全防护罩失效时，即 2K20（N10 板 19 脚）与防护门的状态不协调时即触发 Q2 跳闸。

## 二、ZB45 包装机商标纸尖角检测故障

### （一）故障现象

ZB45 包装机的商标纸通道上有两个光电检测器，分别为左侧商标纸尖角检测器（2B424）与右侧商标纸尖角检测器（2B426）。这两个检测器用于检测商标纸的吸取与输送过程是否正常，当出现异常时会产生如下几种报警信息。

- 左侧商标纸堵塞或末端错位；

- 右侧商标纸堵塞或末端错位；
- 商标纸吸取堵塞；
- 商标纸不吸取——错位。

下面通过阅读程序来分析上述4种报警信息的触发原因。

## （二）问题分析

首先打开程序，在右侧GDL对象栏里面选择“General purpose objects”→“event$message”，并浏览找到对应的红色信息，分别为：

- “xx_blank_left_corner_jam_rem”；
- “xx_blank_right_corner_jam_rem”；
- “xx_blank_jam_suction_rem”；
- “xx_blank_suction_ineff_rem”。

报警信息的中英文对照可参考OPC程序MSG文件夹内的文件。MSG文件夹里面存储有翻译文件，OPC工作时通过这些翻译文件将报警信息显示为中文，因此也可以通过修改对应文件的翻译来改变OPC显示的信息。MSG文件夹里面有多个文件，针对不同类型的信息分别建立翻译文件。这里打开“MESSNAME.TXT”文件，通过搜索功能搜索对应的中文报警信息即可找到对应的GDL程序报警信息，复制该信息并在GdePlus软件里面全局查找，这样就可以快速定位到报警信息源头。

查找信息的过程这里不再赘述。下面是“左侧商标纸堵塞或末端错位”与“右侧商标纸堵塞或末端错位”报警信息的程序，首先是对象定义。

```
declare  xx_blank_left_corner_presence_di                    digital$input
         {    cb_board_n14_dib,
              ch24,
              reverse,  |注意这里是反向，需参考图纸和实际物理安装|
              no,
              0   };
declare  xx_blank_right_corner_presence_di                   digital$input
         {    cb_board_n14_dib,
              ch25,
              reverse,  |注意这里是反向，需参考图纸和实际物理安装|
              no,
              0   };
declare  xx_blank_left_corner_jam_rem                        event$message
         {    xx_blank_corners_absence_function,
```

```
                xx_blank_corners_check_lamp，red，  |左侧商标纸堵塞或末端错位|
                'LH END CELL OUT OF ORDER OR BLANK JAM',
                'FOT. PUNTA SX NON EFF. O ING. CART.'   };
declare   xx_blank_right_corner_jam_rem                        event$message
          {    xx_blank_corners_absence_function,
                xx_blank_corners_check_lamp，red，  |右侧商标纸堵塞或末端错位|
                'RH END CELL OUT OF ORDER OR BLANK JAM',
                'FOT. PUNTA DX NON EFF. O ING. CART.'   };
declare   xx_blank_corners_absence_apmd      adv$phase$match$detector
          {    xx_motor_main_encoder_aen,           |以相位作为激励器|
                xx_blank_corners_absence_ipr,        |检测相位设定值|
                forward      };
```

上述是对象的定义，接着看程序的编写与控制逻辑。

```
procedure   xx_blank_corners_absence_proc；|商标尖角不存在时的检测相位|
activators {    phase$match of xx_blank_corners_absence_apmd      };
   if    status of xx_gp_checks_disable_di = off     |允许检测时|
   then
       if   status of xx_blank_left_corner_presence_di = on
       then   display$message xx_blank_left_corner_jam_rem;
       endif；|若左侧尖角存在则触发“左侧商标纸堵塞或末端错位”报警|
       if  status of xx_blank_right_corner_presence_di = on
       then   display$message xx_blank_right_corner_jam_rem;
       endif；  |若右侧尖角存在则触发“右侧商标纸堵塞或末端错位”报警|
   endif;
end;
```

上面两个报警逻辑很简单，即在不应该存在的相位上若检测到尖角就产生报警信息。接着分析另外两个报警信息“商标纸吸取堵塞”与“商标纸不吸取——错位”。

```
declare   xx_blank_suction_ineff_rem                           event$message
          {    xx_blank_presence_after_suction_function,
                xx_blank_magazine_lamp，red，       |红色事件信息|
```

```
            'NO BLANK SUCTION - OUT OF ORDER',  | 商标纸不吸取——错位 |
            'BLOCCO ASPIR. CART. NON EFFICIENTE'    };
declare   xx_blank_jam_suction_rem                              event$message
        {    xx_blank_presence_after_suction_function,
            xx_blank_magazine_lamp, red,             | 红色事件信息 |
            'JAM DETECTED FROM BLANK SUCTION',  | 商标纸吸取堵塞 |
            'RILEV.INGOLFO DA ASPIRAZIONE CARTONI'     };
declare   xx_blank_presence_after_suction_ipr                    integer$parameter
        {    xx_blank_presence_after_suction_function,
            '',
            '',
            300,
            320,
            310,
            'PHASE: BLANK PRESENCE AFTER SUCTION',
            'FASE PRESENZA CART.DOPO ASPIRAZIONE'       };
declare   xx_blank_presence_after_suction_apmd   adv$phase$match$detector
        {    xx_motor_main_encoder_aen,
             xx_blank_presence_after_suction_ipr,  | 相位参数设置 |
             forward      };
```

上面也是先声明了两个红色报警信息，用于接下来的程序调用。

```
procedure xx_blank_presence_after_suction_proc;  | 相位触发调用 |
activators {    phase$match of xx_blank_presence_after_suction_apmd       };
    if   status of xx_gp_checks_disable_di = off
    then
        if  status of xx_gp_blank_suction_block_dchain  | 商标纸吸取抑制 |
            [ value of xx_blank_presence_after_suction_step_icn ] = on
        then
            if    status of xx_blank_left_corner_presence_di = on     or
                  status of xx_blank_right_corner_presence_di = on
            then | 任意一个尖角检测到均触发报警“商标纸不吸取—— 错位” |
                  display$message xx_blank_suction_ineff_rem;
```

```
                status of xx_gp_blank_reject_dchain | 执行剔除动作 |
                [ value of xx_blank_presence_after_suction_step_icn ] = on;
                if  status of xx_gp_production_data_disable_dcda = off
                then increment$counter xx_blank_suction_ineff_cnt___r { 1 };
                endif;    | 计数累加 1|
            endif;
        else| 商标纸吸取没有抑制 |
            if    status of xx_blank_left_corner_presence_di = off   or
                  status of xx_blank_right_corner_presence_di = off
            then| 任意一个尖角没有检测到，则触发报警“商标纸吸取堵塞” |
                display$message xx_blank_jam_suction_rem;
                status of xx_blank_detected_dfl = off;
                status of xx_gp_blank_reject_dchain | 执行商标纸剔除 |
                [ value of xx_blank_presence_after_suction_step_icn ] = on;
                status of xx_gp_3wheel_reject_dchain |3 号轮剔除 |
                [ value of xx_blank_presence_after_suction_step_icn ] = on;
                status of xx_gp_8wheel_reject_dchain|8 号轮剔除 |
                [ value of xx_blank_presence_after_suction_step_icn ] = on;
                status of xx_gp_coupon_block_dchain| 奖券剔除 |
                [ value of xx_blank_presence_after_suction_step_icn ] = on;
                status of xx_gp_if_unwinding_block_dchain | 框架纸抑制 |
                [ value of xx_blank_presence_after_suction_step_icn ] = on;
                if  status of xx_gp_production_data_disable_dcda = off
                then increment$counter xx_blank_jam_suction_cnt___r { 1 };
                endif; | 计数累加 1|
            else    status of xx_blank_detected_dfl = on;
            endif;
        endif;
    endif;
end;
```

## 本章思考题

1. MICRO Ⅱ控制系统中数字量应用需注意哪些事项？
2. MICRO Ⅱ控制系统中模拟量应用需注意哪些事项？
3. 简述 ZB45 包装机组驱动电源跳闸的主要原因。

# 参考资料

[ 1 ] GdePlus Version 7.2.0 User manual（D51M6720）[ M ] .G.D S.p.A.，2006.

[ 2 ] GdePlus Version 7.1.3 User manual（D51M6713）[ M ] .G.D S.p.A.，2002.

[ 3 ] GDL PHASE 7 REFERENCE MANUAL（D51M1710）[ M ] .G.D S.p.A.，2000.

[ 4 ] GDL Compiler/Verifier V 7.1.0/ERROR MESSAGE LISTS（D51M2710）[ M ].G.D S.p.A.，2000.

[ 5 ] GDL PROGRAMMING LANGUAGE FOR "MICRO 2" CONTROLLERS USER MANUAL（D51M0710）[ M ] .G.D S.p.A.，2000.

[ 6 ] MP2 DIAGNOSTIC GUIDE-LINES [ M ] .G.D S.p.A.，2010.

[ 7 ] MP2 PLC/MP2 BOARDS [ M ] .G.D S.p.A.，2010.

[ 8 ] MP2 MODULES, DRIVERS AND POWER SUPPLIERS [ M ] .G.D S.p.A.，2010.

[ 9 ] AI-SRVR Software Manual [ M ] .CONTEMPORARY CONTROLS，2014.

[ 10 ] Data Sheet：AI-SRVR Series [ M ] .CONTEMPORARY CONTROLS，2011.

[ 11 ]《ZB25 型包装机组》编写组 . ZB25 型包装机组 [ M ] 北京：中国科学技术出版社，2001.